抛光打磨场所可燃性粉尘监测、防控方法与装备

李德文　王　杰　吴付祥　司荣军
郭胜均　汤春瑞　龚小兵　薛少谦　著
刘国庆　邓　勤　张　强　巫　亮

东南大学出版社
SOUTHEAST UNIVERSITY PRESS
·南京·

内 容 简 介

本书针对抛光打磨作业场所的管道及开放空间可燃性粉尘缺乏监测及防控手段的现状，进行可燃性粉尘爆炸防控技术及装备研究。主要介绍可燃性粉尘防控发展历程，可燃性粉尘基本特性及爆炸影响因素，沉积可燃性粉尘监测，浮游可燃性粉尘浓度监测，可燃性粉尘除尘系统安全保障技术与装备，可燃性粉尘环境防爆评估指标及远程粉尘监控、监管系统，金属打磨抛光行业可燃性粉尘防控示范工程等内容。其中团队自主研发的基于抛光打磨粉尘着火爆炸机理及火焰传播机制的粉尘爆炸防控技术及装备，可有效控制粉尘爆炸事故发生、减少爆炸灾害损失，提高了我国粉尘爆炸防治技术水平。

本书可作为从事粉尘危害防治研究和产品开发等工作的工程技术人员的参考资料，亦可作为高等院校相关专业的设计参考书。

图书在版编目(CIP)数据

抛光打磨场所可燃性粉尘监测、防控方法与装备/李德文等著.—南京：东南大学出版社，2021.12

ISBN 978-7-5641-9812-1

Ⅰ.①抛… Ⅱ.①李… Ⅲ.①粉尘-监测 ②粉尘-防爆 Ⅳ.①TU834.6 ②TD714

中国版本图书馆 CIP 数据核字(2021)第 237009 号

责任编辑：姜晓乐　责任校对：韩小亮　封面设计：王玥　责任印制：周荣虎

抛光打磨场所可燃性粉尘监测、防控方法与装备

著　　者：李德文 等
出版发行：东南大学出版社
社　　址：南京四牌楼 2 号　邮编：210096
网　　址：http://www.seupress.com
经　　销：全国各地新华书店
印　　刷：江苏凤凰数码印务有限公司
开　　本：787mm×1 092mm　1/16
印　　张：13.5
字　　数：328 千字
版　　次：2021 年 12 月第 1 版
印　　次：2021 年 12 月第 1 次印刷
书　　号：ISBN 978-7-5641-9812-1
定　　价：66.00 元

本社图书若有印装质量问题，请直接与营销部调换。电话(传真)：025-83791830

前　言

近年来，我国的工业化水平和科学技术水平有着飞速的进步，但工业生产为人民提供各类产品的同时，也不断地产生着各种各样的工业粉尘。当粉尘处于爆炸极限时，遇到热源便会发生极为迅速的化学反应，释放大量热，形成极高的温度和很大的压力，产生强大的破坏力。相较可燃气体爆炸，粉尘爆炸容易引起二次爆炸或多次连环爆炸，具有更强的破坏力，并容易生成大量的有毒有害气体，造成更大的人员伤亡和财产损失。针对抛光打磨场所可燃性粉尘监测、防控方法与装备方面的关键技术，本书从可燃性粉尘监测、治理，以及爆炸之后的隔爆、抑爆和泄爆等方面入手，形成一套有理论、有实践、有技术、有装备的爆炸性粉尘治理技术及装备，从根本上治理爆炸性粉尘，尽一切可能在灾害发生时，最大限度地减少人员伤亡和财产损失。

本书重点研究的内容包括：可燃性粉尘基本特性及爆炸限影响因素、沉积可燃性粉尘监测、浮游可燃性粉尘浓度监测、可燃性粉尘除尘系统安全保障技术与装备、可燃性粉尘环境防爆评估指标及远程粉尘监控与监管系统、金属打磨抛光行业可燃性粉尘防控示范工程等。

全书共分 7 章：第 1 章简要讨论可燃性粉尘的危害从而引出本书的主题，重点介绍可燃性粉尘防控的发展历程和趋势；第 2 章介绍可燃性粉尘基本特性及爆炸限影响因素；第 3 章介绍沉积可燃性粉尘监测；第 4 章介绍浮游可燃性粉尘浓度监测；第 5 章介绍可燃性粉尘除尘系统安全保障技术与装备；第 6 章介绍可燃性粉尘环境防爆评估指标及远程粉尘监控与监管系统；第 7 章介绍金属打磨抛光行业可燃性粉尘防控方法及安全运行保障条件。

本书是作者依托承担的国家重点研发计划“劳动密集型作业场所职业病危害防护技术与装备研究”、“矿山职业危害防治关键技术及装备研究”、国家科技支撑“瓦斯煤尘爆炸预防及继发性灾害防治关键技术”等项目，对多年来学习和研究抛光打磨场所可燃性粉尘监测、防控理论、方法和应用成果的一个总结。

作者在将多年来研究成果进行系统归纳、整理、编写的过程中，摘引和参阅了许多国内外行业专家、学者的论文和论著，同时得到了领域内多位专家的支持和帮助，也得到了东北大学、重庆大学的大力支持，在此特向相关领导和为本书出版给予支持与帮助的同志们表示衷心的感谢。

由于作者的学识水平有限，书中疏漏及不当之处在所难免，恳请读者批评指正。

著者

2021 年 11 月

目　　录

第 1 章　概　　述

近年来，我国的工业化水平和科学技术水平有了显著的提高，但工业生产为人民提供各类产品的同时，也不断地产生着各种各样的工业粉尘。粉尘的产生涉及行业非常广泛，在采矿、冶金、化工、塑料、金属、木材、纺织、粮食加工等行业都存在粉尘的产生，同时也存在粉尘爆炸的隐患。粉尘的爆炸是由粉尘的可燃性引起的，可燃性粉尘是指在空气中能燃烧或焖燃，在常温常压下与空气形成爆炸性混合物的粉尘、纤维或飞絮。悬浮在空气中的可燃性粉尘，当达到爆炸下限以上时，遇点火源瞬间发生燃烧，会产生爆炸现象。煤尘、食品粉尘、金属粉尘、木料粉尘、塑料粉尘、纺织粉尘和饲料粉尘等七大类粉尘具有爆炸性。本章首先通过简要讨论可燃性粉尘的危害引出本书的主题，然后重点介绍可燃性粉尘防控发展历程和趋势。

1.1　粉尘及其分类

1.1.1　粉尘的定义

粉尘，是指悬浮在空气中的固体微粒。习惯上对粉尘有许多称呼，如灰尘、尘埃、烟尘、矿尘、沙尘、粉末等，这些名词没有明显的界线。国际标准化组织规定，将粒径小于 75 μm 的固体悬浮物定义为粉尘。在大气中粉尘的存在是保持地球温度的主要原因之一，大气中含有过多或过少的粉尘将对环境产生灾难性的影响。但在生活和工作中，生产性粉尘是人类健康的天敌，是诱发多种疾病的主要原因。

1.1.2　粉尘的分类

1. 按生产性分类

按生产性分类，可分为无机性粉尘、有机性粉尘和合成材料粉尘。

无机性粉尘根据来源不同，可分为：

(1) 金属性粉尘，例如铝、铁、锡、铅、锰等金属及其化合物粉尘。

(2) 非金属的矿物性粉尘，例如石英、石棉、滑石、煤等。

(3) 人工无机粉尘，例如水泥、玻璃纤维、金刚砂等。

有机性粉尘可分为：

(1) 植物性粉尘，例如木尘、烟草、棉、麻、谷物等粉尘。

(2) 动物性粉尘,如畜毛、羽毛、角粉、骨质等粉尘。

合成材料粉尘主要见于塑料加工过程中。塑料的基本成分除高分子聚合物外,还含有填料、增塑剂、稳定剂、色素及其他添加剂。

2. 按来源分类

(1) 尘:固态分散性气溶胶,固体物料经机械性撞击、研磨、碾轧而形成,粒径为0.25~20 μm,其中大部分为 0.5~5 μm。

(2) 雾:分散性气溶胶,为溶液经蒸发、冷凝或受到冲击形成的溶液粒子,粒径为 0.05~50 μm 左右。

(3) 烟:固态凝聚性气溶胶,包括金属熔炼过程中产生的氧化微粒或升华凝结产物、燃烧过程中产生的烟,粒径<1 μm,其中较多的粒径为 0.01~0.1 μm。

3. 按产生粉尘的生产工序分类

(1) 一次性烟尘:由烟尘源直接排出的烟尘。

(2) 二次性烟尘:经一次收集未能全部排出而散发出的烟尘,相应的各种移动、零散的烟尘点。

4. 按粉尘的物性分类

(1) 吸湿性粉尘、非吸湿性粉尘。

(2) 不粘尘、微粘尘、中粘尘、强粘尘。

(3) 可燃尘、不燃尘。

(4) 爆炸性粉尘、非爆炸性粉尘。

(5) 高比电阻尘、一般比电阻尘、导电性尘。

(6) 可溶性粉尘、不溶性粉尘。

在粉尘的物性分类中,可燃性粉尘是指在空气中能燃烧或焖燃,在常温常压下与空气形成爆炸性混合物的粉尘、纤维或飞絮。悬浮在空气中的可燃性粉尘,当达到爆炸下限以上时,遇点火源瞬间发生燃烧,会产生爆炸现象,对人身安全及工业场所的危害极大。可燃性粉尘在不同的工业场所的分类可分为以下几种:

(1) 金属制品加工业:镁粉、铝粉、铝铁合金粉、钙铝合金粉、铜硅合金粉、硅粉、锌粉、钛粉、镁合金粉、硅铁合金粉。

(2) 农副产品加工业:玉米淀粉、大米淀粉、小麦淀粉、果糖粉、果胶酶粉、土豆淀粉、小麦粉、大豆粉、大米粉、奶粉、乳糖粉、饲料、鱼骨粉、血粉、烟叶粉尘。

(3) 木制品/纸制品加工业:木粉、纸浆粉。

(4) 纺织品加工业:聚酯纤维、甲基纤维、亚麻、棉花。

(5) 橡胶和塑料制品加工业:树脂粉、橡胶粉。

(6) 冶金/有色/建材行业煤粉制备业:褐煤粉尘、褐煤/无烟煤(80∶20)粉尘。

(7) 其他:硫黄、过氧化物、染料、静电粉末涂料、调色剂、萘、弱防腐剂、硬脂酸铅、硬脂酸钙、乳化剂。

5. 按粉尘对人体危害的机制分类

（1）硅尘。

（2）石棉尘。

（3）放射性粉尘。

（4）有毒粉尘。

（5）一般无毒粉尘。

1.1.3 可燃性粉尘爆炸危害

1. 粉尘爆炸的定义

粉尘爆炸是指可燃性粉尘在有限的空间内充分与空气混合形成的粉尘云，在点火源的作用下形成的粉尘空气混合物快速燃烧，并引起温度压力急骤升高的化学反应。粉尘爆炸的前提条件是粉尘为可燃性粉尘，并且与空气混合后达到爆炸下限所需要的浓度，同时需要具备足够高的点火温度，而且粉尘爆炸通常情况下会发生连续性爆炸。

2. 粉尘爆炸的条件

生产过程中产生的粉尘，但凡是上述所提到的七大类粉尘中的任意一种，在特定的条件下，都有发生爆炸的可能性。粉尘的爆炸条件通常会包括以下几个条件：(1)粉尘本身具有可燃性或爆炸性；(2)粉尘必须是悬浮在空气中并与空气（主要是与其中的氧气）混合达到该种粉尘的爆炸极限，形成人们常说的粉尘云；(3)有足以引起粉尘爆炸的热能源，即点火源；(4)粉尘具有一定的扩散性；其中，易爆粉尘只要满足前两个条件，就具备了发生爆炸事故的必要条件。国家安全生产监督管理总局 2015 年印发了《工贸行业重点可燃性粉尘目录(2015 版)》，如表 1-1 所示。

表 1-1 工贸行业重点可燃性粉尘目录(2015 版)

序号	名称	中位径/μm	爆炸下限/$(g \cdot m^{-3})$	最小点火能/mJ	最大爆炸压力/MPa	爆炸指数/$(MPa \cdot m \cdot s^{-1})$	粉尘云引燃温度/℃	粉尘层引燃温度/℃	爆炸危险性级别
一、金属制品加工									
1	镁粉	6	25	<2	1	35.9	480	>450	高
2	铝粉	23	60	29	1.24	62	560	>450	高
3	铝铁合金粉	23	—	—	1.06	19.3	820	>450	高
4	钙铝合金粉	22	—	—	1.12	42	600	>450	高
5	铜硅合金粉	24	250	—	1	13.4	690	305	高
6	硅粉	21	125	250	1.08	13.5	>850	>450	高
7	锌粉	31	400	>1 000	0.81	3.4	510	>400	较高
8	钛粉	—	—	—	—	—	375	290	较高

续表

序号	名称	中位径/μm	爆炸下限/(g·m^{-3})	最小点火能/mJ	最大爆炸压力/MPa	爆炸指数/(MPa·m·s^{-1})	粉尘云引燃温度/℃	粉尘层引燃温度/℃	爆炸危险性级别
9	镁合金粉	21	—	35	0.99	26.7	560	>450	较高
10	硅铁合金粉	17	—	210	0.94	16.9	670	>450	较高
二、农副产品加工									
11	玉米淀粉	15	60	—	1.01	16.9	460	435	高
12	大米淀粉	18	—	90	1	19	530	420	高
13	小麦淀粉	27	—	—	1	13.5	520	>450	高
14	果糖粉	150	60	<1	0.9	10.2	430	熔化	高
15	果胶酶粉	34	60	180	1.06	17.7	510	>450	高
16	土豆淀粉	33	60	—	0.86	9.1	530	570	较高
17	小麦粉	56	60	400	0.74	4.2	470	>450	较高
18	大豆粉	28	—	—	0.9	11.7	500	450	较高
19	大米粉	<63	60	—	0.74	5.7	360	—	较高
20	奶粉	235	60	80	0.82	7.5	450	320	较高
21	乳糖粉	34	60	54	0.76	3.5	450	>450	较高
22	饲料	76	60	250	0.67	2.8	450	350	较高
23	鱼骨粉	320	125	—	0.7	3.5	530	—	较高
24	血粉	46	60	—	0.86	11.5	650	>450	较高
25	烟叶粉尘	49	—	—	0.48	1.2	470	280	一般
三、木制品/纸制品加工									
26	木粉	62	—	7	1.05	19.2	480	310	高
27	纸浆粉	45	60	—	1	9.2	520	410	高
四、纺织品加工									
28	聚酯纤维	9	—	—	1.05	16.2	—	—	高
29	甲基纤维	37	30	29	1.01	20.9	410	450	高
30	亚麻	300	—	—	0.6	1.7	440	230	较高
31	棉花	44	100	—	0.72	2.4	560	350	较高
五、橡胶和塑料制品加工									
32	树脂粉	57	60	—	1.05	17.2	470	>450	高

续表

序号	名称	中位径/μm	爆炸下限/(g·m⁻³)	最小点火能/mJ	最大爆炸压力/MPa	爆炸指数/(MPa·m·s⁻¹)	粉尘云引燃温度/℃	粉尘层引燃温度/℃	爆炸危险性级别
33	橡胶粉	80	30	13	0.85	13.8	500	230	较高
六、冶金/有色/建材行业煤粉制备									
34	褐煤粉尘	32	60	—	1	15.1	380	225	高
35	褐煤/无烟煤(80∶20)粉尘	40	60	>4 000	0.86	10.8	440	230	较高
七、其他									
36	硫黄	20	30	3	0.68	15.1	280	—	高
37	过氧化物	24	250	—	1.12	7.3	>850	380	高
38	染料	<10	60	—	1.1	28.8	480	熔化	高
39	静电粉末涂料	17.3	70	3.5	0.65	8.6	480	>400	高
40	调色剂	23	60	8	0.88	14.5	530	熔化	高
41	萘	95	15	<1	0.85	17.8	660	>450	高
42	弱防腐剂	<15	—	—	1	31	—	—	高
43	硬脂酸铅	15	60	3	0.91	11.1	600	>450	高
44	硬脂酸钙	<10	30	16	0.92	9.9	580	>450	较高
45	乳化剂	71	30	17	0.96	16.7	430	390	较高

注："其他"类中所列粉尘主要为工贸行业企业生产过程中，使用的辅助原料、添加剂等，需结合工艺特点、用量大小等情况，综合评估爆炸风险。

3. 粉尘爆炸的过程

粉尘爆炸的过程一般为：首先，飘浮在空气中的粉尘，在热源作用下迅速被气化或干馏而产生可燃性气体；其次，可燃性气体与空气进行充分混合；最后，燃烧产生的热量向四周扩散，引起粉尘的进一步燃烧，随着反应速度的不断加快，最后形成爆炸。

4. 粉尘爆炸的特点

(1) 粉尘爆炸最大的特点之一就是会连续多次爆炸。第一次爆炸所产生的气浪，会把沉积在地面上或者附着在设备表面上的粉尘吹扬起来，在爆炸发生后的较短时间内，爆炸中心区会形成较强的负压，新鲜空气便会填充进来，此时又会与空气中的粉尘混合形成新的粉尘云，从而引发第二次爆炸。通常情况下，二次爆炸的破坏力会高于第一次爆炸。(2)粉尘爆炸所需的最小点火能量较高。(3)粉尘爆炸的感应期较长。粉尘燃烧的过程非常复杂，需经过加热、离解、蒸发等过程，从接触点火源到发生爆炸所需要的时间，也就是感应期要比气体爆炸长得多。但由于粉尘中的碳、氢含量高，即可燃物含量多，与可燃性气体的爆炸相比，粉尘爆炸的压力上升较缓慢，感应的时间较长。粉尘的燃烧速度比气体小，但燃烧的时间长，且产生的能量也较气体大，所以造成的破坏、毁坏的程度也要严重得多。(4)粉尘爆炸时，燃烧通常是不完全的，比如煤粉爆炸时，燃烧的是所分解出来的气体，剩下的灰渣是来不及燃烧的。

5. 粉尘爆炸的危害

(1) 涉及行业广。粉尘爆炸涉及的范围很广，只要是上文提到的七种可燃性粉尘的场所均有可能发生粉尘爆炸事故，如食品加工、煤炭、金属加工、家具行业、涂料、饲料、农副产品等厂企都时有发生。(2)具有极强的破坏性。一旦发生粉尘爆炸事故，往往伴随着人员伤亡和严重的经济损失。(3)能产生有毒气体。一种是一氧化碳；另一种是爆炸物(如塑料)自身燃烧或化学反应产生的有毒气体。对可燃性粉尘的防治不当可引发粉尘爆炸事故，其爆炸的严重性和危害程度与蒸气云爆炸和沸腾液体扩展蒸气爆炸几乎相当，相较可燃性气体爆炸，粉尘爆炸容易引起二次爆炸或多次连环爆炸，具有更强的破坏力，并容易生成大量的有毒有害气体，往往造成重大人员伤亡和巨大经济损失。1906 年，法国科瑞尔斯煤矿爆炸，导致 1 099 人死亡；20 世纪 80 年代，美国发生了一连串的粮食粉尘大爆炸。我国也发生了多起影响较大的粉尘爆炸事故，如 1987 年 3 月 15 日，黑龙江省哈尔滨市发生了特大亚麻粉尘爆炸事故，导致 58 人死亡，177 人受伤；2010 年 2 月 24 日，河北省秦皇岛骊骅淀粉股份有限公司发生一起玉米淀粉重大粉尘爆炸事故，共造成 19 人死亡，49 人受伤；2012 年 8 月 5 日，浙江省温州市瓯海区郭溪镇个体铝制锁抛光加工厂发生一起重大金属粉尘爆炸事故，共造成 13 人死亡，15 人受伤；2014 年 8 月 2 日，江苏省昆山市中荣金属制品有限公司发生一起特别重大粉尘爆炸事故，共造成 146 人死亡，91 人受伤。这些事故都造成了巨大的财产损失和人员伤亡，引起了社会的广泛关注，敲响了工业粉尘防控的警钟。

1.2 可燃性粉尘防控发展历程

随着现代工业的快速发展，可燃性粉尘爆炸事故频发。国外对可燃性粉尘的爆炸研究起步较早，苏联、波兰、美、英、日以及德国等主要工业国家以及一些研究机构都相继建成了粉尘爆炸实验室或具有实际规模的大型地面或地下实验巷道，用来进行瓦斯煤尘等可燃性气体粉尘的防爆和隔爆措施的实验以及爆炸机理的研究。如英国有坎布雷顿、布克斯顿、舒菲尔德三个实验站；日本在福冈、北海道均建有大规模爆炸实验巷道；美国建有布卢斯顿实验巷道；波兰巴尔巴拉实验巷道长 400 m、断面 7.5 m^2。20 世纪 40 年代中期，德、美等国建立了粉尘防爆相关标准规范；20 世纪 70 至 80 年代粉尘防爆研究快速发展，标准趋于统一；20 世纪 90 年代以来，欧洲标准化委员会设立了一系列粉尘爆炸的研究项目，成立了 CEN/TC 305“爆炸性气氛危险区爆炸预防与防护标准技术委员会”(简称非电气防爆标委会)，形成了统一的欧洲标准。目前，国际上广为采用的是德国 VDI 系列涉及粉尘防爆的标准以及美国 NFPA68 系列涉及粉尘防爆的标准。

在粉尘监测方面，国外对可燃性粉尘浓度的监测主要集中在管道输送及开放空间的浮游粉尘浓度监测，包括澳大利亚高原、美国奥本和费尔升及芬兰辛创为代表的电荷感应式粉尘监测技术，形成了系列监测技术及产品，应用于电厂、钢厂及造纸等行业的粉尘监测，如工厂烟尘排放、电厂风粉浓度控制、除尘器泄露监测等，但仅仅是一种趋势监测，不能精确定量监测，也未做防爆性能要求的处理。

在粉尘治理技术方面，国外基本采用袋式除尘技术。20 世纪 70 年代以后，袋式除尘器的应用向大型化发展，欧、美、日等发达国家相继开发了大型袋式除尘器并应用于多个领域。近年来，国外在布袋除尘技术研究方面取得了大量有意义的成果。在理论分析方面，主要有 Juda、Chrosciel 纤维层过滤计算模型和 Bergman 的修改模型，同时很多学者针对粉尘层比阻力系数展开了研究并推导出其与粉尘孔隙率相关半经验公式。在数值模拟方面，国外学者从颗粒物受力分析入手，设置颗粒物间、颗粒物与纤维层间的作用力的简化条件，采用数值求解的方法模拟颗粒层堆积、坍塌、压缩等过程，分析颗粒物参数对阻力、过滤性能的影响。在实验研究方面的主要研究内容有：颗粒物捕集效率和压降变化；粉尘粒径、粉尘层厚度、孔隙率与过滤阻力间关系；粉尘层厚度随时间变化，对应时间下粉尘层质量、压降变化；过滤风速对粉尘层形成及分离的影响；压光、烧毛等后处理工艺对滤料性能的影响；滤袋表面颗粒物分布及粉尘层厚度；不同滤料在不同风速下最大允许过滤压差的颗粒物过滤实验研究；滤料织物构造影响尘饼形成等。

在粉尘爆炸控制技术方面，国外主要有泄爆技术、抑爆技术、隔爆技术以及抗爆设备强度设计与封闭技术几种。在泄爆技术方面，国际上广泛采用的标准有德国工程师协会 VDI 3673—2002《粉尘爆炸泄压》、美国 NFPA 68—1998《爆炸泄压指南》及欧盟 CEN《粉尘爆炸泄压系统》。在抗爆技术方面，国际上采用的抗爆设计标准主要有 EN 14460—2007 *Explosion resistant equipment*（欧洲标准 14460—2007《爆炸装置》）、NFPA 69—2008 *Standard on Explosion Prevention Systems*（美国消防协会 69—2008《防爆系统标准》）。

在爆炸控制装备方面，目前在国外（如美国、意大利、比利时、瑞士等）很多国家均研发出了成熟的装备，其成果如下：① 通过控制原理的不同，研发出泄爆、隔爆、抑爆等多种装备；② 泄爆装备方面，研发出泄压门、无火焰泄爆装置、平板型泄爆片、弧形泄爆片、拱形泄爆片等；③ 隔爆装备方面，研发出机械式隔爆装备（回转阀、单向隔离阀、芬特克斯阀、换向阀等）和化学隔爆装备；④ 爆炸抑制装备方面，研发出高速灭火喷射罐等装备。

国外这些技术及装备，在粉尘爆炸生产场所已取得了较大规模的应用，由于粉尘环境恶劣，国外的技术及装备在长期使用和可靠性方面正在进一步深化研究，并也在不断研发新的技术及装备。

我国开展粉尘爆炸的研究起步较晚，主要是在 20 世纪 80 年代，哈尔滨亚麻厂粉尘爆炸、广州黄埔港粮食筒仓大爆炸等数次恶性爆炸事故之后。目前，国内从事粉尘爆炸研究的高校及科研单位主要有东北大学、北京理工大学、南京理工大学、中国科技大学、西安科技大学、大连理工大学、中北大学、中煤科工集团重庆研究院有限公司、中钢集团武汉安全环保研究院、南阳防爆电机研究所及天津消防所等。如北京理工大学、中国矿业大学、中科院力学所、南京理工大学爆炸实验室建立了可燃气体爆炸实验管道，均可进行粉尘爆炸实验研究。

鉴于开展原型传播实验费用昂贵、准备烦琐，国内外学者进行的原型实验较少，大部分都是通过实验管道内爆炸来模拟的。

国内在可燃性粉尘监测、煤矿粉尘爆炸特性及隔抑爆技术方面较早开始了研究工作并取得了较大的进展，掌握了基于光学及静电感应的煤矿粉尘浓度监测技术、隔抑爆技术，研制了可用于可燃性粉尘环境的电源、粉尘浓度监测传感器等，并于2014年初进行了作业场所可燃性粉尘浓度监测技术及系统的研究。东华大学开展了医药行业管道混合粉尘爆炸特性研究；中北大学开展了管道铝粉爆炸实验研究；东北大学开展了镁粉爆炸实验及危险评价研究等。但企业及学校、机构对可燃性粉尘的监测、爆炸预警研究几乎处于空白阶段，缺乏对作业场所粉尘爆炸的监管方法，不能真正防患于未然。要实现对可燃性粉尘的防控，对可燃性粉尘沉积、开放空间及管道泄漏的浮游粉尘进行监测是前提，但由于行业对可燃性粉尘爆炸的认识不足、重视程度不够，导致在该领域技术研发的滞后，同时导致可燃性粉尘检测标准及规程的缺失，给爆炸性粉尘环境爆炸危害监管带来了障碍。

在可燃性粉尘治理技术方面，国内也基本采用的是袋式除尘器，但是由于国内对袋式除尘器的研究起步较晚，使得国内袋式除尘器与国外还有一定的差距。国内对袋式除尘器的研究主要集中在滤袋的材料、除尘器的清灰方式等方面，而对爆炸性环境中袋式除尘器的防爆问题研究相对较少。目前对袋式除尘器在爆炸环境中的使用，针对袋式除尘的粉尘爆炸提出了一系列的保护性措施，最终得出结论：袋式除尘器在收集爆炸性粉尘过程中需要从设计、安装、运行等方面对各个部件采取一系列的措施来确保其安全运行。

国内主要利用粉尘爆炸研究的实验室，开展了利用高压气源的喷尘效应制成扬尘装置，在指定处获得均匀的煤尘云满足特定的实验要求，利用强点火形成的激波(或瓦斯爆炸冲击波)造成的外部作用力，诱导预先铺设的沉积煤尘飞扬、点火和燃烧，支持火焰传播，最后形成瓦斯爆炸诱导沉积煤尘参与爆炸的形式等方法的粉尘爆炸研究。

目前国内粉尘爆炸规律主要集中在煤尘爆炸的研究方面，而对煤尘爆炸传播的研究主要集中在火焰传播特性、冲击波的传播规律方面，并获得了如下研究结果：爆炸火焰区传播距离远大于原始煤尘积聚区长度，火焰区长度与参与爆炸的煤尘量有关；冲击气流衰减变化与爆炸煤尘量和断面有关，爆炸毒害气体在动压作用下冲击一段距离后开始扩散，可能存在膨胀极限区。范宝春等在水平激波管中研究了激波与堆积粉尘的相互作用，结果表明：当激波强度增大时，入射激波的入射角和波后粉尘界面的折转角增大，而透射激波的入射角减小；流场结构的特征值对激波强度的变化不是十分敏感。

据查新，在国内非煤行业还没有针对爆炸性粉尘的检测技术和设备，国外的设备功能主要是一种定性的趋势检测，如芬兰辛创的Sintrol Dumo粉尘检测仪等，无法满足国内众多生产性粉尘企业爆炸性粉尘监测需求，且价格昂贵。因此，如何有效监测与治理工业粉尘(特别是爆炸性粉尘)，防止和抑制工矿企业可燃性粉尘爆炸事故是目前形势下亟待解决的重大课题。

然而，我国在工矿企业可燃性粉尘的防治方面还存在较大的疏漏，具体体现在以下四个方面：

(1) 气载爆炸性粉尘监测技术及其监测设备缺乏。这涉及三个方面：一是飘浮在空气中的可燃性高浓度粉尘的实时监测；二是沉降在作业场所的粉尘沉积量与沉积速率的实时监测；三是爆炸危险性的评价与爆炸条件参数远程预警技术及监测系统尚属空白。这些实时监测都需要大量程超高精度的传感器，目前粉尘浓度传感器普遍采用激光散射原理来检测粉尘浓度，量程相对较小，一般在 1 000 mg/m^3 的范围内，而可燃性粉尘的爆炸往往需要达到每立方米几十克甚至更高的浓度范围，这就需要研究检测量程更高的、能应用于恶劣环境下(潮湿、高粉尘浓度)的高精度、高可靠性的粉尘浓度传感器。目前国内尚无对粉尘爆炸危险性及爆炸条件参数进行实时监测、评价和预警的系统。如何通过粉尘监测监控系统，实时实地地采集这些数据，构建爆炸模型及评价系统，借助移动通信(含北斗卫星)链路的基于云端的扁平化监管系统，实现对粉尘爆炸危害的多级监管、预警是关键。

(2) 爆炸性粉尘爆炸机理及治理设备安全运行技术亟须开展深入研究。一方面爆炸性粉尘治理设备在爆炸性环境中的安全运行技术尚未成熟，对爆炸性粉尘的治理产生极大制约；另一方面工业粉尘多种多样，成分复杂，目前针对各类粉尘(如煤尘、食品粉尘、金属粉尘、木料粉尘、塑料粉尘及纺织粉尘等)的爆炸机理依然认识不清，导致粉尘爆炸事故时有发生。

(3) 爆炸性粉尘治理技术及其系列化除尘设备欠缺。目前，许多作业场所只是简单地加装了一些抽尘管道，仅仅只能在一定程度上降低作业场所的粉尘浓度，不能从根本上预防粉尘爆炸事故的发生，2014 年江苏昆山金属加工企业发生的粉尘爆炸事故就是一个例证。其主要原因就是没有监测预警措施，不知道粉尘实际是否超标；抽尘管道存在粉尘堆积，没有相应的粉尘特别是管道沉积粉尘厚度的监测设备；除尘设备防爆等级没有达标；抽除尘装置参数与布局设计不合理；设备处理风量不足等。

(4) 各类粉尘的爆炸特性研究及相适应的防治装备研究不足。爆炸特性是衡量物质爆炸性的一项重要指标，可以概括性地反映其理化性质和爆炸性能。粉尘的爆炸特征参量往往是衡量粉尘潜在爆炸性威胁的重要参数，也是寻求有效防止和抑制粉尘爆炸措施的重要依据。针对不同环境条件下各类粉尘爆炸特性的研究是一项烦琐而严峻的挑战。随着我国工业化水平的提高和科技的进步，在煤矿、非煤矿山、金属、化工、粮食加工等企业，传统的防尘降尘措施已难以适应目前高度自动化、电气化的生产工艺，也不能有效控制粉尘爆炸事故，只有加强各类粉尘的爆炸特性研究及相适应的防治装备研究，采取切实可行的、先进的隔抑爆技术及装备，才能防止和抑制可燃性粉尘爆炸事故的发生。

针对以上问题，本项目拟通过气载爆炸性粉尘防控关键技术及装备研究，认清煤尘、食品粉尘、金属粉尘、木料粉尘、塑料粉尘和纺织粉尘等各大类粉尘的爆炸机理与爆炸特性，研究出适用于工矿企业气载爆炸性粉尘的实时监测与远程监控预警技术及系统，开发出一系列适用于爆炸性粉尘环境的粉尘治理关键技术及装备，从而搭建出具有自主知识产权的国内工矿企业可燃性粉尘防治体系。

本课题结合我国粉尘爆炸的危害实情以及发生爆炸后如何成功避免造成人员伤亡，分别从粉尘的高效除尘技术及装备、管道沉积粉尘的清理技术及装备、粉尘爆炸抑制技术、粉尘爆炸泄压技术及装备、粉尘爆炸隔离技术及装备等方面进行研究，最终形成成套的、有理论、有实践、有技术、有装备的爆炸性粉尘治理技术及装备。

课题的研究预计在以下几个方面取得突破：①研究开发爆炸性粉尘高效除尘技术，防止爆炸性粉尘悬浮与飞扬，有效减少粉尘暴露，实现工作场所的粉尘达标。②研究开发防爆智能清洗机器人，能有效地清理管道内的沉积粉尘，防止管道内粉尘累积。③研发抗爆、隔爆、抑爆、泄爆装置，实现在粉尘爆炸后尽可能地减少粉尘爆炸造成的危害。

粉尘爆炸的防护措施分为两大类：一类是预防性措施，即通过控制和消除爆炸事故的发生条件，避免或减少粉尘爆炸事故的发生；另一类是减缓性措施，即通过控制爆炸破坏力的形成，减轻爆炸事故发生时造成的危害，使爆炸后果控制在可接受范围内。在许多情况下，预防性措施不能提供充分的防护，爆炸过程及破坏力的形成将会在极短时间内完成，爆炸事故一旦发生便会造成严重后果。因此，预防和减缓措施通常要联合起来运用。

1. 粉尘爆炸的预防性措施

粉尘爆炸的预防性措施是可以预防粉尘爆炸的。在采取预防措施之前，必须了解哪些生产工艺和设备容易发生粉尘爆炸事故。容易发生粉尘爆炸事故的生产工艺有：物料研磨/破碎过程、气固分离过程、除尘过程、干燥过程、气力输送过程、粉料清（吹）扫过程等，这些过程使粉尘处于悬浮状态，只要有合适的点火源就极易发生燃烧爆炸。集尘器、除尘器、气力输送机、磨粉机、干燥机、筒仓、连锁提升机等生产设备也特别容易发生爆炸。粉尘爆炸的预防性措施包括控制点火源、控制粉尘云的形成、惰化。

（1）有效控制点火源

控制与消除点火源是有效预防爆炸危险性物质发生燃烧、爆炸事故的重要技术措施。现代工业生产过程中，点火源种类繁多，如静电火花、机械火花、摩擦、绝热压缩、热表面、热辐射、明火、自燃等，并且在实际中作用情况复杂，有时甚至是几种点火源共同作用。此外，各种可燃性物质的最小点火能量也不相同，因此，应根据点火源种类及实际作用情况采取相应的防爆技术措施以有效控制或消除点火源，从而达到安全生产的目的。

（2）控制粉尘云的形成

在操作区域要避免粉尘沉积、扬起，防止悬浮的粉尘达到爆炸浓度极限范围。首先，应改善生产工艺及技术，减少生产过程中产生的粉尘量；其次，保持生产设备的良好气密性；最后，生产场所要安装有效的除尘通风系统，要及时清理设备、墙壁和地面等处的落尘。

（3）惰化

常见的惰化技术分为两类，即气体惰化技术和粉末惰化技术。气体惰化技术是指在可燃性粉尘所处环境中充入氮气、二氧化碳、卤代烃、热风炉尾气、水蒸气、氦气等惰性气体，以降低环境中的氧含量，使粉尘爆炸性能丧失，使爆炸压力和爆炸强度显著降低；粉末惰化技术是把碳酸钙、硅藻土、硅胶、氧化钙、氧化镁等耐燃惰性粉体混入可燃性粉尘中，使可燃性粉体冷却，抑制粉体悬浮，并通过隔热和吸热来防止爆炸的发生。

2. 粉尘爆炸的减缓性措施

在很多情况下爆炸是不能完全避免的，为保证工作人员不至于受伤、设备在爆炸后能迅速恢复操作,使爆炸的影响能控制在一定的安全层次范围内,就必须采取爆炸减缓性措施。常用的粉尘爆炸减缓性措施有抗爆、泄爆、抑爆、隔爆技术。

(1) 抗爆

抗爆是一种最基本的也是最有效的防爆措施,可以使容器和设备的抗压能力抵抗住最大爆炸压力。抗爆设计可分为抗爆炸压力设计和抗爆炸冲击设计。

(2) 泄爆

爆炸泄压技术是缓解粉尘爆炸危害的方法之一,是应用于可燃性粉尘处理设备的一种保护性措施。爆炸泄压技术是指在爆炸发生后能在极短的时间内将原来封闭的容器和设备短暂或永久性地向无危险方向开启的措施。爆炸泄压会带来火焰和压力的危害,并可能对环境造成不同程度的影响。此外,爆炸泄压的设计要保证泄出物质无腐蚀性或毒性。

(3) 抑爆

抑爆是指在具有粉尘爆炸危险的环境中安装传感器,爆炸发生时及时喷射灭火剂,使得在爆炸初期就约束和限制爆炸燃烧的范围,从而在无法避免粉尘沉积的房间里,在设备没有保护措施的情况下,可协助避免发生大规模爆炸。

(4) 隔爆

隔爆的目的是防止爆炸从初始位置向其他设备、房间等相连工艺单元传播。工业生产中遭受粉尘爆炸威胁的容器和设备几乎都通过管道输送设备连接到其他的设备或场所,在这些可能波及的地方也许会有粉尘爆炸传播的威胁,或者使某些设备遭受由于冲击火焰点火导致的更加严重的爆炸后果,或者导致原来无危险的地方变为危险区域,结果可能导致更加严重的二次爆炸。所以必须在可能遭受粉尘爆炸危险的设备(即使已经采取了防护措施)之间或设备与未采取防护措施的场所之间采取隔爆措施。常用的隔爆措施和装置主要有换向阀、旋转锁气阀、隔爆阀、带阻料的螺旋输送器等。

1.3 可燃性粉尘防控发展趋势

目前国内作业场所粉尘防范措施薄弱,政策管控预期加强。目前采用的爆炸性粉尘防治措施主要有粉尘的定时清扫、除尘器抽尘净化。不少除尘器的过滤网没有按照国家标准的要求采取防止粉尘飞扬,通风除尘,控制点火源,惰性气体保护,设置抑爆、防爆、泄爆等措施,更没有对可能引起粉尘爆炸的粉尘浓度、温度、压力等参数进行监测。目前使用的除尘器过滤网容易堵塞,从而造成管道内风速降低,粉尘在输送管道内沉积严重,除尘器几乎没有防爆和泄爆措施,埋下了粉尘爆炸的隐患;同时,存在粉尘爆炸危险的企业也没有对职工进行粉尘爆炸性和防护措施的教育,职工不知道自己所从事的作业有爆炸危险,也不知道如何进行防护,甚至在这么多的事故发生后,人们对粉尘爆炸的认识还是非常陌生,企业管理者及员工防范意识淡漠,普遍缺乏监管措施、监测设备及操作规范。诸多粉尘爆炸事故的发生都与粉尘大量沉积有关,在未控制火源(摩擦、明火)的条件下引发事故的发生。国家安全监管总局《严防企业粉尘爆炸五条规定》中强调:“必须按标准规范设计、安装、使用和维护通风除尘系统,每班按规定检测和规范清理粉尘,在除尘系统停运期间和粉尘超标时严禁作业,并停产撤人。”我国职业卫生标准《工作场所空气中粉尘测定　第1部分:总粉尘浓度》(GBZ/T 192.1—2007)规定了对粉尘浓度进行测定的方法。管理者、工矿企业主、工人等开始逐步对粉尘爆炸重视起来,由此可以预见,不管是从国家监管政策制度,还是企业生产管理规范来看,监测预防措施会越来越严格、越来越完善,最终将极大地减少全社会粉尘爆炸事故的发生。

地面粉尘爆炸治理、监测、预警集成系统尚待起步,开展本项研究有重要的社会及经济价值。由于生产性粉尘企业在生产过程中产生管道、车间粉尘沉积,在扬起时极易达到爆炸浓度极限,因此对粉尘车间、抽尘管道等处的粉尘沉积、开放空间的浮游粉尘进行监测,可实现对粉尘爆炸极限浓度的预警管控,从源头上防止爆炸因素的形成。目前,地面粉尘爆炸环境使用的粉尘监测设备几乎是空白的,没有完善的粉尘爆炸监测预警的解决措施,还是简单套用煤矿粉尘检测设备(如粉尘浓度传感器),或者采用大气颗粒物监测来代替工矿、生产性粉尘企业的粉尘监测,其设备防爆要求、环境适应指标、测量范围都有很大的区别。因此,进行生产性粉尘产生的地面粉尘爆炸治理、监测研究,消除粉尘爆炸的潜在危险十分必要,具有重要的社会价值和潜在的经济价值。

综上所述,国外尚未直接针对可燃性粉尘的检测做精确定量检测,国内这方面研究还是空白。国外学者建立了多种粉尘爆炸模型,开展了点火能量、粉尘粒径对粉尘爆炸特性的影响研究,而国内学者对粉尘爆炸机理方面的研究甚少。国外学者的很多研究均采用了数值仿真的方法,而国内学者主要采取实验研究的方法。国外学者对于金属粉尘爆炸传播规律有一定的研究,但国内的研究甚少。

第 2 章　可燃性粉尘基本特性及爆炸限影响因素

2.1　粉尘基本特性及测定

粉尘的特性包括粉尘粒度分布、密度、形状和结构、充填性质、安置角与滑动角、湿润性、扩散性、黏附性、荷电性、光学特性、磨损性、化学成分、爆炸性等，以下主要介绍与粉尘防治有关的内容。

2.1.1　粉尘粒度分布

煤矿生产过程产生的矿尘与其他粉尘一样，是由各种不同粒径的尘粒组成的集合体，因此单纯用“平均”粒径来表征这种集合体是能反映出其真实水平的。在粉体工学中采用了“粉尘粒度分布”这一概念，按照《煤矿科技术语　第 8 部分：煤矿安全》(GB/T 15663.8—2008)标准，又可称为“粉尘分散度”或“粉尘粒径分布”，用在矿尘中，它表征部分煤岩及少数其他物质被粉碎的程度。

所谓粉尘粒度分布指的是不同粒径粉尘的质量或颗粒数占粉尘总质量或总颗粒数的百分比。通常粉尘分散度高，表示粉尘中微细尘粒占的比例大；分散度低，表示粉尘中粗大颗粒占的比例大。

粉尘粒度分布的测定方法可参考《煤矿粉尘粒度分布测定方法》(GB/T 20966—2007)中的重力沉降光透法，即根据斯托克斯沉降原理和比尔定律测定粉尘粒度分布。粉尘溶液经过混合后，移入沉降池中，使沉降池中的粉尘溶液处于均匀状态。溶液中的粉尘颗粒在自身重力的作用下产生沉降现象。在沉降初期，光速所处平面溶质颗粒动态平衡，即离开该平面与从上层沉降到此的颗粒数相同，所以该处的浓度是保持不变的。当悬浮液中存在的最大颗粒平面穿过光束平面后，该平面上就不再由相同大小的颗粒来替代，这个平面的浓度也开始随之减小。此时刻 t 和深度 h 处的悬浮液浓度中只含有小于 d_{st} 的颗粒。d_{st} 由斯托克斯公式(2-1)决定：

$$d_{st}=\sqrt{\frac{18\eta h}{(\rho_p-\rho_l)gt}} \tag{2-1}$$

式中，d_{st} ——粉尘斯托克斯粒径，μm；

h ——粉尘溶液在沉降池中的高度，m；

t ——沉降时间，s；

η ——测量时温度对应的分散液的运动黏度，g/cm·s；

ρ_1 ——测量时温度对应的分散液体真密度，g/cm^3；

ρ_p ——粉尘真密度，g/cm^3；

g ——重力加速度，9.8 m/s^2。

表 2-1 中列举了我国部分矿区煤样的粒度分布数据。

表 2-1　我国部分矿区煤样的粒度分布数据一览表

序号	煤样	对应粒径累计质量分数/%												
		150	100	80	60	40	30	20	10	8	7	5	3	1
1	重庆开州煤	0.0	1.2	2.6	6.0	13.2	20.8	30.5	46.9	51.0	52.1	60.5	70.5	99.9
2	陕西神木煤	0.0	2.2	3.9	12.6	26.2	33.6	63.4	68.2	81.1	85.6	92.6	96.7	99.9
3	陕西黄陵煤	0.0	4.4	4.9	18.7	59.9	61.5	77.9	79.0	84.8	92.3	94.3	95.5	99.9
4	山东汶上煤	0.0	0.0	1.6	1.2	55.0	70.2	74.3	78.8	86.0	90.4	92.3	97.2	99.9
5	四川邻水煤	0.0	18.4	18.8	22.7	27.7	71.6	76.5	81.9	87.6	88.8	93.2	98.2	99.9
6	青海海西州煤	0.0	0.0	2.4	11.4	27.7	35.3	51.7	75.6	80.5	83.6	89.7	98.4	99.9

2.1.2　粉尘真密度

自然堆积状态下的粉尘，通常都是不密实的，颗粒之间与颗粒内部均存在一定空隙。因此，在自然堆积，即松散状态下，单位体积粉尘的质量要比密实状态下小得多，所以粉尘的密度分为堆积密度和真密度。粉尘呈自然堆积状态时，单位体积粉尘的质量称为堆积密度，它与粉尘的贮运设备和除尘器灰斗容积的设计有密切关系。不包括粉尘间空隙的单位体积粉尘的质量称为真密度，它对机械类除尘器（如旋风除尘器、惯性除尘器、重力沉降室）的工作效率具有直接的影响，如治理粒径大、真密度大的粉尘可以选用重力沉降室或旋风除尘器。

真密度测定的方法较多，常用的是液体置换法（也称比重瓶法），此外也有采用气相膨胀法的。这里仅仅介绍《煤和岩石物理力学性质测定方法　第 2 部分：煤和岩石真密度测定方法》(GB/T 23561.2—2009)中规定的方法。

粉尘真密度的测定是通过求出粉尘的真实体积进而计算出真密度，其方法是以十二烷基硫酸钠（或十二烷基苯磺酸钠）溶液为浸润液，使煤样在密度瓶中润湿沉降并排出吸附的气体，根据煤样排出的同体积水的质量算出煤的真密度。

其计算公式如式(2-2)：

$$d = \frac{M d_s}{M + M_2 - M_1} \tag{2-2}$$

式中，d ——试样真密度，g/cm^3；

M——试样质量，g；

M_1——比重瓶、试样、润湿剂蒸馏水合重，g；

M_2——比重瓶和满瓶蒸馏水合重，g；

d_s——室温下蒸馏水的密度，$d_s \approx 1\ g/cm^3$。

表 2-2 中列举了我国部分地区煤样的真密度测试数据。

表 2-2　我国部分地区煤样的真密度数据一览表

序号	煤样	真密度/($g \cdot cm^{-3}$)	煤种
1	贵州遵义煤	1.81	无烟煤
2	贵州大方煤	1.62	无烟煤
3	河南焦作煤	1.59	无烟煤
4	河南安阳煤	1.74	无烟煤
5	贵州六盘水煤	1.50	烟煤
6	内蒙古乌海煤	1.38	烟煤
7	安徽淮南煤	1.46	烟煤
8	江西萍乡煤	1.40	烟煤
9	四川攀枝花煤	1.39	烟煤
10	山西长治煤	1.61	烟煤
11	陕西韩城煤	1.42	烟煤
12	安徽宿州煤	1.97	褐煤
13	山东微山煤	1.34	褐煤
14	山东滕州煤	1.55	褐煤
15	新疆阜康煤	1.34	褐煤
16	山西灵石煤	1.38	褐煤

2.1.3　粉尘的安置角与滑动角

将粉尘自然地堆放在水平面上，堆积成圆锥体的锥底角通常称为安置角，也叫自然堆积角、安息角或修止角，一般为 35°～50°。将粉尘置于光滑的平板上，使该板倾斜到粉尘开始滑动时的角度称为滑动角，一般为 30°～40°。粉尘的安置角和滑动角是评价粉尘流动性的两个重要指标，它们与粉尘的含水率、粒径、尘粒形状、尘粒表面光滑度、粉尘黏附性等因素有关，是设计除尘器灰斗或料仓锥度、除尘管道或输灰管道倾斜度的主要依据。

2.1.4　粉尘的湿润性

粉尘与液体相互附着或附着难易的性质称为粉尘的湿润性。尘粒接触液体后，原来的固-气界面接触被新的固-液界面接触所代替而形成的性质差异，宏观上就表现为湿润性能的差异。粉尘湿润性越好，越有利于降尘。影响粉尘湿润性的主要因素包括液体的表面张力、尘粒形状和大小、环境温度和气压条件、尘粒化学成分及其荷电状态等。

有的粉尘容易被水湿润，如锅炉飞灰、石英砂等，与水接触后会发生凝并、增重，有利于从气流中分离，通常称这类粉尘为亲水性粉尘。有的粉尘难以被水湿润，如炭黑、石墨等，通常称这类粉尘为憎水性粉尘。用湿式除尘器处理憎水性粉尘，除尘效率不高，如果在水中添加合适的湿润剂就可以减小固、液间的表面张力，提高粉尘的湿润性，从而提升除尘效率。

粉尘湿润测定方法较多，如沉降法、接触角法、滴液法、反向渗透法等。这里主要介绍沉降法与毛细管反向渗透增重法。

1. 沉降法

沉降法参考《矿用降尘剂性能测定方法》(MT 506—1996)中的沉降法，即记录 1.0 g 煤尘在湿润剂溶液中完全沉降所需时间，以此收集粉尘湿润性能数据。表 2-3 是采自国内不同地区、不同煤种，在同一种湿润剂作用下的沉降实验结果对比表。由此可见，不同地区、不同煤种间的粉尘湿润性差别是显而易见的。

表 2-3　不同地区、不同煤种沉降实验对比表

序号	煤样	沉降时间/s	煤种
1	福建泉州煤	13.3	无烟煤
2	福建漳平煤	17.2	无烟煤
3	安徽淮北煤	7.7	无烟煤
4	山西阳泉煤	22.3	无烟煤
5	湖北恩施煤	14.0	无烟煤
6	云南镇雄煤	20.5	无烟煤
7	湖南郴州煤	16.1	无烟煤
8	山西长治煤	23.7	烟煤
9	贵州兴仁煤	16.3	烟煤
10	贵州绥阳煤	22.5	烟煤
11	四川大竹煤	31.9	烟煤
12	四川攀枝花煤	33.1	烟煤
13	河北邢台煤	23.6	烟煤
14	宁夏石嘴山煤	36.8	烟煤
15	重庆綦江煤	22.9	烟煤
16	内蒙古鄂尔多斯煤	41.6	褐煤

续表

序号	煤样	沉降时间/s	煤种
17	山东新泰煤	59.2	褐煤
18	宁夏灵武煤	19.5	褐煤
19	安徽淮南煤	30.0	褐煤
20	甘肃天祝煤 2#	65.6	褐煤
21	山东滕州煤 1#	52.6	褐煤
22	江苏徐州煤	36.1	褐煤

2. 毛细管反向渗透增重法

通常毛细管反向渗透增重法主要以测定煤尘的吸水增重和湿润剂在毛细管煤尘中上升的高度，作为判定湿润剂性能优劣的依据。然而结合具体实验过程，湿润剂在毛细管中上升往往并不均匀，常会形成部分润湿上升的情况，因而通过上升高度来判定湿润剂性能存在一定偏差，故采用以一定时间后称量毛细管增重为判定依据。毛细管反向渗透增重法是将装有煤尘的毛细玻璃管的一端附加渗透膜，煤尘通过渗透膜与润湿液接触，润湿液反向渗入煤尘，通过称量一定时间内液体在煤尘柱的吸湿质量来表征煤尘的润湿性能。为加快实验进程，提高不同煤样湿润性的识别率，可在润湿液中添加一定浓度的湿润剂。毛细管反向渗透增重法实验原理示意图如图 2-1 所示。

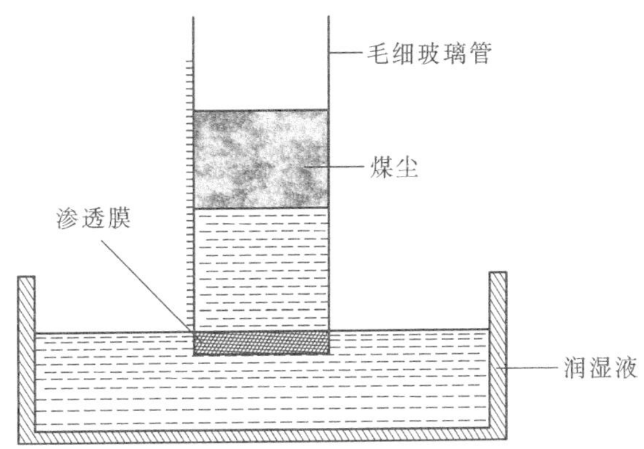

图 2-1　毛细管反向渗透增重法实验原理示意图

表 2-4 中列举了山西阳泉煤、西曲煤在湿润剂溶液中的反向渗透增重实验结果。

表 2-4　不同煤样的吸液对比表

序号	煤样	不同时间下的吸液增重率/%						
		0.25 h	0.5 h	1 h	5 h	12 h	24 h	48 h
1	阳泉煤 3#	3.18	3.38	4.39	6.21	11.07	14.21	18.70
2	阳泉煤 15#	5.13	7.37	10.42	12.43	18.97	25.09	28.10
3	西曲煤 8#	2.67	3.12	4.45	6.88	12.27	19.46	26.34

2.1.5　粉尘的黏附性

粉尘粒子附着在固体表面上，或彼此相互附着的现象称为黏附。这是由于黏附力的存在而导致的。粉尘之间或粉尘与固体表面之间的黏附性质称为粉尘的黏附性。在气态介质中，产生黏附的作用力主要有范德华力、静电引力和毛细黏附力等。影响粉尘黏附性的因素很多，现象也很复杂，粉尘黏附现象还与其周围介质性质有关。一般情况下，粉尘的粒径小、表面粗糙、形状不规则、含水率高、湿润性好和带电量大时易产生黏附现象。

粉尘相互间的凝并与粉尘在器壁或管道壁堆积，都与粉尘的黏附性有关。前者会使尘粒增大，易被各种除尘器所捕集，后者易使除尘设备或管道发生故障。粉尘的黏附性的强弱取决于粉尘的性质(包括形状、粒径、含水率等)和外部条件(包括空气的温度、湿度，尘粒的运动状况、电场力、惯性力等)。

2.1.6 粉尘的磨损性

粉尘的磨损性是指粉尘在流动过程中对器壁或管壁的磨损程度。硬度高、密度大、带有棱角的粉尘磨损性大，在高气流速度下，粉尘对管壁的磨损显得更为严重。为了减少粉尘的磨损，需要适当地选取除尘管道中的气流速度和壁厚。对磨损性大的粉尘最好在易于磨损的部位(如管道的弯头、旋风除尘器的内壁等处)采用耐磨材料做内衬，除了一般耐磨涂料外还可以采用铸石、铸铁等材料。

2.1.7 粉尘的光学特性

粉尘的光学特性包括矿尘对光的反射、吸收和透光程度等性能。在测尘技术中，可以利用粉尘的光学特性来测定它的浓度和分散度。

1. 尘粒对光的反射能力

含尘气流光强的减弱程度与尘粒的透明度和形状有关，但主要取决于尘粒大小及浓度。尘粒大于还是小于光的波长，对光的反射和折射能力是不同的。当尘粒粒径大于 1 μm 时，光线是由于直接反射而消失的，即光线的损失与反射面面积成正比。当粉尘的浓度相同时，光强的反射值随粒径减小而增加。

2. 尘粒的透光程度

含尘气流对光线的透明程度，取决于气流含尘浓度的大小。当粉尘浓度为 0.115 g/m³ 时，含尘气流是透明的，可通过 90%的光线。随着含尘浓度的增加，其透明度大大减弱。

3. 光强衰减程度

当光线通过含尘介质时，由于尘粒对光的吸收和散射等作用而使光强减弱。其减弱程度与介质的含尘浓度和尘粒粒径有关。尘粒大小与光波波长接近的均匀微细尘粒，其光强减弱的程度可用 Gamble 和 Barnett 提出的公式表示：

$$I = I_0 \exp(-k_1 n V_p^2 / \lambda^4) \tag{2-3}$$

式中，I ——通过的光强，cd；

I_0——照射的初始光强，cd；

k_1——系数；

n ——单位体积介质中的尘粒数；

V_p ——尘粒的体积，m^3；

λ ——光波波长，nm。

对于粒径大于波长的尘粒，通过的光强服从几何光学的“平方定律”，即正比于尘粒所遮挡的横断面面积。当粒径大于 1 μm 时，通过的光强实际上与波长无关。

通过均匀含尘的悬浊介质时的光强，可按 Lambert Beer 公式(2-4)确定：

$$\ln\left(\frac{I}{I_0}\right)=k_2 C\delta_1 \tag{2-4}$$

式中，k_2——吸收系数，可用在光线中每 1 kg 粉尘的投影面积 A_{pr} 来表示，m^2/kg；

C ——粉尘的浓度，kg/m^3；

δ_1——光线通过的长度，即介质的厚度，m。

根据 Rose 提出的消光系数，对 A_{pr} 进行修正，Lambert Beer 公式就可包括各种粒径的粉尘。

2.1.8　粉尘的化学成分

通过实验研究认为，悬浮粉尘的化学组分和原矿石的成分基本上是一致的，只是其中挥发性、蒸发性的成分有些减少；而有些组成成分的比例相对有所增加，其减少或增加的范围在 70%～130%之间。据测定，岩石、煤块和空气中岩尘、煤尘中游离二氧化硅含量相差 20%～30%左右。粉尘中游离二氧化硅含量一般都比原矿石中的含量低。

不同煤矿由于煤系不同，它们的岩石和煤的化学组成也不一样。如果煤系的沉积岩是以砂岩、砾岩为主，则二氧化硅含量高；如果以黏土岩、页岩为主，则二氧化硅含量低。

我国煤矿岩巷掘进工作面的矿尘中，游离二氧化硅的含量在 14%～80%的范围内，多数在 30%～50%之间。

我国煤矿多数采煤工作面的矿尘中，游离二氧化硅的含量在 5%以下，也有少数煤质差的采煤工作面的矿尘中，游离二氧化硅含量在 5%以上。

2.1.9　粉尘的爆炸性

当悬浮在空气中的某些粉尘(如煤尘、麻尘等)达到一定浓度时，若存在能量足够的火源(如高温、明火、电火花、摩擦、碰撞等)，将会引起爆炸，这类粉尘称为有爆炸危险性粉尘。这里所说的爆炸是指可燃物的剧烈氧化作用，并在瞬间产生大量的热量和燃烧产物，在空间内造成很高的温度和压力，故称为化学爆炸。可燃物除指可燃性粉尘外，还包括可燃气体和蒸气。引起可燃物爆炸必须具备两个条件：一是由可燃物与空气或含氧成分的可燃混合物达到一定的浓度；二是存在能量足够的火源。

粉尘的粒径越小，表面积越大，粉尘和空气的湿度越小，爆炸危险性越大。对于有爆炸危险的粉尘，在进行通风除尘系统设计时必须给予充分注意，并采取必要和有效的防爆措施。爆炸性是某些粉尘特有的，具有爆炸危险的粉尘在空气中的浓度只有在一定范围内才能发生爆炸，这个爆炸范围的最低浓度叫作爆炸下限，最高浓度叫作爆炸上限，粉尘的爆炸上限因数值很大，在通常情况下皆达不到，故无实际意义。

粉尘爆炸性测定通常采用大管状煤尘爆炸性鉴定仪对粉尘的爆炸性进行鉴定。即 1 g 粉尘试样通过玻璃管中已加热至 1 100 ℃的加热器时，观察是否有火焰产生，若在 5 次煤样实验中，只要有 1 次出现火焰，则该煤样为“有煤尘爆炸性”；若在 10 次煤样实验中均未出现火焰，则该煤样为“无煤尘爆炸性”。详细步骤可参照《煤尘爆炸性鉴定规范》(AQ 1045—2007)。

表 2-5 为我国部分矿区煤尘爆炸性鉴定结果。

表 2-5　我国部分矿区煤尘爆炸性鉴定结果

序号	煤样	火焰长度/mm	有无爆炸性	煤种
1	贵州毕节煤	0	无	无烟煤
2	安徽濉溪煤	0	无	无烟煤
3	云南富源煤	0	无	无烟煤
4	贵州遵义煤	0	无	无烟煤
5	山西沁水煤	0	无	无烟煤
6	湖北恩施煤	0	无	无烟煤
7	山西长治煤	0	无	烟煤
8	安徽淮北煤	35	有	烟煤
9	内蒙古乌海煤	270	有	烟煤
10	河南禹州煤	0	无	烟煤
11	云南镇雄煤	0	无	烟煤
12	四川乐山煤	15	有	烟煤
13	黑龙江黑河煤	>400	有	褐煤
14	贵州六盘水煤	0	无	褐煤
15	山东新泰煤	>400	有	褐煤
16	内蒙古鄂尔多斯煤	>400	有	褐煤
17	新疆阜康煤	0	无	褐煤

2.1.10　可燃性粉尘监测与治理的特殊性

(1) 相应技术装备的不完善。国内尚无对可燃性粉尘作业场所(包括其他粉尘作业场所)管道及开放空间的铝粉粉尘进行连续监测的技术装备，还没有针对铝粉粉尘浓度、沉积厚度的检测设备和手段，因此无法对如抛光打磨车间的可燃性粉尘环境进行有效的监测及预警，从而无法有针对性地对相关作业场所粉尘进行科学而及时的治理。

(2) 相配套除尘技术的不足。在对相关作业场所粉尘进行治理时，除尘能力不足，包括缺乏除尘系统(很多小型抛光作坊没有安装除尘系统，仅仅基于职业健康考虑安装了通风风机以降低车间内粉尘浓度，通过风机将粉尘输送到紧邻车间的"除尘室"，所谓除尘室只是简易沉降室，在正常作业过程或者粉尘清理作业中极易发生爆炸)、除尘系统存在设计缺陷或维护不够(有的企业安装了脉冲式袋式除尘器，但风速设计不够，没有定期检查风机，管道清扫不及时；有的企业虽然采用了相对安全的湿式除尘器，但除尘器没有设计氢气排放装置)、车间和除尘管道清扫不足，从而导致车间内工位附近粉尘沉积，有时直接导致粉尘初始爆炸，有时在除尘系统爆炸后参与车间内的二次爆炸。

(3) 潜在的爆炸隐患。对于残存的粉尘爆炸隐患，对可燃性粉尘着火爆炸机理及火焰传播规律的研究尚不完全，如抛光铝粉遇湿自燃的影响因素、可燃性粉尘在不同点火源作用下的着火爆炸特性等，没有具备自主知识产权的可燃性粉尘爆炸控爆技术及装备。

2.2　数字化煤尘爆炸瞬间火焰长度测定系统及爆炸性测定方法

煤粉是由碳、氢和挥发硫组成的可燃性粉尘，不仅容易自燃，而且容易发生爆炸。煤粉爆炸的实质是气体爆炸，即煤粉和可挥发气体瞬间与氧气结合剧烈燃烧的过程，其持续时间非常短，气浪传输速度非常快。在测定煤粉爆炸特性的时候，一般是通过实验测定爆炸下限与火焰长度这两个参数来确定煤粉的爆炸性。爆炸下限是指能使喷入一定装置中的粉尘云点燃并维持火焰传播的最小粉尘浓度，是确定粉尘爆炸性的重要参数；火焰长度随煤粉爆炸性的强弱而显著变化：火焰长度大于 800 mm 可认定煤粉具有强爆炸性；在 10～800 mm 之间则煤粉具有中强度爆炸性；在 3～10 mm 之间则煤粉具有弱爆炸性；小于 3 mm 则煤粉无爆炸性。

根据该原理，提供了一种数字化煤尘爆炸瞬间火焰长度测定系统及爆炸性测定方法，通过数字技术，能够将煤尘爆炸火焰的光信息转换成数字信号，并利用计算机数字图像处理技术对火焰图像进行处理分析，从而根据测量的火焰长度自动判断煤尘的爆炸性。

2.2.1　数字化煤尘爆炸瞬间火焰长度测定系统

数字化煤尘爆炸瞬间火焰长度测定系统(图 2-2)，包括用于引爆煤尘的高温加热起爆子系统、用于向高温加热起爆子系统送入煤尘的发尘子系统、用于煤尘爆炸瞬间火焰图像拍摄及数据采集的图像拍摄及数据采集子系统和主控制单元。发尘子系统和高温加热起爆子系统与主控制单元相连，并受主控制单元的控制；图像拍摄及数据采集子系统与主控制单元相连，并将采集到的图像输出到主控制单元中进行处理。

高温加热起爆子系统包括透明材质的起爆管、设置在起爆管内部中心轴线上的电热丝及与电热丝相连接的温度检测/调节装置，所述温度检测/调节装置与主控制单元相连。

发尘子系统包括煤尘试样喷管、连接管、微型气泵及气压检测/调节装置。气压检测/调节装置包括依次相连的气体压力开关、精密调节阀、气压阀 B、高精度压力变送器、空气过滤

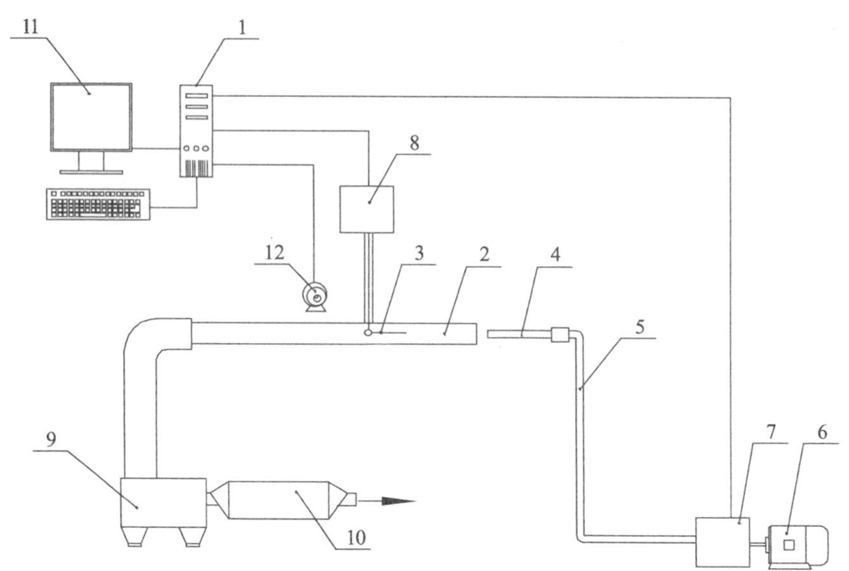

图 2-2　数字化煤尘爆炸瞬间火焰长度测定系统示意图

1—主控制单元　2—起爆管　3—电热丝　4—煤尘试样喷管　5—连接管　6—微型气泵　7—气压检测/调节装置　8—温度检测/调节装置　9—除尘箱　10—吸尘器　11—显示装置　12—图像拍摄装置

器、储气罐和气压阀 A。气体压力开关的进气端通过连接管与微型气泵的出气口相连；气压阀 A 的出气端通过连接管与煤尘试样喷管的进气端相连；气压阀 B、高精度压力变送器和气压阀 A 均与主控制单元相连并受其控制。煤尘试样喷管的喷出端处于起爆管的进口端中心轴线上且与电热丝相对。

本系统还包括煤尘回吸处理装置，所述煤尘回吸处理装置包括除尘箱和吸尘器。除尘箱的进尘口通过连接管与起爆管的出口端相连通，出尘口与吸尘器相连；吸尘器与主控制单元相连，还包括外部输出装置，它也与主控制单元相连。外部输出装置包括显示装置与打印装置。

图像拍摄及数据采集子系统包括图像拍摄装置和图像采集卡。图像拍摄装置通过图像采集卡与主控制单元相连，为高速 CCD 或 CMOS 数码相机；图像采集卡为高速图像数据采集卡。

2.2.2　数字化煤尘爆炸瞬间火焰长度测定方法

数字化煤尘爆炸瞬间火焰长度测定系统是对煤尘爆炸性进行鉴定的专业分析设备，是依据《煤尘爆炸性鉴定规范》(AQ 1045—2007)研制而成的，是用于对开采矿层和地质勘探煤层进行煤尘爆炸性鉴定的专用装置。

1. 数字化煤尘爆炸性测定方法实施步骤

(1) 加热：将设置在透明起爆管中的电热丝加热至 1 100 ℃±10 ℃的标准温度范围内。

(2) 发尘：将待检测的煤尘吹入起爆管中形成粉尘云，使之与电热丝相接触。

(3) 图像记录：使用高速数码相机记录下粉尘云与电热丝相接触瞬间的过程图像，得到图像数据。

(4) 数字处理：将上一步骤所获得的图像数据经图像采集卡处理后送入计算机进行数字分析与处理，包括以下步骤：

① 图像预处理：对获得的图像数据进行降噪和滤波处理。

② 图像预分析：通过图像处理技术识别出测量系统的基本环境参数，包括基本场景识别、标尺识别和电热丝识别。

③ 火焰识别：通过图像处理技术鉴别出各幅图像数据中是否存在火焰，如果存在，则进一步鉴别出火焰的形状。

④ 单图火焰长度判定：计算存在火焰的图像数据中电热丝边缘到火焰形状边缘的最大距离，得到火焰长度。

⑤ 组图火焰长度计算：将获得的图像分为若干批次，每一批次包括若干分组，取每一分组中火焰的最大长度为该组火焰长度，每批次多组图像中火焰的最大长度为本批次火焰长度。

(5) 爆炸性鉴定：根据上述数字处理的结果所得到的煤尘爆炸瞬间火焰长度来确定该煤样是否具有爆炸性。

(6) 在(5)所述的数字化煤尘爆炸性鉴定方法，在所述步骤(4)⑤之后还包括结果存储、打印或输出：将代表最长火焰长度的图片保存下来，并按要求将测量出的结果打印或输出。

2. 数字化煤尘爆炸瞬间火焰长度测定系统及爆炸性测定方法的有益效果

(1) 数字化煤尘爆炸性测定方法将计算机数字图像处理分析技术用于煤尘爆炸所产生的火焰分析当中，较之现有凭借肉眼进行识别的鉴定技术，其准确性和科学性得到大大提高，鉴定结果也更客观公正。经过大量的实验证明，其结果准确可靠，完全能够替代现有的鉴定技术，填补了国内在这一领域的空白。

(2) 数字化煤尘爆炸瞬间火焰长度测定系统采用具有高速和大容量缓存性能的图像拍摄装置、高性能图像采集卡和高性能主控制单元，图像拍摄速度远远大于肉眼视觉的反应时间，并且通过采集卡与计算机相连，计算机中采用基于 Kirsch 算法的火焰边缘检测技术诊断煤尘燃烧瞬间的火焰长度，实现火焰长度的测量，同时为实现火焰长度的数字化处理，确保了测量精度，便于下一步的处理。本系统结构紧凑，科学合理，性能可靠。

(3) 首次将计算机技术、自动测量和自动控制技术、数字图像处理技术应用在煤尘爆炸性鉴定系统中，大大提高了检测的精度和准确性，解决了目前煤尘爆炸火焰长度测量装置存在的检测精度差、重复性误差大、人为因素影响大、智能化控制程度低等缺陷，可使煤尘爆炸性鉴定更加准确化、科学化和智能化，使鉴定工作达到一个新的水平。

2.3　可燃性抛光打磨作业场所粉尘防控技术及装备

可燃性粉尘监测及爆炸防控关键技术及装备研究拟通过多种因素(环境温度、湿度、点火能量、粉尘粒度）对粉尘着火爆炸及火焰传播特性的影响研究，揭示可燃性粉尘爆炸发生发展过程的本质及影响因素；通过抛光打磨作业场所不同粉尘物理参数（粒度、电荷特性、消光系数）对检测机理的影响因素进行分析，以及对不同可燃性粉尘检测机理进行理论及实验研究，找到适应不同类别粉尘的粉尘浓度检测方法，提高检测的准确性；通过抛光打磨作业场所粉尘技术研究，开发相应的实时连续监测设备，建立实时在线预警监控系统；通过抽尘管道在不同条件下（不同性质、不同粒径、不同风速、不同温湿度、不同风速等）沉积规律的研究以及抽尘管道粉尘运移流场的规律的数值仿真分析与实验验证，找到粉尘沉积的位置与检测点，并通过对安全运行保障技术的研究开发设计出适用于可燃性粉尘作业场所的高效除尘装备；在揭示除尘系统内堆积粉尘层火灾演化规律的基础上，研发相应的火灾探测、细水雾高效灭火技术与装备；通过粉尘爆炸特性、粉尘爆炸传播理论、隔抑爆技术理论，分析不同场所粉尘的爆炸危险性及发生危险的程度，研究适应于不同现场环境爆炸抑制技术及装备、粉尘爆炸泄压技术及装备、爆炸隔离技术及装备；研究抛光打磨除尘系统对典型粉尘防爆适配性、除尘系统风险评估技术和安全运行保障技术条件，确保粉尘爆炸防护设备设计的科学化、系统化。项目最终形成适用于管道及开放空间沉积粉尘检测技术及监测装备，可燃性粉尘浓度实时在线监测预警监控系统，隔爆、抑爆、泄爆技术及装备，为不同现场环境粉尘爆炸事故控制提供安全措施，提高工业粉尘生产过程的安全性。技术路线图如图2-3所示。

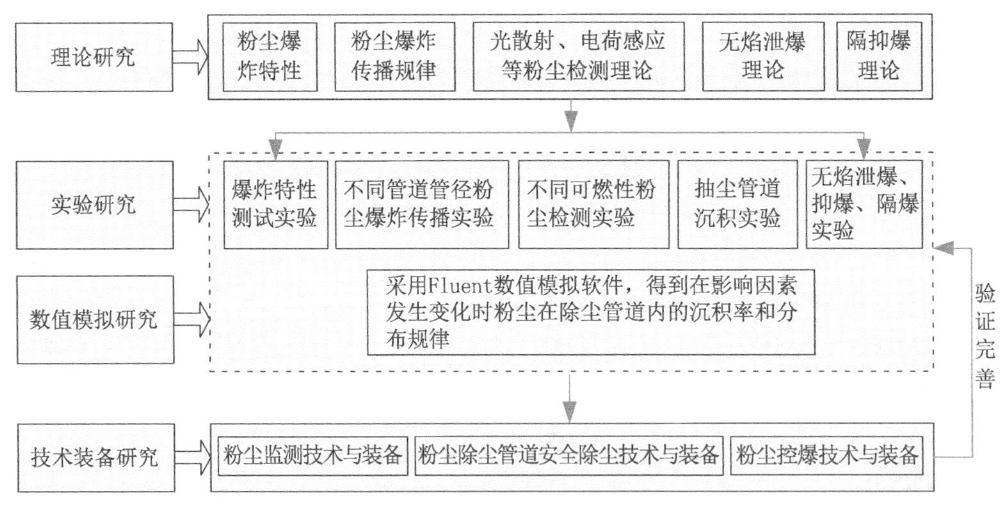

图 2-3　可燃性粉尘监测及爆炸防控关键技术及装备研究技术路线图

2.3.1　可燃性抛光打磨粉尘着火爆炸特性及火焰传播机制研究

典型抛光打磨粉尘着火爆炸机理研究是后续爆炸防控的基础，研究技术路线如图 2-4 所示。以特定粉体物质的物性测试结果为基础，陆续开展着火机理、爆炸特性及火焰传播机制研究。根据抛光打磨行业生产工艺特征，分析其潜在火源的特性、环境因素、管网系统特征等因素对上述 3 个方面的影响规律，为抛光打磨粉尘爆炸防控提供实验及理论依据。

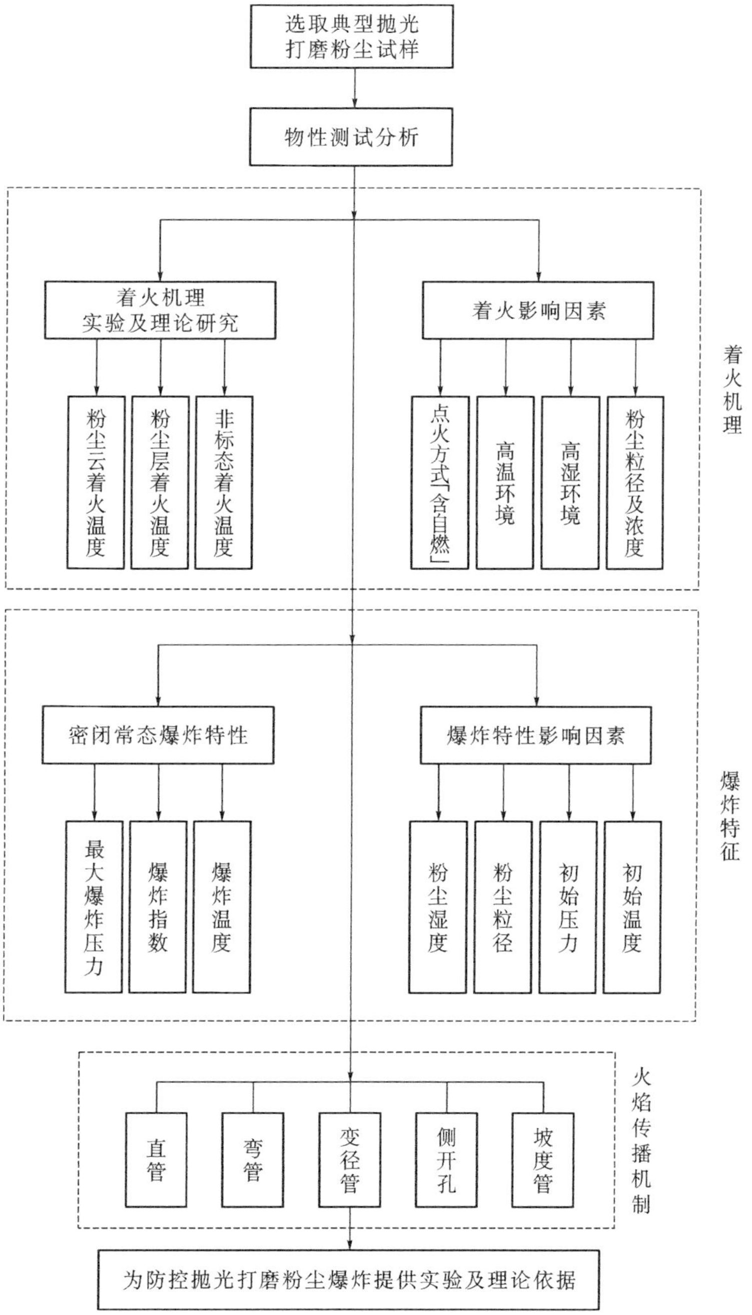

选取典型抛光打磨粉尘试样

物性测试分析

着火机理

着火机理实验及理论研究

粉尘云着火温度

粉尘层着火温度

非标态着火温度

着火影响因素

点火方式[含自燃]

高温环境

高湿环境

粉尘粒径及浓度

爆炸特征

密闭常态爆炸特性

最大爆炸压力

爆炸指数

爆炸温度

爆炸特性影响因素

粉尘湿度

粉尘粒径

初始压力

初始温度

火焰传播机制

直管

弯管

变径管

侧开孔

坡度管

为防控抛光打磨粉尘爆炸提供实验及理论依据

图 2-4　抛光打磨粉尘着火爆炸特性及火焰传播机制实验研究

2.3.2　可燃性抛光打磨作业场所粉尘监测技术与装备研究

通过对典型抛光打磨粉尘的着火爆炸机理及火焰传播特性的研究，为后续爆炸防控奠定了基础，技术路线如图 2-5 所示。

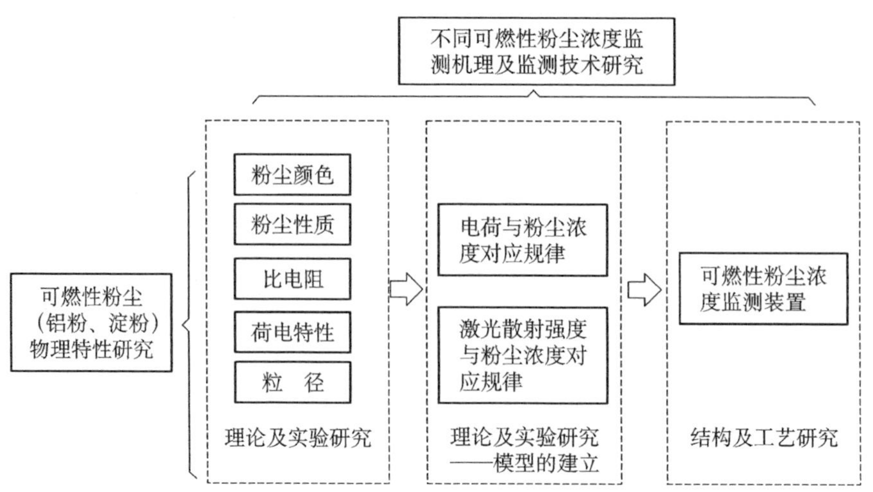

图 2-5　可燃性粉尘监测机理技术路线图

1. 管道及开放空间可燃性抛光打磨粉尘沉积监测技术及系列化传感器研究

沉积粉尘的监测可以采用称重法、测厚法（测位移）等。微量感应监测技术即称重传感监测技术，具体有电磁力式、电容式、电阻应变式等可选择；测厚法采用激光测距原理，随着粉尘沉积厚度的变化，激光探头发出的光信号经粉尘面反射后，再由激光探头接收后转化的电信号也随之变化，通过监测该信号来检测粉尘沉积的厚度，从而反映出管道内粉尘的沉积量（见图 2-6）。

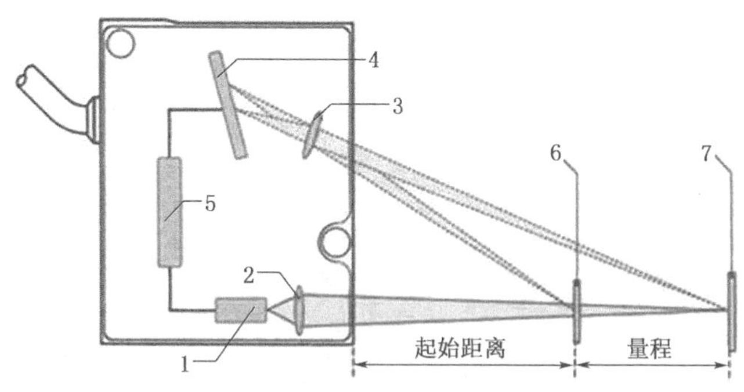

图 2-6　激光沉积粉尘检测原理图

1—半导体激光器　2—镜片 1　3—镜片 2　4—线性 CCD 阵列
5—信号处理器　6—被测物体 a　7—被测物体 b

2. 可燃性抛光打磨粉尘实时在线监测及预警系统研究

采用传感器-分站模式，实现粉尘在线监测。工矿区域的粉尘浓度传感器、沉积粉尘传感器把实时采集的信号上传至监控分站，监控分站把采集到的信息收集后集中打包送给监控中心。其示意图如图 2-7 所示。

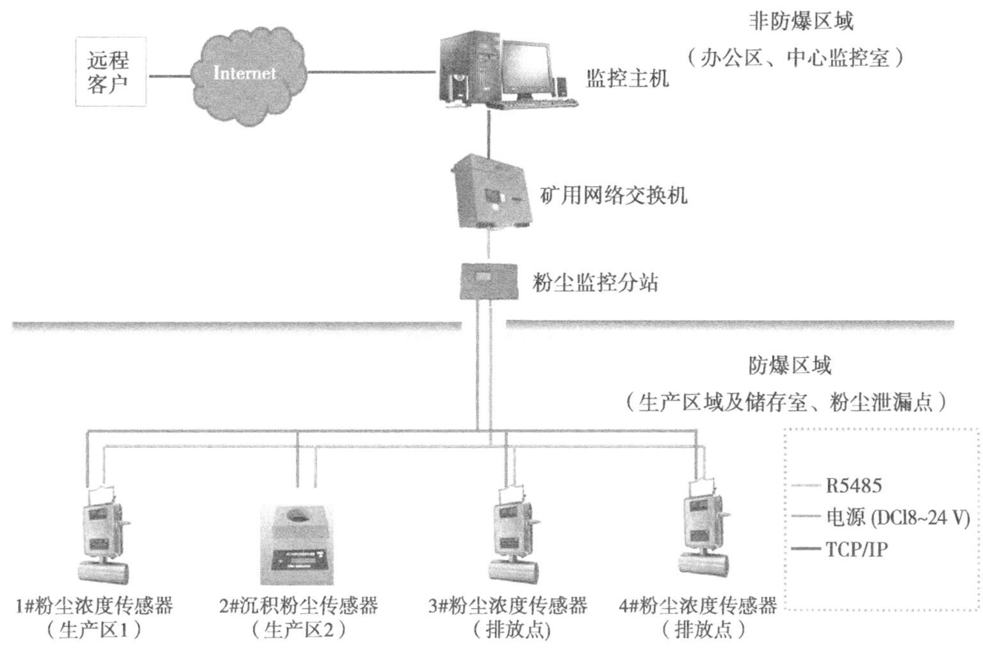

图 2-7　粉尘连续在线监测示意图

监控中心根据采集的数据，建立预警指标体系和预警模型，实现抛光打磨粉尘的安全监测预警。

3. 可燃性抛光打磨粉尘监测标准及规范编制

调研可燃性抛光打磨作业场所的粉尘沉积、浮游现状，结合生产工艺、粉尘监测技术及工艺，制定可燃性粉尘生产场所粉尘监测设备类型、防爆类型、技术指标、结构等标准内容，规范粉尘检测点、维护周期等现场监测流程，指导行业可燃性粉尘监测及预警工作。技术路线如图 2-8 所示。

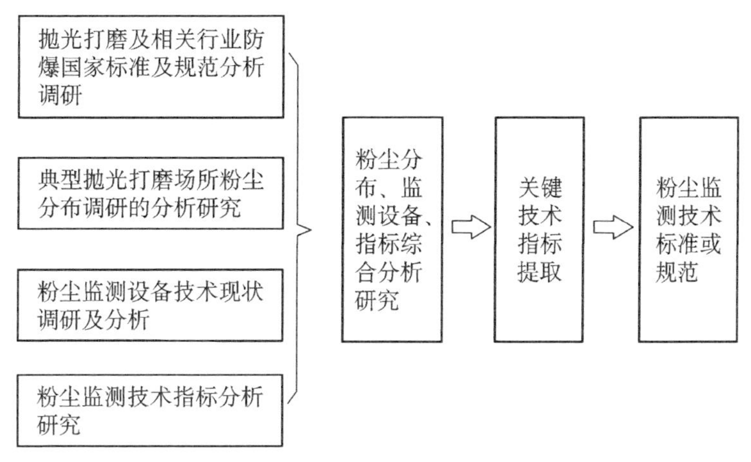

图 2-8　可燃性抛光打磨粉尘监测标准及规范技术路线

2.3.3 可燃性抛光打磨粉尘除尘管道安全除尘技术与装备研究

通过管道及开放空间的粉尘沉积规律，对生产过程中产生的粉尘进行持续的控尘收尘净化处理，构建开放空间的粉尘除尘系统。

参照我国可燃性粉尘作业场所相关标准、规范及可燃性抛光打磨粉尘着火爆炸机理研究成果，结合现场除尘系统设置及现有防控技术和设备特点及适用性，分析除尘系统运行过程中除尘管道参数（粉尘浓度、氧气浓度、温湿度及压力等）、防灭火技术装备、除尘设备运行监控项目和装备、爆炸防控技术装备等安全运行保障设施监控参数选取、技术参数需求、不同性质粉尘及管道布置方式条件下抛光打磨除尘系统爆炸防控技术集成要求，并对防控装置安装位置、数量、安装工艺等进行研究，建立抛光打磨除尘系统爆炸防控集成技术要求、安装规范及应急预防措施等。抛光打磨除尘系统爆炸防控集成组成框图如图 2-9 所示。

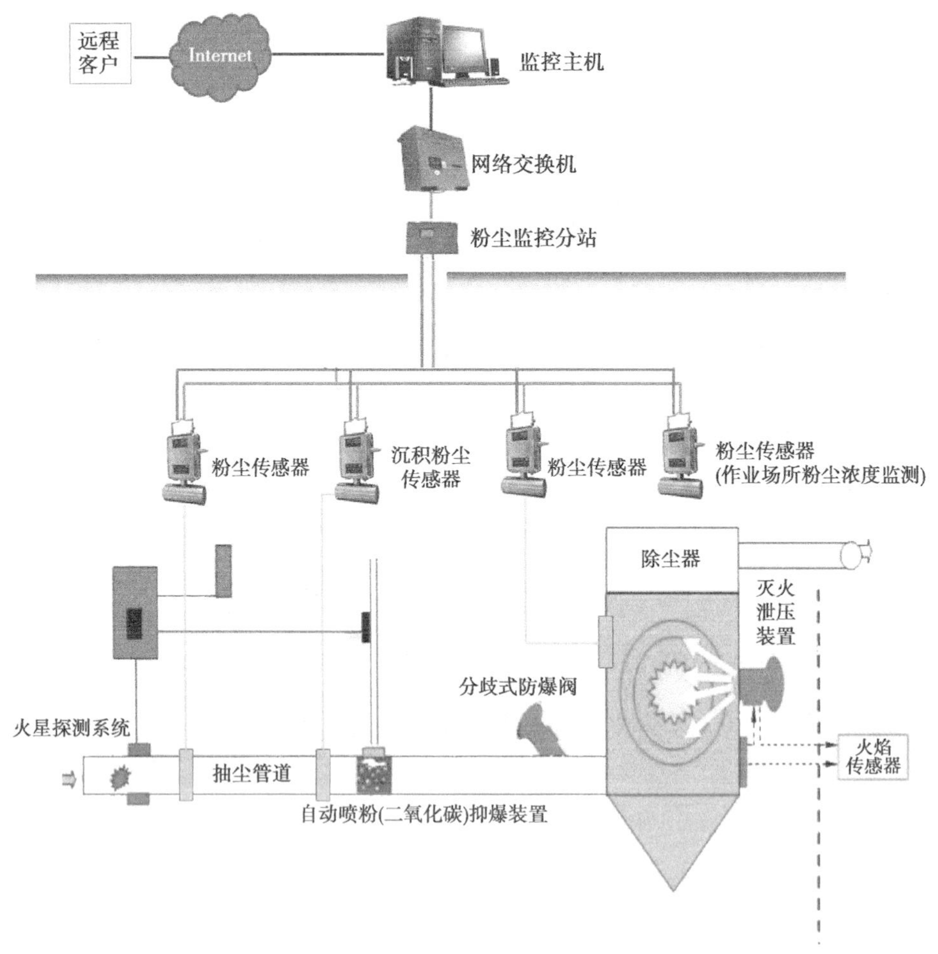

图 2-9 抛光打磨除尘系统爆炸防控集成组成框图

具体技术路线如图 2-10 所示。

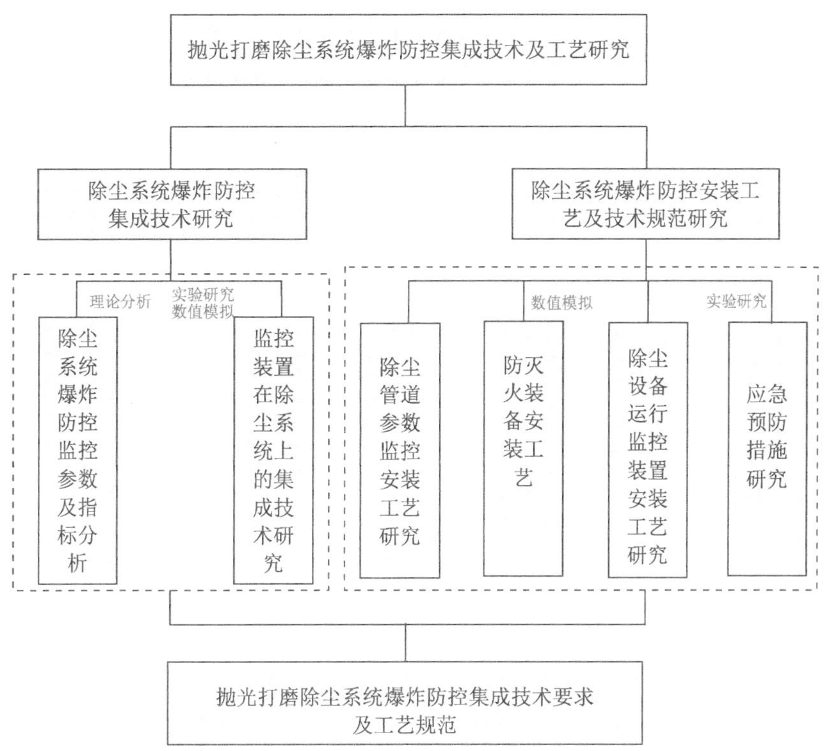

图 2-10　抛光打磨除尘系统爆炸防控集成技术及工艺研究路线图

2.3.4　可燃性抛光打磨粉尘控爆技术与装备研究

可燃性抛光打磨粉尘控爆技术综合了电子技术、光学技术、传感技术、机械技术、流体力学、动力学、粉尘爆炸理论、隔抑爆技术理论、检测技术及化学等多个学科和专业，工作量和工作难度较大。本项目拟以紧密结合实际工作环境需要，以粉尘爆炸理论、粉尘爆炸特性、粉尘爆炸传播规律和隔抑爆技术为基础，运用现有先进的电子类学科技术、机械技术，综合其他专业技术，在充分调研分析的基础上，通过理论分析计算，详细设计并加工出原始样品，实验论证并改进，最后进行试点应用。

中煤科工集团重庆研究院有限公司具有国内最完善的隔抑爆装置产品性能参数实验仪器设备设施，实验测试方法可按照或参考《瓦斯管道输送自动喷粉抑爆装置通用技术条件》(AQ 1079—2009)、《煤矿用自动隔爆装置通用技术条件》(MT 694—1997)及《监控式抑爆装置技术要求》(GB/T 18154—2000)等标准规定的方法进行。检测中心具有完善的产品环境要求和产品防爆要求实验的仪器设备。实验测试方法可按照或参考《外壳防护等级(IP代码)》(GB 4208—2008)、《电工电子产品环境试验》(GB/T 2423)系列、《爆炸性气体环境用电气设备》(GB 3836)系列等标准规定的方法进行。可燃性抛光打磨粉尘控爆技术与装备研究技术路线流程图如图 2-11 所示。

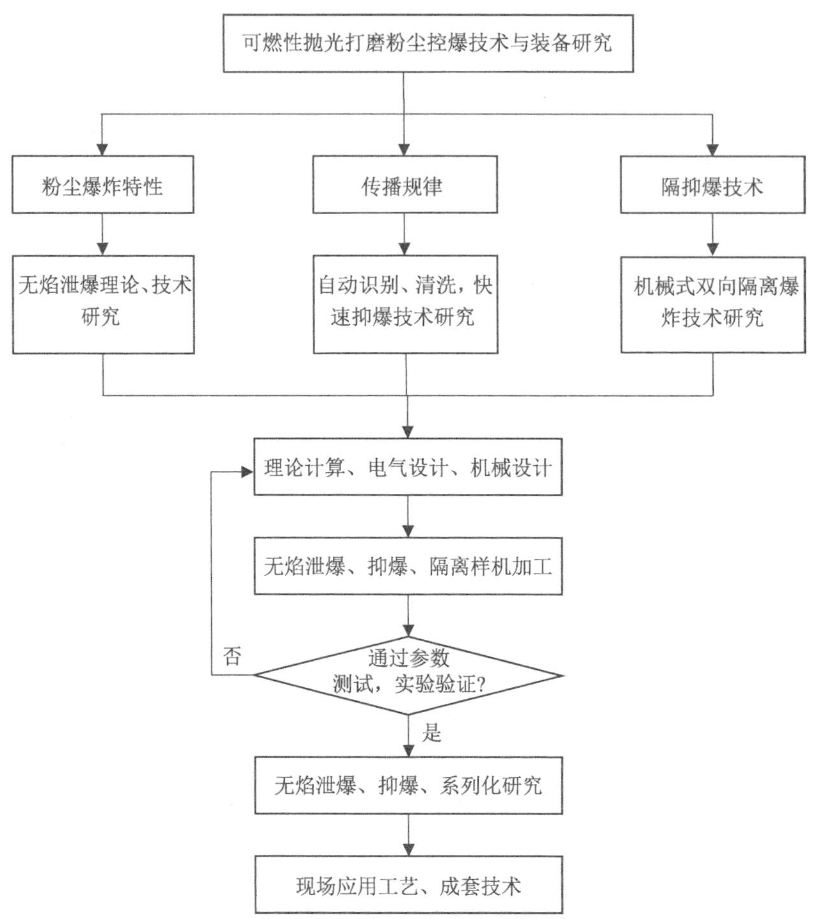

图 2-11　可燃性抛光打磨粉尘控爆技术与装备研究技术路线流程图

2.3.5　可燃性抛光打磨粉尘除尘系统防爆设计与评估技术研究

采用现场调研、实验测试、资料分析、理论推演、数值计算的方式开展研究工作。拟选择 20 家左右不同行业具有代表性的抛光打磨作业场所作为研究对象。通过现场调研、资料收集和实验测试获取基本素材；通过资料分析、理论推演与数值计算找出相关影响因素与除尘系统事故风险之间的关系；运用安全系统工程理论建立除尘系统粉尘爆炸事故风险评估方法；基于优化理论确定除尘系统与典型可燃性粉尘之间的最佳防爆适配条件和防爆安全运行保障技术条件。可燃性抛光打磨粉尘除尘系统防爆设计与评估技术研究路线如图2-12所示。

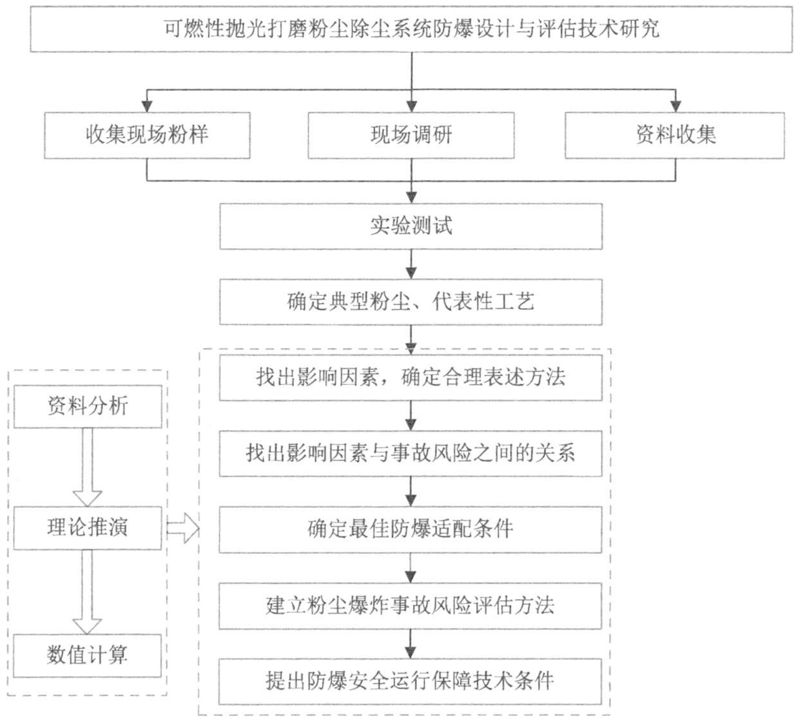

图 2-12　可燃性抛光打磨粉尘除尘系统防爆设计与评估技术研究路线流程图

第 3 章　沉积可燃性粉尘监测

3.1　粉尘沉积-回弹模型

本节基于经典碰撞理论来研究颗粒与壁面之间的相互作用，即碰撞力非常大，碰撞过程非常短暂，并进一步考虑如下假设：

(1) 颗粒形状为球形，且碰撞过程中颗粒形状不发生改变；

(2) 由于颗粒尺寸非常小，碰撞过程中管道壁面曲率为零，即视为平面；

(3) 忽略颗粒的重力和流场对颗粒的作用力；

(4) 颗粒与壁面作用的整个过程包括"碰撞"和"黏附"两个过程，并且假设"碰撞"过程与"黏附"过程是独立的；

(5) 由于管道壁面有一定的粗糙度，碰撞后若颗粒的法向速度为 0，而切向速度大于 0，也视为颗粒沉积于壁面。

管道内运动的粉尘颗粒与壁面碰撞是一个三维问题，如图 3-1 是该问题的示意图。$\boldsymbol{n}$ 表示管道壁面的外法线矢量，$\boldsymbol{v}_{\mathrm{I}}$ 表示颗粒与壁面碰撞前的速度，$v_{\mathrm{n,I}}$ 和 $v_{\mathrm{t,I}}$ 分别表示其法向和切向分量，$\boldsymbol{v}_{\mathrm{R}}$ 表示颗粒与壁面碰撞后的速度，$v_{\mathrm{n,R}}$ 和 $v_{\mathrm{t,R}}$ 分别表示其法向和切向分量。

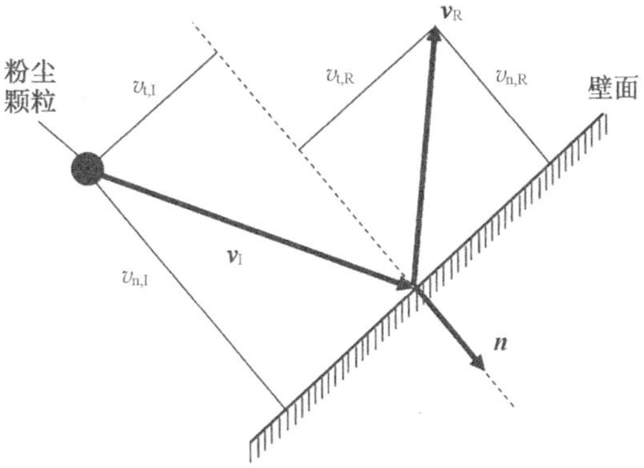

图 3-1　颗粒与壁面碰撞示意图

3.1.1　粉尘沉积准则

颗粒与壁面作用过程中颗粒所受的力包括碰撞力、黏附力，颗粒与壁面碰撞后需要克服黏附力做功，即

$$\widetilde{T}_{\mathrm{n,R}} - W_{\mathrm{A}} = T_{\mathrm{n,R}} \tag{3-1}$$

式中，$\widetilde{T}_{\mathrm{n,R}}$—— 仅考虑经典碰撞(即不考虑黏附力)时碰撞后颗粒的法向动能，N · m；

W_{A}—— 颗粒离开壁面阶段黏附力做的功，N · m；

$T_{\mathrm{n,R}}$—— 碰撞后颗粒的实际法向动能，N · m。

仅考虑经典碰撞时，颗粒碰撞后的法向动能可表示为：

$$\widetilde{T}_{n,R}=\frac{1}{2}m_p\widetilde{v}_{n,R}^2=\frac{1}{12}\pi d_p^3\rho_p\widetilde{v}_{n,R}^2 \tag{3-2}$$

式中，m_p—— 颗粒质量，mg；

$v_{n,R}$—— 仅考虑经典碰撞时，颗粒碰撞后的法向速度，$m \cdot s^{-1}$。根据经典碰撞理论，颗粒碰撞后的法向速度可以表示为：$\widetilde{v}_{n,R}=e \cdot v_{n,I}$ 其中，e 表示恢复系数。

基于 Brach 和 Dunn 的工作，颗粒所受的黏附力做的功 W_A 可以表示为：

$$W_A=0.25\left[\frac{5}{4}\rho_p\pi^{9/2}(k_s+k_p)\right]^{2/5}\gamma d_p^2\left|v_{n,I}\right|^{4/5} \tag{3-3}$$

式中，γ—— 表面能黏附系数，$N \cdot m^{-1}$，由下式确定：$\gamma=\alpha\left|v_{n,I}\right|^{1/2}$，其中常数 $\alpha=0.34\ N \cdot m^{-3/2} \cdot s^{1/2}$；

k_s 和 k_p 分别由管道壁面和颗粒的材料参数确定，$k_s=\frac{1-\nu_s^2}{\pi E_s}$，$k_p=\frac{1-\nu_p^2}{\pi E_p}$，其中 E_s 和 E_p 分别表示壁面和颗粒的杨氏模量，Pa；ν_s 和 ν_p 分别表示壁面和颗粒的泊松比。

粉尘颗粒与壁面碰撞后，法向速度所对应的动能应大于壁面的黏附能才会回弹，否则就视为被壁面捕获，由此得出了粉尘的沉积准则：若 $\widetilde{T}_{n,R}-W_A>0$，则颗粒反弹回到流场中；否则，颗粒沉积于壁面。

联立以上公式，粉尘沉积准则具体表示如式(3-4)所示：

$$e^2v_{n,I}^2-H\left|v_{n,I}\right|^{13/10}>0 \tag{3-4}$$

式中，H 与颗粒和管道壁面的物性参数有关，由式(3-5)确定：

$$H=\frac{1.02}{d_p}\left[\frac{5\pi^2(k_s+k_p)}{4\rho_p^{3/2}}\right]^{2/5} \tag{3-5}$$

若将管道壁面视为刚体，则 H 可简化为：

$$H=\frac{1.02}{d_p}\left[\frac{5\pi(1-\nu_p^2)}{4E_p\rho_p^{3/2}}\right]^{2/5} \tag{3-6}$$

3.1.2　粉尘回弹速度

颗粒与壁面发生碰撞，若满足沉积准则，则颗粒沉积于壁面；否则，颗粒将以一定速度反弹回到流场中。下面推导颗粒法向和切向回弹速度。

1. 法向回弹速度

在法向方向上，碰撞后颗粒的实际法向动能可用式(3-7)表示：

$$T_{n,R}=\frac{1}{2}m_pv_{n,R}^2 \tag{3-7}$$

联立上述公式，可推导出碰撞后颗粒的法向回弹速度

$$v_{n,R} = \sqrt{e^2 v_{n,I}^2 - H \left| v_{n,I} \right|^{13/10}} \tag{3-8}$$

2. 切向回弹速度

在切向方向上，根据冲量定理，碰撞过程中，法向和切向合冲量可以分别表示为：$P_n = m_p v_{n,R} - (-m_p v_{n,I})$；$P_t = m_p v_{t,R} - m_p v_{t,I}$，其中，$P_n$ 和 P_t 分别表示颗粒受到的法向和切向合冲量，它们存在以下关系：$|P_n| \cdot f = |P_t|$，其中，f 表示壁面滑动摩擦系数。

联立上述公式，可推导出颗粒的切向回弹速度

$$v_{t,R} = v_{t,I} - f\left(v_{n,I} + \sqrt{e^2 v_{n,I}^2 - H \left| v_{n,I} \right|^{13/10}}\right) \tag{3-9}$$

采用计算流体动力学软件 Fluent 求解管道内的气固多相流动，并对粉尘的运移和沉积进行数值模拟。通过扩展 DEFINE_DPM_EROSION(name, p, t, f, normal, alpha, Vmag, mdot)宏的内容，实现了将本书建立的粉尘沉积准则和回弹速度嵌入 Fluent 中。

粉尘颗粒在管道内运动，一旦颗粒碰撞到壁面，DEFINE_DPM_EROSION(·)宏即被调用。若颗粒满足了沉积准则，则 UDF(User-Defined Function)就将该颗粒视为沉积，计算沉积相关物理量，并将其从流场中移除。若颗粒没有满足沉积准则，则 UDF 修正回弹速度，颗粒反弹重新回到流场中。

相应的 UDF 程序主要结构如下：

```
DEFINE_DPM_EROSION (dpm_accr, p, t, f, normal, alpha,Vmag,mdot)
{
  real A[ND_ND], area;
  real imp_vel[3];           /*颗粒碰撞前速度*/
  real Vn_0,Vt_0;          /*颗粒碰撞前法向、切向速度*/
  real Vn_1,Vt_1;          /*颗粒碰撞后法向、切向速度*/
  real tangential[3];        /*颗粒碰撞前切向速度矢量*/
  real tangential_new[3], normal_new[3];
/*修正速度后的,碰撞前切向速度矢量和法向速度矢量*/
  real friction ;       /*摩擦系数*/
  real d, density;           /*颗粒直径和密度*/
  real e,Vs, Es,Vp, Ep;   /*恢复系数、泊松比、弹性模量*/
  real H;                  /*系数*/

……     /*设置相应的材料参数*/

/*从结构体 p 中获取颗粒性质及运动状态 */
  d = P_DIAM(p);           /*获取颗粒直径*/
  density = P_RHO(p);       /*获取颗粒密度*/
  NV_V(imp_vel, =, P_VEL(p));          /*获取颗粒速度*/
  Vn_0 = NV_DOT(imp_vel, normal);       /*颗粒碰撞前法向速度*/
```

```
  H = 1.02 * pow(1.25*3.14*((1.0-vs*vs)/Es+(1.0-vp*vp)/Ep)/pow(density,1.5),0.4)/d;

  if (e*e*Vn_0*Vn_0 > H*pow(fabs(Vn_0),1.3))        /* 粉尘沉积准则判断公式 */
  {
/* 不满足沉积准则,则计算回弹速度 */
Vn_1 = sqrt(e*e*Vn_0*Vn_0 - H*pow(fabs(Vn_0),1.3));   /* 颗粒碰撞后法向速度 */

  NV_V_VS(tangential, =, imp_vel, -, normal, *,Vn_0);     /* 碰撞前切向速度矢量 */
Vt_0 = NV_MAG(tangential);                    /* 碰撞前切向速度 */
NV_VS(tangential, =, tangential, /,Vt_0);       /* 碰撞前切向单位矢量 */

Vt_1 = Vt_0 - friction * (Vn_0 + Vn_1);        /* 碰撞后切向速度 */
if (Vt_1 < 0.0)   Vt_1 = 0.0;

NV_VS(normal_new, =, normal, *,Vn_1);            /* 修正法向速度矢量 */
NV_VS(tangential_new, =, tangential, *,Vt_1);      /* 修正切向速度矢量 */

P_VEL(p)[0] = NVD_DOT(normal_new, 1., 0., 0.) + NVD_DOT(tangential_new, 1., 0., 0.);
/* 修正碰撞前 x 方向速度 */
P_VEL(p)[1] = NVD_DOT(normal_new, 0., 1., 0.) + NVD_DOT(tangential_new, 0., 1., 0.);
/* 修正碰撞前 y 方向速度 */
P_VEL(p)[2] = NVD_DOT(normal_new, 0., 0., 1.) + NVD_DOT(tangential_new, 0., 0., 1.);
/* 修正碰撞前 z 方向速度 */
return;       /* 返回 */
  }

/* 满足沉积准则,则计算沉积率 */
F_AREA(A,f,t);          /* 获取颗粒所撞击单元面的法向矢量 */
area = NV_MAG(A);      /* 获取颗粒所撞击单元面的面积 */
F_STORAGE_R(f,t,SV_DPMS_ACCRETION) += mdot / area;
/* 储存沉积率结果到相应的面变量 */
MARK_PARTICLE(p, P_FL_REMOVED);      /* 将颗粒从流场中移除 */
}
```

粉尘在壁面上的沉积率可以由式(3-10)获得：

$$R_{\text{accretion}} = \sum_{n=1}^{N_{\text{particles}}} \frac{\dot{m}_{\text{p}}}{A_{\text{face}}} \tag{3-10}$$

式中，$N_{\text{particles}}$ ——沉积到某一壁面单元上的颗粒个数；

A_{face} ——该壁面单元的面积，m^2；

$\dot{m}_{\text{p}}$ ——碰撞到该壁面单元的颗粒的质量流率，kg/s。

3.2 除尘管道内粉尘沉积数值模拟

采用计算流体动力学软件 Fluent 对管道内粉尘运移和沉积进行数值模拟，并将沉积结果与相应的粉尘沉积实验结果进行对比。

3.2.1 数值模拟基本条件和方法

1. 几何模型

单入口管道几何模型如图 3-2 所示。管道直径 0.6 m，直管段长 30 m，后接两个 90°弯头。管道左端为实际的入口，管道右端为实际的出口，管道内的气固多相流动通过位于右端出口处的风机的抽气来实现。

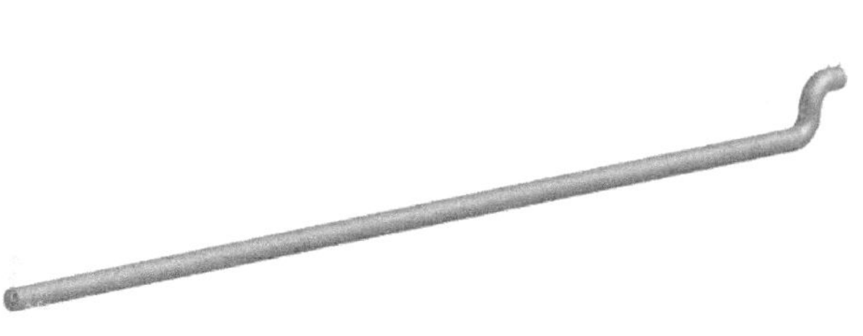

图 3-2　单入口管道几何模型

2. 边界条件

管道左边为进风口，气相边界条件为“压力出口”边界，表压设置为 0，颗粒相在该入口处以面入射的方式均匀地进入流场。

管道右边为出风口，气相边界条件为“速度入口”边界，需指定该截面上的法向平均速度，其值为负，表明流体流出。

壁面为无滑移壁面边界，壁面的表面粗糙度为 2×10^{-7} m。

3. 网格无关性

为验证网格无关性，反复尝试，对管道模型进行了不同稀疏程度的网格划分，以考察网格对模拟结果的影响。以下是其中两种网格的模拟结果。

网格一：管道横截面网格尺寸为 15 mm，管道轴向网格尺寸为 60 mm，划分网格规模为 810 418 个节点，774 360 个单元。

网格二：管道横截面网格尺寸为 12 mm，管道轴向网格尺寸为 50 mm，划分网格规模为 1 488 747 个节点，1 434 766 个单元。

数值模拟工况如表 3-1 所示。

表 3-1　网格无关性研究工况

风速/(m・s^{-1})	粉尘粒径/m	质量流率/(kg・s^{-1})
10	3.5×10^{-5}	8.315×10^{-4}

管道轴向竖直剖面速度大小分布如图 3-3 所示。

对于网格一(15_60)，管道内最大速度为 17.27 m/s，对于网格二(12_50)，管道内最大风速为 17.19 m/s，两者相差 0.46%。

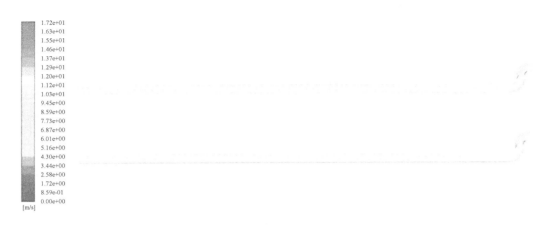

图 3-3　管道轴向竖直剖面速度大小分布

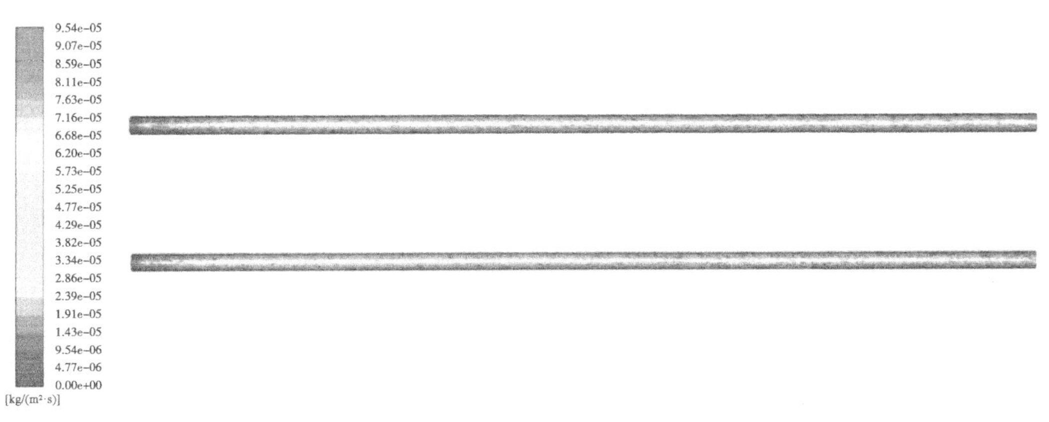

图 3-4　管道壁面粉尘沉积率分布

管道壁面粉尘沉积率分布如图 3-4 所示。对于网格一(15_60)，整个管道壁面最大沉积率为 2.375×10^{-4} kg/(m^2 · s)，对于网格二(12_50)，整个管道壁面最大沉积率为 2.276×10^{-4} kg/(m^2 · s)，两者相差 4.2%。

由以上模拟结果可以看出，两种不同疏密程度的网格的计算结果十分接近。所以，可以认为网格一已达到网格无关性。鉴于既要保证计算精度，又要尽可能节省计算资源，将采用网格一进行进一步的计算，管道整体网格划分如图 3-5 所示，管道入口段局部网格划分如图 3-6 所示。

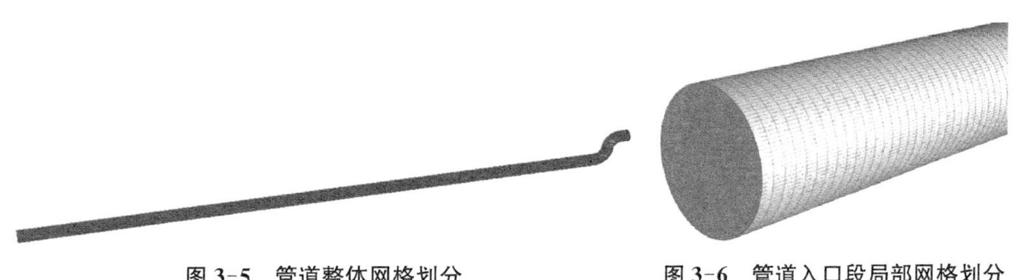

图 3-5　管道整体网格划分

图 3-6　管道入口段局部网格划分

3.2.2 铝镁合金粉运移和沉积数值模拟

1. 具体工况介绍

本节对铝镁粉尘颗粒在管道内的沉积情况进行研究，具体工况如表 3-2 所示。管道壁面及铝镁粉颗粒材料参数如表 3-3 所示。

表 3-2 铝镁粉颗粒沉积研究具体工况

风速/(m·s^{-1})	5	5	10	10
发尘量/kg	20	20	20	20
发尘时间/s	9 000	9 000	9 000	9 000
粉尘粒径/m	1e—05	5e—05	1e—05	5e—05
质量流率/(kg·s^{-1})	2.22e—03	2.22e—03	2.22e—03	2.22e—03

表 3-3 管道壁面及铝镁粉颗粒材料参数

材料	管道壁面(Q235 钢)	滑石粉	铝粉	铝镁合金粉
密度 ρ /(kg·m^{-3})	—	2 700	2 700	2 700
泊松比 ν_p	0.3	0.3	0.33	0.33
弹性模量 E_p /Pa	2×10^{11}	4.5×10^9	7×10^{10}	7×10^{10}
恢复系数	—	0.5	0.3	0.3
表面粗糙度 Ra /m	2×10^{-7}	—	—	—
摩擦系数	0.2	—	—	—

2. 数值模拟与实验结果

风速 5 m/s、粒径 10 μm 的铝镁粉，数值模拟管道轴向剖面浓度分布如图 3-7 所示，管道横截面上粉尘浓度分布如图 3-8 所示。

图 3-7 风速 5 m/s、粒径 10 μm 的铝镁粉管道轴向剖面浓度分布

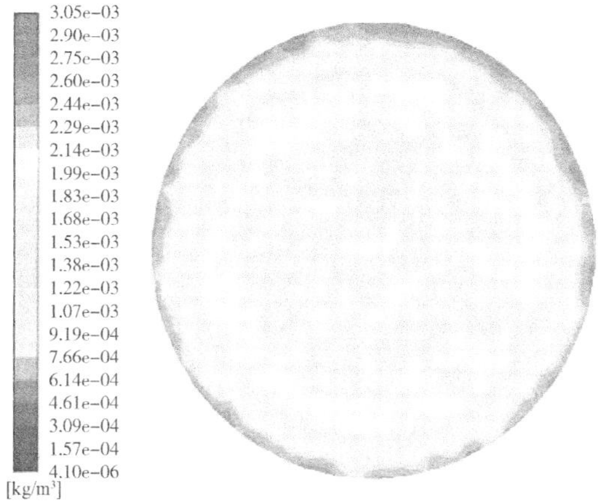

(a) $x=5$ m 截面

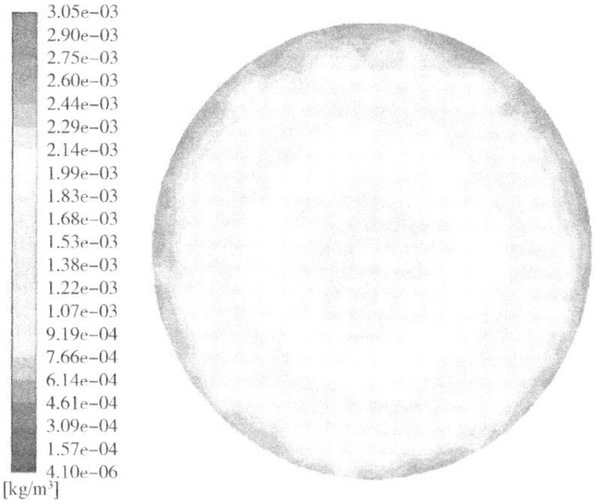

(b) $x=10$ m 截面

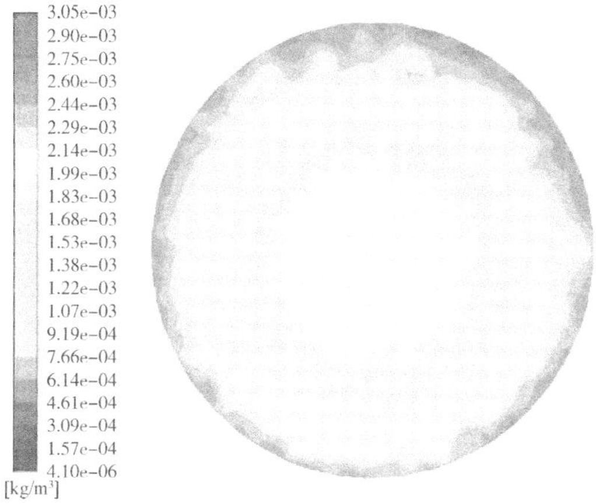

(c) $x=15$ m 截面

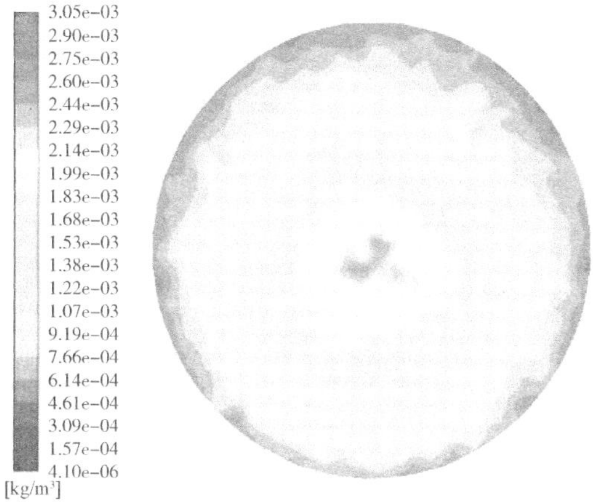

(d) $x=20$ m 截面

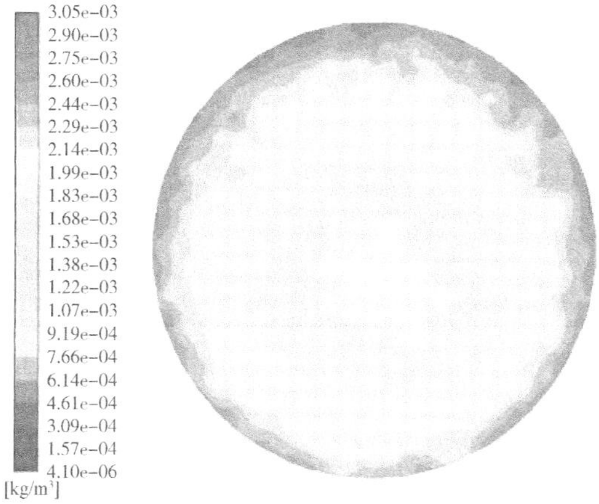

(e) $x=25$ m 截面

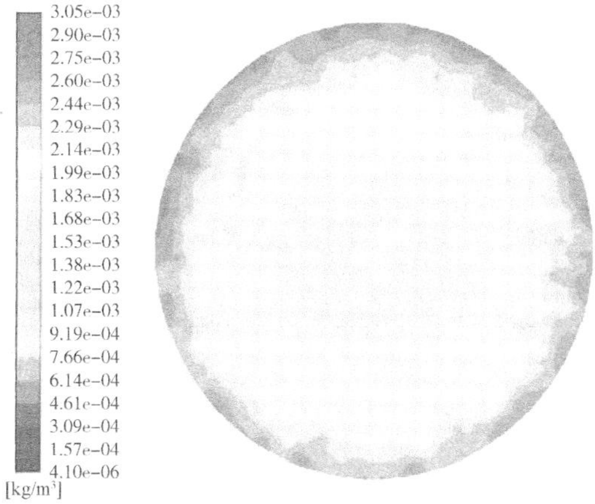

(f) $x=30$ m 截面

图 3-8　风速 5 m/s、粒径 10 μm 的铝镁粉管道横截面浓度分布

数值模拟管道底部壁面粉尘沉积情况如图 3-9 所示。

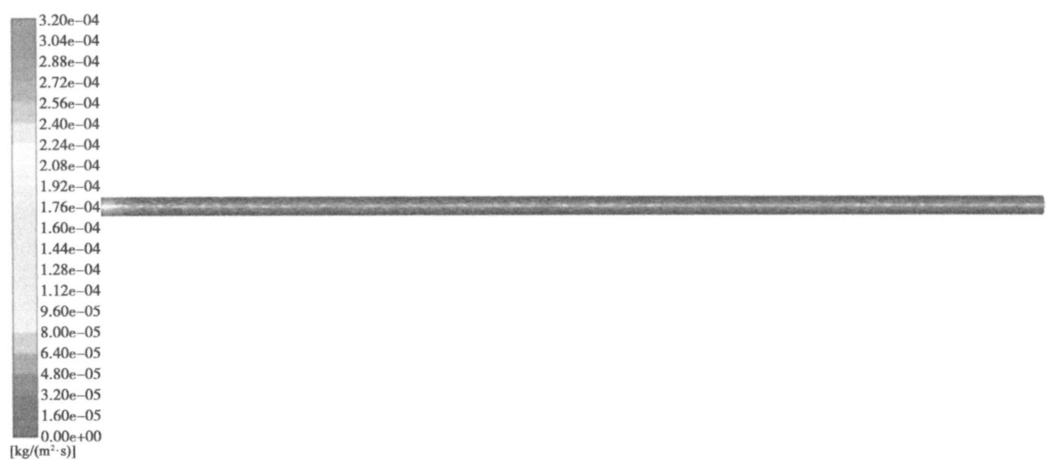

图 3-9 风速 5 m/s、粒径 10 μm 的铝镁粉在管道底部壁面沉积率分布

风速 5 m/s、粒径 10 μm 的铝镁粉颗粒数值模拟与实验沉积率结果对比如图 3-10 所示。在管道入口前 6 m，粉尘沉积实验的测量数据明显偏离其他实验数据，通过分析这是由于粉尘自身带来的误差，可视为异常实验数据。其余实验数据和数值模拟曲线基本一致。

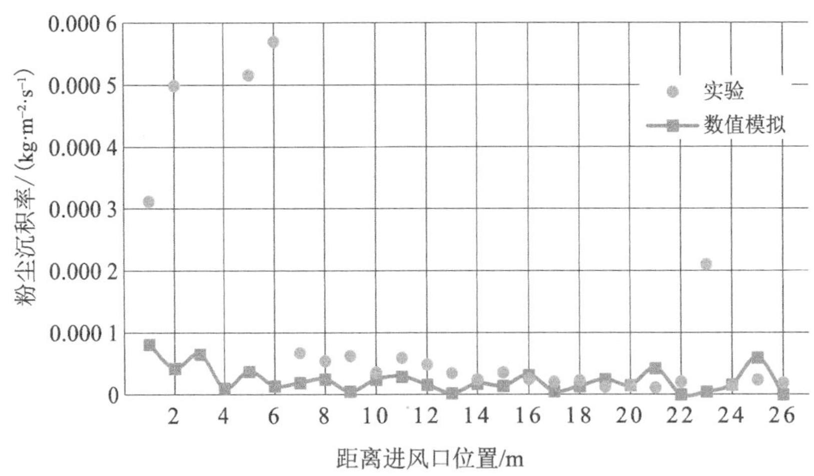

图 3-10 风速 5 m/s、粒径 10 μm 的铝镁粉数值模拟与实验沉积率结果对比

风速 10 m/s、粒径 10 μm 的铝镁粉，数值模拟管道轴向剖面浓度分布如图 3-11 所示，管道横截面上粉尘浓度分布如图 3-12 所示。

数值模拟管道底部壁面粉尘沉积情况如图 3-13 所示。

风速 10 m/s、粒径 10 μm 的铝镁粉颗粒数值模拟与实验沉积率结果对比如图 3-14 所示。在管道入口前 6 m，粉尘沉积实验的测量数据明显偏离其他实验数据，通过分析这是由于粉尘自身带来的误差，可视为异常实验数据。其余实验数据和数值模拟曲线基本一致。

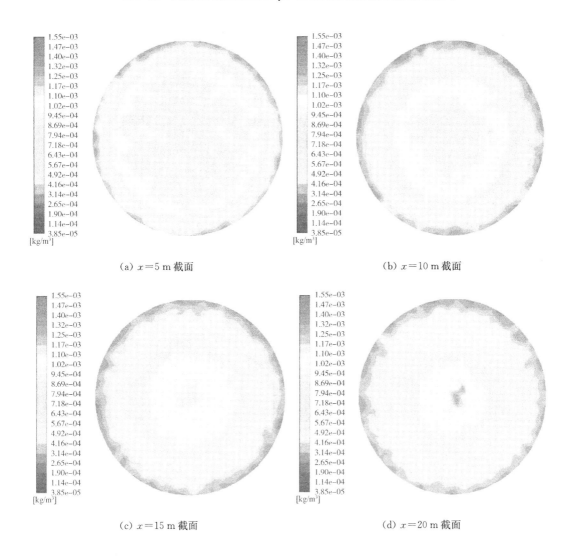

图 3-11　风速 10 m/s、粒径 10 μm 的铝镁粉管道轴向剖面浓度分布

1.55e-03
1.47e-03
1.40e-03
1.32e-03
1.25e-03
1.17e-03
1.10e-03
1.02e-03
9.45e-04
8.69e-04
7.94e-04
7.18e-04
6.43e-04
5.67e-04
4.92e-04
4.16e-04
3.14e-04
2.65e-04
1.90e-04
1.14e-04
3.85e-05
[kg/m³]

(a) x=5 m 截面

1.55e-03
1.47e-03
1.40e-03
1.32e-03
1.25e-03
1.17e-03
1.10e-03
1.02e-03
9.45e-04
8.69e-04
7.94e-04
7.18e-04
6.43e-04
5.67e-04
4.92e-04
4.16e-04
3.14e-04
2.65e-04
1.90e-04
1.14e-04
3.85e-05
[kg/m³]

(b) x=10 m 截面

1.55e-03
1.47e-03
1.40e-03
1.32e-03
1.25e-03
1.17e-03
1.10e-03
1.02e-03
9.45e-04
8.69e-04
7.94e-04
7.18e-04
6.43e-04
5.67e-04
4.92e-04
4.16e-04
3.14e-04
2.65e-04
1.90e-04
1.14e-04
3.85e-05
[kg/m³]

(c) x=15 m 截面

1.55e-03
1.47e-03
1.40e-03
1.32e-03
1.25e-03
1.17e-03
1.10e-03
1.02e-03
9.45e-04
8.69e-04
7.94e-04
7.18e-04
6.43e-04
5.67e-04
4.92e-04
4.16e-04
3.14e-04
2.65e-04
1.90e-04
1.14e-04
3.85e-05
[kg/m³]

(d) x=20 m 截面

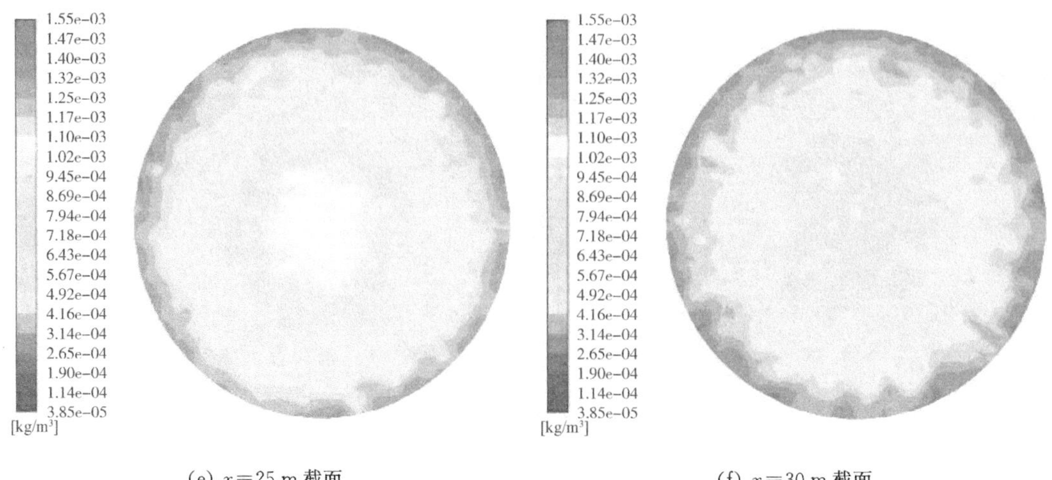

(e) $x=25$ m 截面　　(f) $x=30$ m 截面

图 3-12　风速 10 m/s、粒径 10 μm 的铝镁粉管道横截面浓度分布

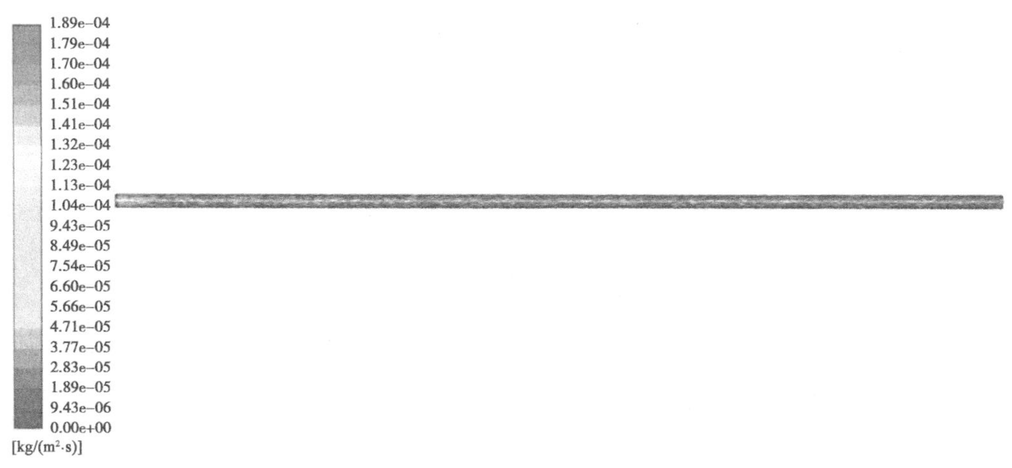

图 3-13　风速 10 m/s、粒径 10 μm 的铝镁粉在管道底部壁面沉积率分布

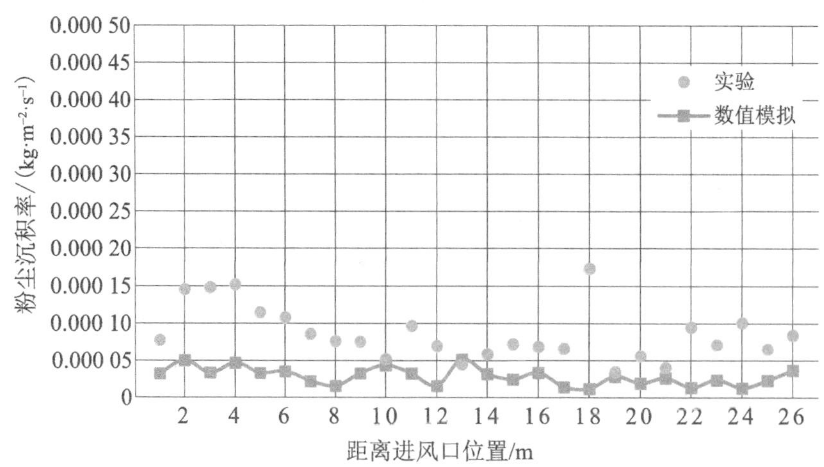

图 3-14　风速 10 m/s、粒径 10 μm 的铝镁粉数值模拟与实验沉积率结果对比

风速 5 m/s、粒径 50 μm 的铝镁粉，数值模拟管道轴向剖面浓度分布如图 3-15 所示，管道横截面上粉尘浓度分布如图 3-16 所示。

数值模拟管道底部壁面粉尘沉积情况如图 3-17 所示。

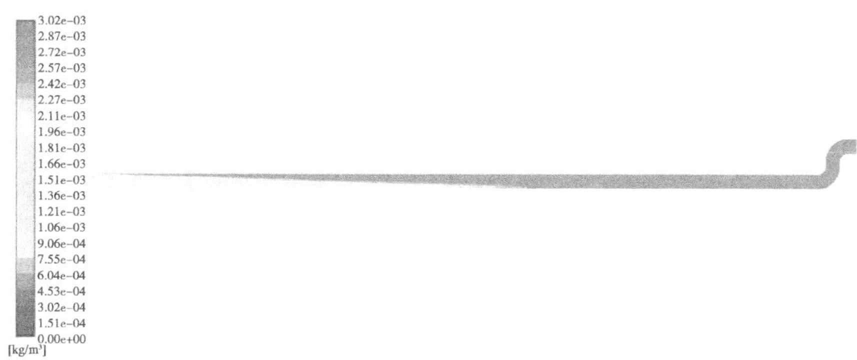

图 3-15　风速 5 m/s、粒径 50 μm 的铝镁粉管道轴向剖面浓度分布

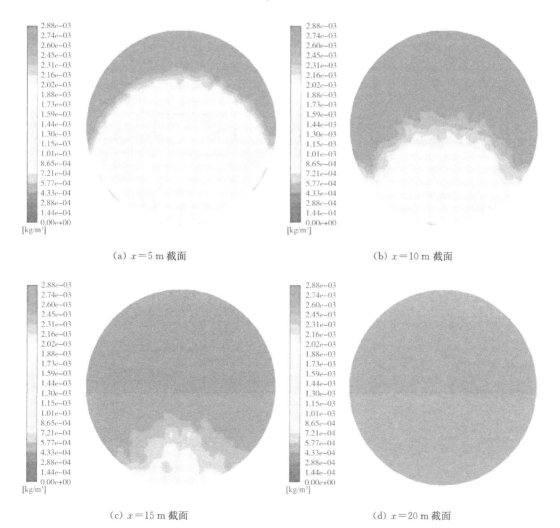

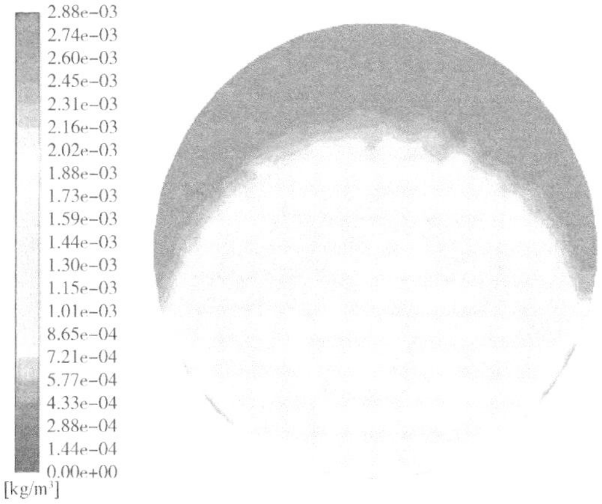

(a) $x=5$ m 截面

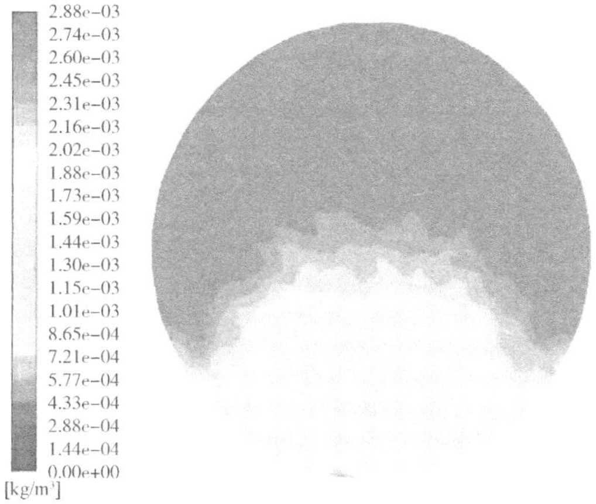

(b) $x=10$ m 截面

(c) $x=15$ m 截面

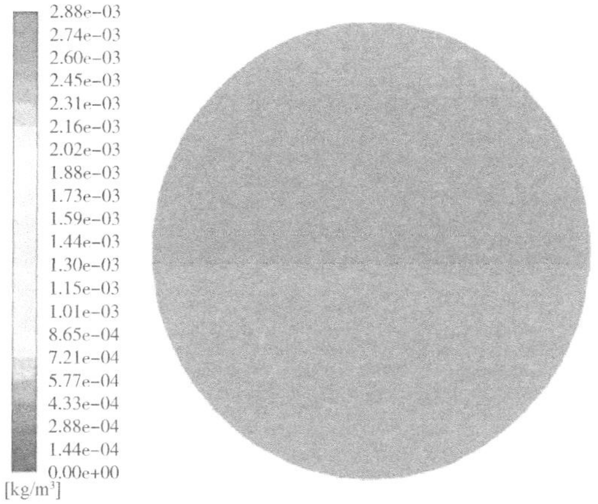

(d) $x=20$ m 截面

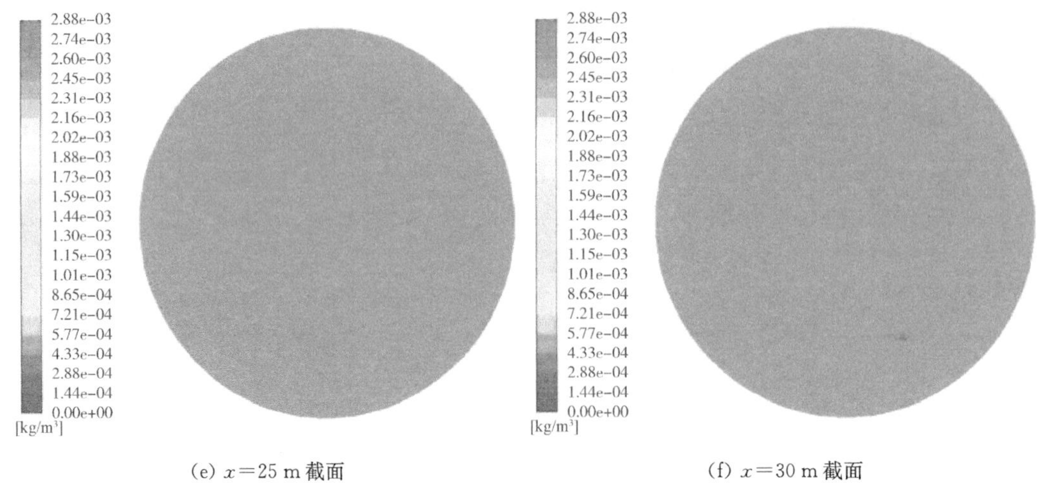

(e) x=25 m 截面　　(f) x=30 m 截面

图 3-16　风速 5 m/s、粒径 50 μm 的铝镁粉管道横截面浓度分布

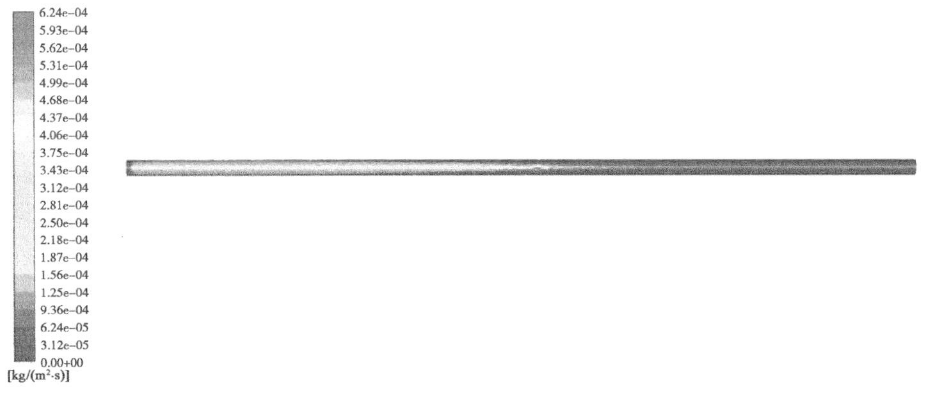

图 3-17　风速 5 m/s、粒径 50 μm 的铝镁粉在管道底部壁面沉积率分布

风速 5 m/s、粒径 50 μm 的铝镁粉颗粒数值模拟与实验沉积率结果对比如图 3-18 所示。在管道入口前 6 m，粉尘沉积实验的测量数据明显偏离其他实验数据，通过分析这是由于粉尘自身带来的误差，可视为异常实验数据。其余实验数据和数值模拟曲线基本一致。

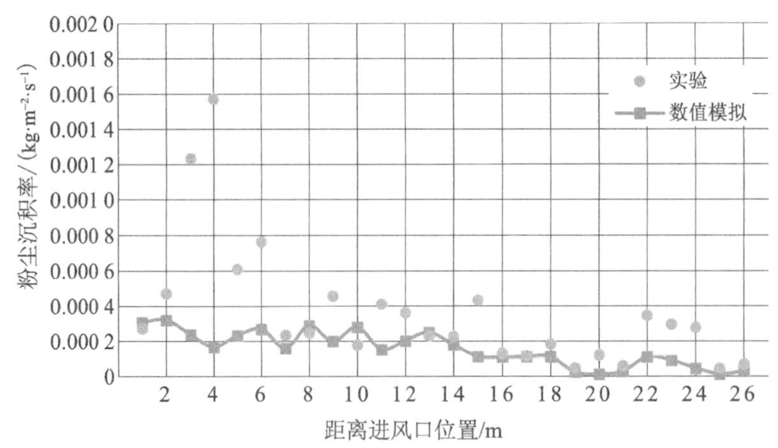

图 3-18　风速 5 m/s、粒径 50 μm 的铝镁粉数值模拟与实验沉积率结果对比

风速 10 m/s、粒径 50 μm 的铝镁粉，数值模拟管道轴向剖面浓度分布如图 3-19 所示，管道横截面上粉尘浓度分布如图 3-20 所示。

数值模拟管道底部壁面粉尘沉积情况如图 3-21 所示。

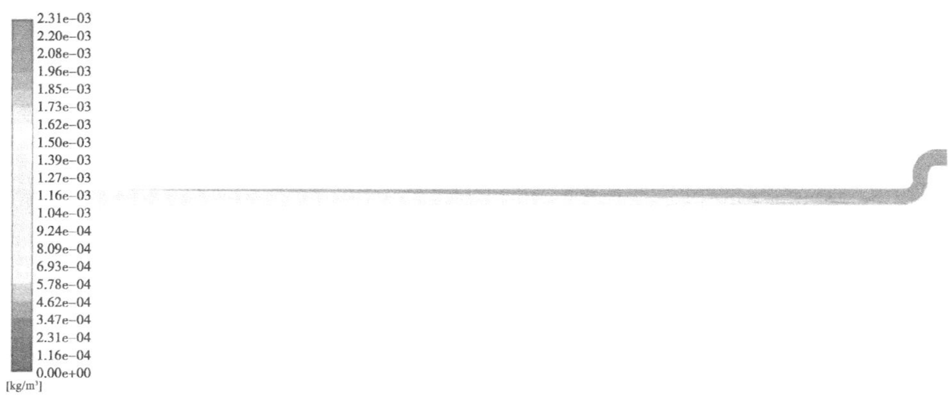

图 3-19　风速 10 m/s、粒径 50 μm 的铝镁粉管道轴向剖面浓度分布

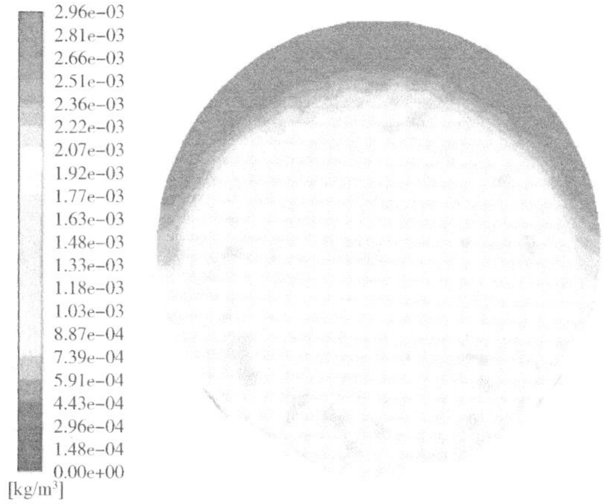

(a) x=5 m 截面

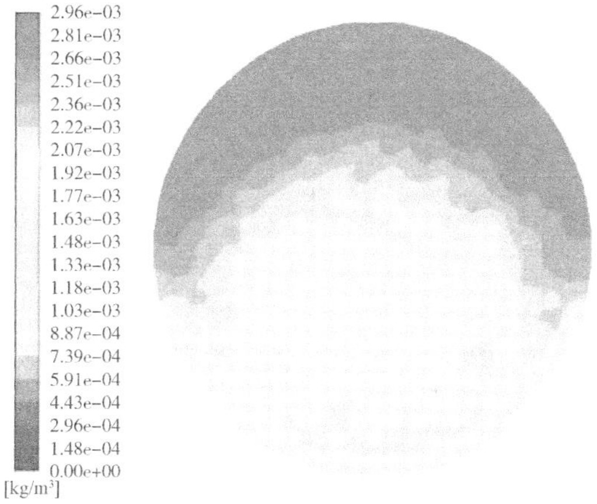

(b) x=10 m 截面

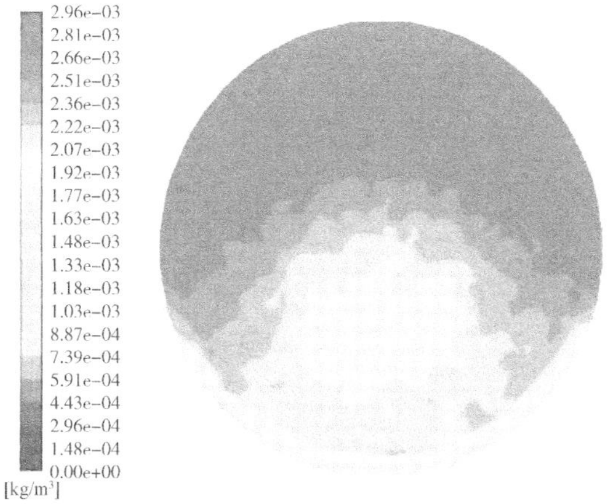

(c) x=15 m 截面

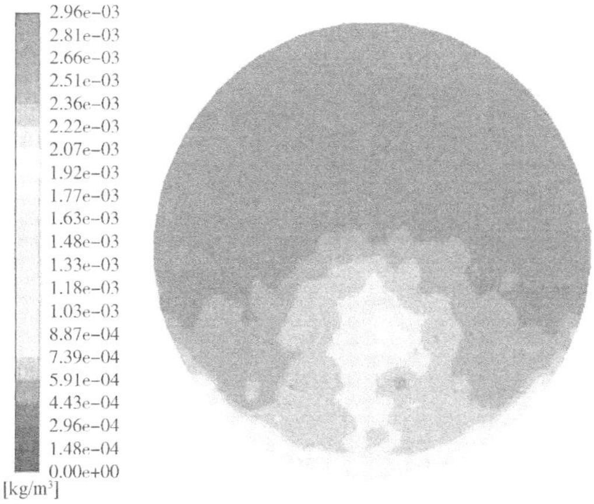

(d) x=20 m 截面

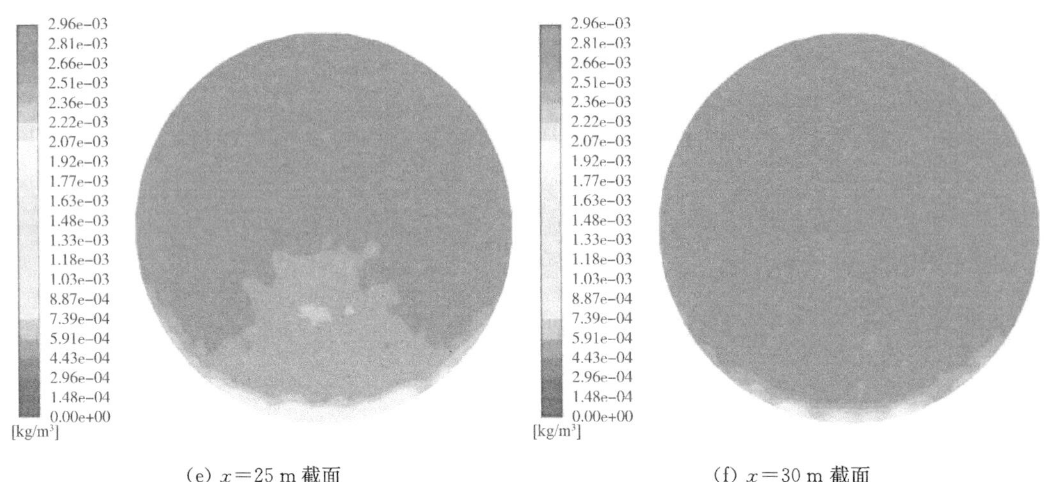

(e) x=25 m 截面　　　　(f) x=30 m 截面

图 3-20　风速 10 m/s、粒径 50 μm 的铝镁粉管道横截面浓度分布

图 3-21　风速 10 m/s、粒径 50 μm 的铝镁粉管道底部壁面沉积率分布

风速 10 m/s、粒径 50 μm 的铝镁粉颗粒数值模拟与实验沉积率结果对比如图 3-22 所示。在管道入口前 6 m，粉尘沉积实验的测量数据明显偏离其他实验数据，通过分析这是由于粉尘自身带来的误差，可视为异常实验数据。其余实验数据和数值模拟曲线基本一致。

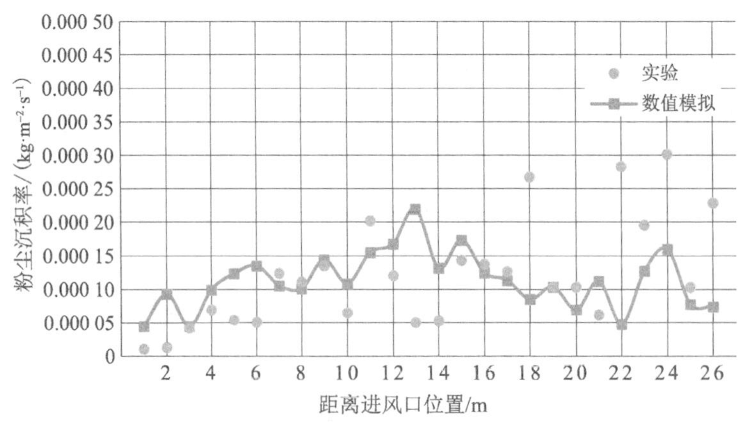

图 3-22　风速 10 m/s、粒径 50 μm 的铝镁粉数值模拟与实验沉积率结果对比

3.3　除尘管道内粉尘沉积实验验证

1. 实验系统建设目标

系统建设需满足：①管道粉尘沉积规律数值模拟结果实验室验证；②管道除尘行走机构行走可靠性实验；③管道内沉积粉尘抽尘参数(距离、风量、移动速度)实验；④管道静电测实及放电实验；⑤管道沉积粉尘传感器模拟工况实验；⑥布袋除尘器过滤单元单体实验；⑦管道防控技术及装备的系统集成及系统可靠性实验。

2. 实验系统具体建设方案

现场一般布置 5～10 个，因此该系统设计 7 个抽尘口；根据目前工厂抛光打磨抽尘口布置情况及实际抽风效果，每个抽尘口抽风量取 50 m^3/min，除尘器处理风量取 400 m^3/min，阻力 1 700 Pa，根据管道内风速要求，选取抽风管径为 600 mm，后期如果验收需要，可在 2 个抽尘口工位布置抛光打磨机，每个抽尘口布置风量调节装置。其中，除尘效率不小于 99.9%，风机选用 B4－68 No.8 C-37 kW 离心风机，主管两端由法兰连接，法兰取掉后可进行清灰装置的实验。系统方案如图 3-23 所示。

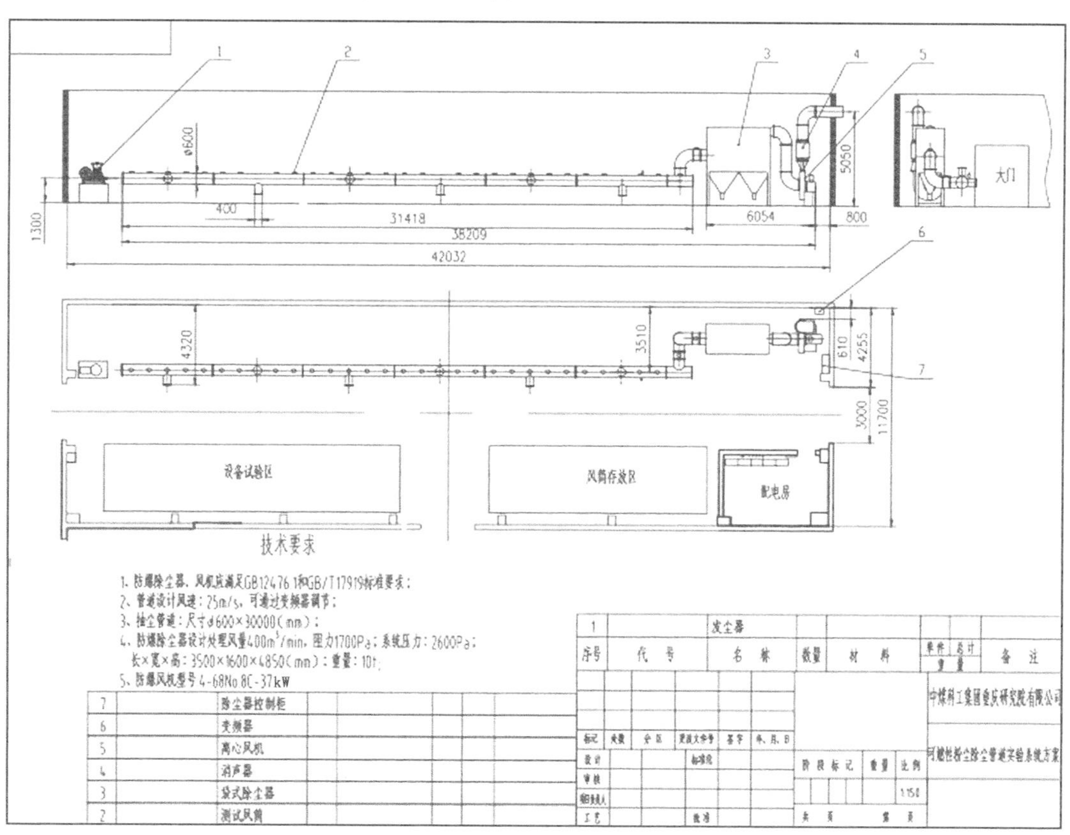

图 3-23　验证实验系统布置图

3. 实验系统建设效果

目前已完成实验系统的设计、加工和安装调试，通过调试运行，该实验系统各项功能和参数指标完全满足设计要求，抽尘风量不小于 400 m^3/min，系统的粉尘净化效率不小于 99.9%，能满足管道沉积粉尘模拟验证、粉尘沉积厚度测试、管道清灰装置实验室实验等条件要求。实验系统及沉积粉尘测量装置如图 3-24 所示。

图 3-24　实验系统及沉积粉尘测量装置

3.4　管道内粉尘运移及沉积辅助分析系统

基于 Windows 10 操作系统，采用 Windows 平台应用程序的集成开发环境 Microsoft Visual Studio，完成对管道系统的实体建模、网格划分、粉尘运移和沉积数值计算过程的分析平台开发。

3.4.1　软件开发基本思路

管道内粉尘运移及沉积分析软件结构如图 3-25 所示。本书应用参数化设计思想，对管道系统的粉尘运移和沉积计算分析过程的实体建模、网格划分和数值计算过程开发程序模块。只需在分析平台上输入简单的几何和计算参数，就可以自动地完成所需管道模型的建立、网格的划分以及数值计算过程。开发的软件简化了 Fluent 全英文 GUI 界面的操作，将 Fluent 专业、复杂的物理模型转化为通俗易懂的工程概念。对于从事通风抽尘管道设计和研究管道粉尘清除工作的工程技术人员，节约了学习 Fluent 软件操作的时间，提高了工作效率。

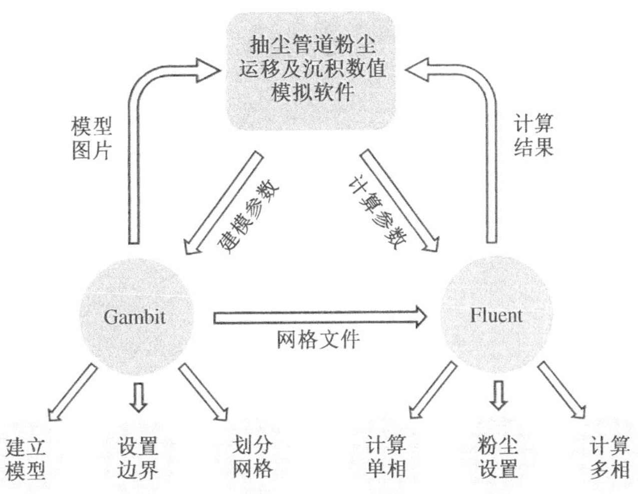

图 3-25　管道内粉尘运移及沉积分析软件结构

软件采用 Gambit 作为前处理软件，完成管道系统模型的建立和网格的划分；采用 Fluent 完成对管道内粉尘运移及沉积情况数值模拟。即管道内粉尘运移及沉积分析软件开发包括两个过程，分别是利用 Visual Basic.NET（以下简称 VB.NET）对 Gambit 和 Fluent 进行封装。

VB.NET 首先将模型组件几何参数、网格参数以及边界条件参数以日志文件的形式传递给 Gambit，并调用 Gambit 完成整个建模过程并输出网格文件。然后将边界条件参数和粉尘参数以日志文件的形式传递给 Fluent，并调用 Fluent 读取网格文件和粉尘入射文件并完成最终的计算。软件结构如图 3-26 所示。

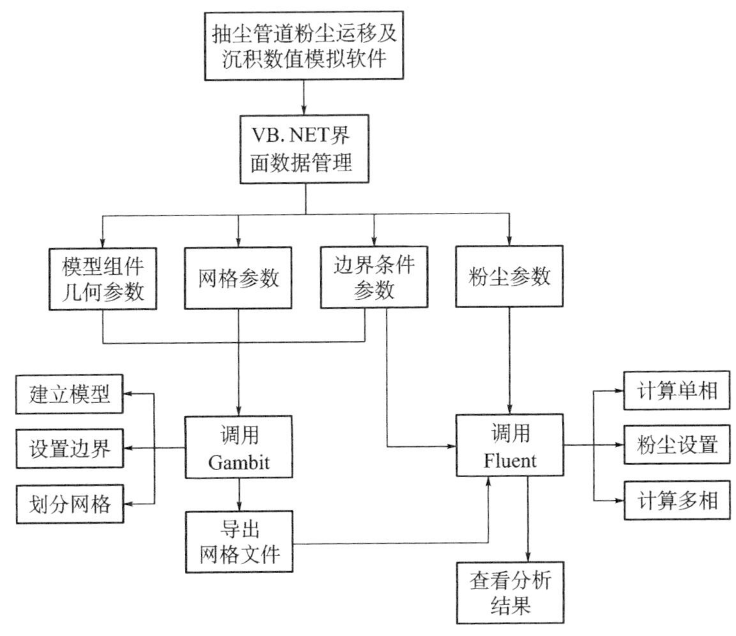

图 3-26　软件结构图

3.4.2 VB.NET 对 Gambit 封装

VB.NET 对 Gambit 的封装，具体包括以下过程：

图 3-27 建立模型界面

1. 建立模型

建立模型界面如图 3-27 所示。将一个任意的管道几何模型视为由三类管道组件(直管、三通和弯头)组装而成。封装了这三类管道组件，用户可以利用这三类管道组件在三维直角坐标系下组装一个任意的管道系统几何模型。

建立模型的过程包括：

(1) 在如图 3-27 所示的界面上选择模型组件，并输入模型组件的几何参数。

用户选择所需要的管道组件(直管、三通或弯头)，组装管道系统，此时需要输入相应管道组件的几何参数。

① 直管

直管组件如图 3-28 所示，当用户选择建立一个直管组件时，从软件界面需要输入 6 个参数，分别是：

a. 直管起始截面圆心的 x 坐标；

b. 直管起始截面圆心的 y 坐标；

c. 直管起始截面圆心的 z 坐标；

d. 以上三个参数确定了直管起始截面的位置，第 4 个参数则用于确定直管轴线的方向，直管轴线的方向可选择项有 x、$-x$、y、$-y$、z、$-z$，即分别朝向坐标轴的正向和负向；

e. 直管截面半径；

f. 直管长度。

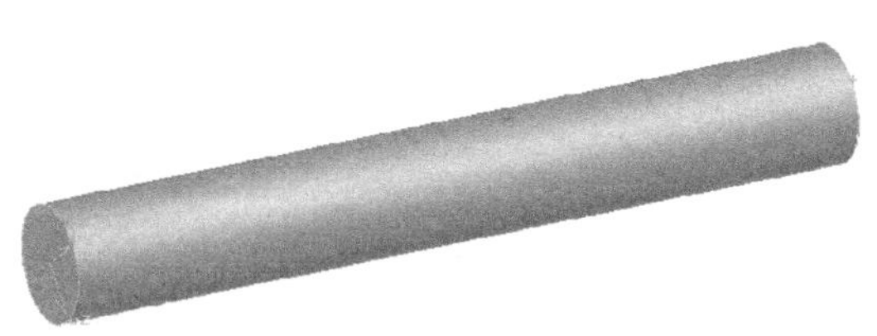

图 3-28 模型组件示意图(直管)

② 三通

三通组件如图 3-29 所示，水平的为三通主管，垂直的为三通支管。缺省设置为：三通主管长度为主管直径的 2 倍，三通支管长度为主管直径的 1 倍，即图中 $L=D$。

当用户选择建立一个三通组件时，从软件界面需要输入 7 个参数，分别是：

a. 三通主管起始截面圆心的 x 坐标；

b. 三通主管起始截面圆心的 y 坐标；

c. 三通主管起始截面圆心的 z 坐标；

d. 以上三个参数确定了三通主管起始截面的位置，第 4 个参数则用于确定三通主管轴线的方向，其方向可选择项有 x、$-x$、y、$-y$、z、$-z$，即分别朝向坐标轴的正向和负向；

e. 三通支管轴线方向，它在与主管垂直的方向；

f. 三通主管半径；

g. 三通支管半径。

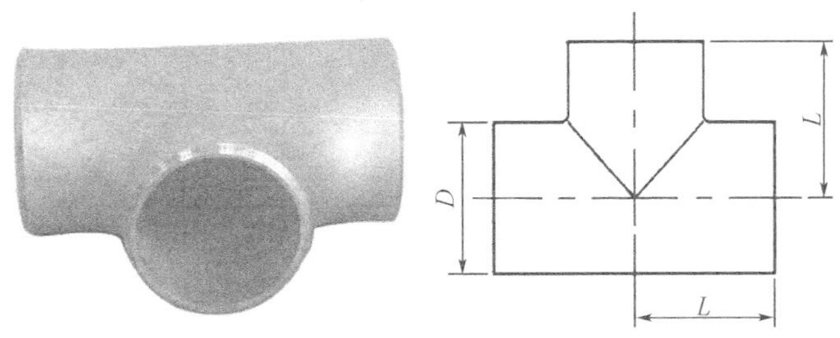

图 3-29　模型组件示意图(三通)

③ 弯头

弯头组件如图 3-30 所示，弯头管径为 D，左端截面称为“起始截面”，右端截面称为“终止截面”。起始截面处有一小段圆柱，柱体长为 $D/2$。当用户选择建立一个弯头组件时，从软件界面需要输入 6 个参数，分别是：

a. 弯头起始截面圆心的 x 坐标；

b. 弯头起始截面圆心的 y 坐标；

c. 弯头起始截面圆心的 z 坐标；

d. 以上三个参数确定了弯头起始截面的位置，第 4 个参数则用于确定弯头起始截面法线方向，其方向可选项有 x、$-x$、y、$-y$、z、$-z$，即分别朝向坐标轴的正向和负向；

e. 弯头终止截面法线方向，它在与起始截面法线方向垂直的方向；

f. 弯头管道半径。

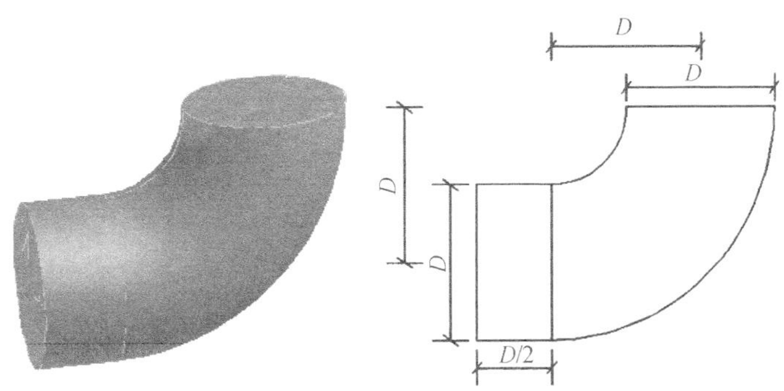

图 3-30　模型组件示意图(弯头)

(2) 将所输入的参数储存到 VB.NET 所定义的变量中。

(3) 将建模操作及 VB.NET 所定义的变量写入 Gambit 日志文件。

(4) VB.NET 后台调用 Gambit 读取日志文件，建立模型。

(5) 软件运行进度判别。

主页面显示模型示意图如图 3-31 所示。

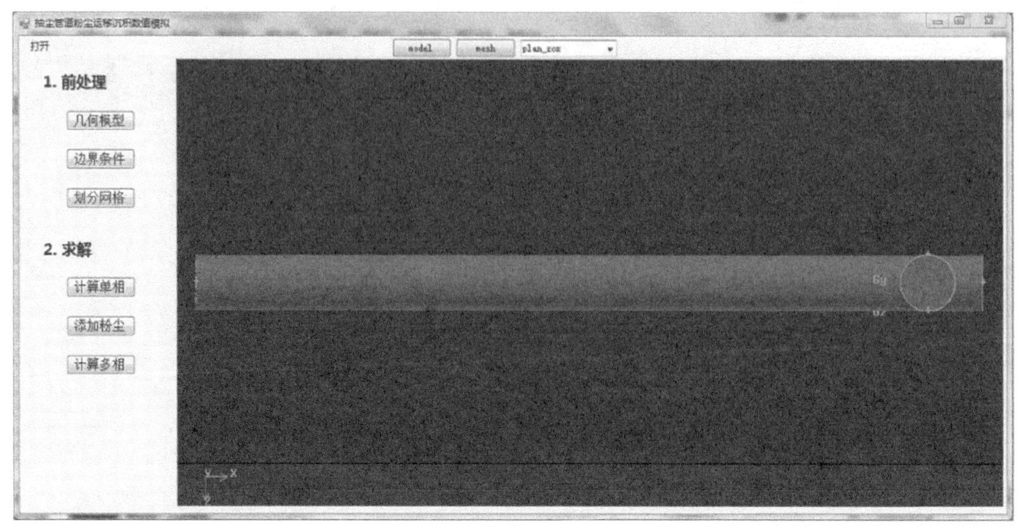

图 3-31 主页面显示模型示意图

2. 添加边界条件

添加边界条件界面如图 3-32 所示。管道系统几何模型可能含有多个入口和出口,用户可选择的边界条件有速度入口、压力入口、速度出口、压力出口,以及 outflow 出口。

图 3-32 添加边界条件界面

添加边界条件的过程包括:

(1) 在如图 3-32 所示的界面上选择边界条件类型,并输入相应的参数。

用户选择所需添加的边界条件类型,并输入相应的边界条件参数。软件内置了 6 种边界条件:

① 速度入口

设置边界条件,首先要确定所需添加边界条件的截面圆心位置和截面半径。速度入口边界条件需要 6 个参数,分别是:

a. 入口速度,是该入口处垂直于入口截面的平均速度;

b. 流动方向,是指流体在该入口处的流动方向,可选择项有 x、$-x$、y、$-y$、z、$-z$;

c. 添加边界条件处的管道截面半径;

d. 添加边界条件处的管道截面圆心的 x 坐标;

e. 添加边界条件处的管道截面圆心的 y 坐标；

f. 添加边界条件处的管道截面圆心的 z 坐标。

② 压力入口

压力入口边界条件需要 6 个参数，其中入口压力是相对于大气压的参考压力，设置为 0 即可；其他 5 个参数设置同“速度入口”。

③ 速度出口

速度出口边界条件需要 6 个参数，其中出口速度是该出口处垂直于出口截面的平均速度；其他 5 个参数设置同“速度入口”。

④ 压力出口

压力出口边界条件需要 6 个参数，其中出口压力是相对于大气压的参考压力，设置为 0 即可；其他 5 个参数设置同“速度入口”。

⑤ outflow 出口

outflow 出口边界条件需要 6 个参数，其中流量比重设置如下：当只有一个出口且为 outflow 出口时，流量比重设为 1；当有多个 outflow 出口时，该出口的流量比重即为该出口流量分配的百分比。其他 5 个参数设置同“速度入口”。

设置完成以上参数后，点击“添加”按钮，在“已添加的边界”框中可显示已添加的边界。

⑥ 壁面

管道模型中，没有设置出入口边界条件的部分则缺省设置为壁面边界条件。所以用户不需要添加壁面边界条件，只需要在图 3-32 界面输入壁面粗糙度即可。

用户在“已添加的边界”框中可显示已添加的边界，还可以查看和修改相应的边界。

(2) 将所输入的参数储存到 VB.NET 所定义的变量中。

(3) 将添加边界条件操作以及 VB.NET 所定义的变量写入 Gambit 日志文件。

(4) VB.NET 后台调用 Gambit 读取日志文件，添加边界条件。

3. 划分网格

划分网格界面如图 3-33 所示。划分网格的过程包括：

(1) 在如图 3-33 所示的界面上输入全局网格尺寸和网格文件名；

(2) 将划分网格操作写入 Gambit 日志文件；

(3) VB.NET 后台调用 Gambit 读取日志文件，进行网格划分；

(4) 输出网格文件。

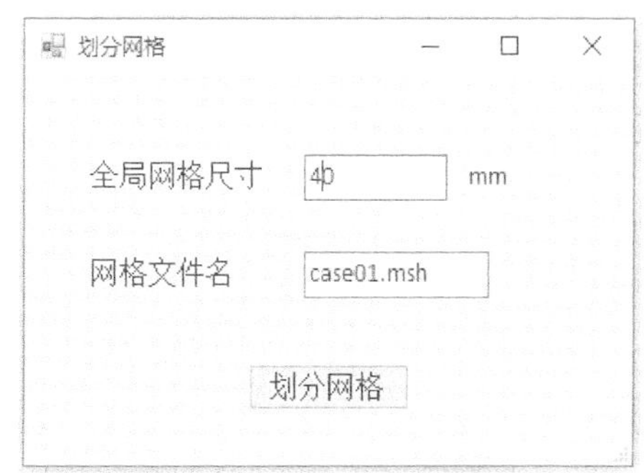

图 3-33　划分网格界面

4. 保存和打开模型

用户建立的管道模型由软件内置的管道组件组成，而管道组件参数等信息被记录在管道组件结构体数组中。将该结构体数组内容写入文本文件从而可实现对模型文件的保存。相对应的，打开模型文件即是读取文本文件内容，并将其显示在软件界面上。用户可以在打开模型文件后直接进行建模操作，也可以对现有的模型进行修改后再执行建模操作。

主页面显示网格示意图如图 3-34 所示。

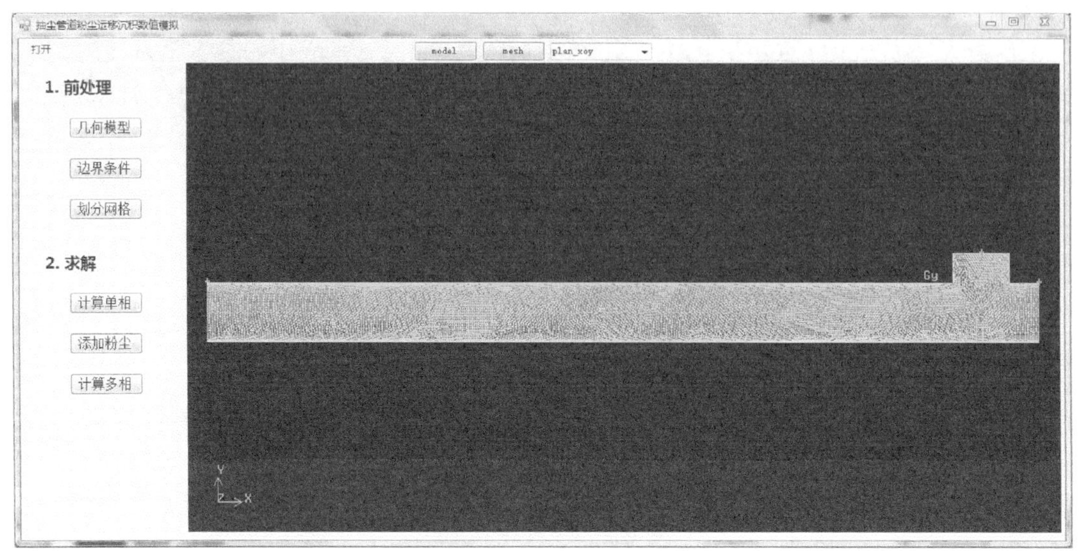

图 3-34　主页面显示网格示意图

3.4.3　VB.NET 对 Fluent 封装

采用 Fluent 对管道内粉尘运移和沉积情况进行数值模拟，涉及诸多过程，对于一个完整的算例，日志文件可达成百上千行，不过其中的大部分代码是通用的，不同的日志文件只需更改某些重要的参数，或者循环写入某几行代码。因此，本书采用编写 Fluent 日志文件模板的形式，将其中需要改变的参数作为 VB.NET 界面上的数据接收对象，由用户输入参数，通过 VB.NET 编写代码替换日志文件中的相应数据，形成新的日志文件。

VB.NET 对 Fluent 的封装，具体包括以下过程：

(1) 编写完整管道内粉尘运移和沉积数值模拟的 Fluent 日志文件。

Fluent 对管道内粉尘运移和沉积的数值模拟，具体包括以下几个过程：

① 将网格文件导入 Fluent；

② 湍流模型设置；

③ 离散相设置；

④ 添加粉尘；

⑤ 边界条件设置；

⑥ 求解设置，并开始求解。

其中，“添加粉尘”过程需要由用户输入所需添加的粉尘参数；“边界条件设置”过程由 3.4.2 小节第 2 部分确定；其他四个过程由软件内置，用户无须定义。下面详细介绍“添加粉尘”过程。

添加粉尘界面如图 3-35 所示，用户可以自定义并添加多种粉尘颗粒，该过程包括：

① 在如图 3-35 所示的界面上输入粉尘参数（包括名称、密度、直径、恢复系数、泊松比、弹性模量、质量浓度、允许粉尘进入的入口）；

② 将所输入的参数储存到 VB.NET 所定义的变量中；

③ 将添加粉尘操作写入 Fluent 日志文件。

(2) 调用 Fluent 读取日志文件，并完成参数设置和计算过程。

(3) 查看后处理结果。

计算结束后，在软件主页面上可以查看结果，如图 3-36～图 3-38 所示。用户也可以在 Fluent 中自主查看所需要的后处理结果。

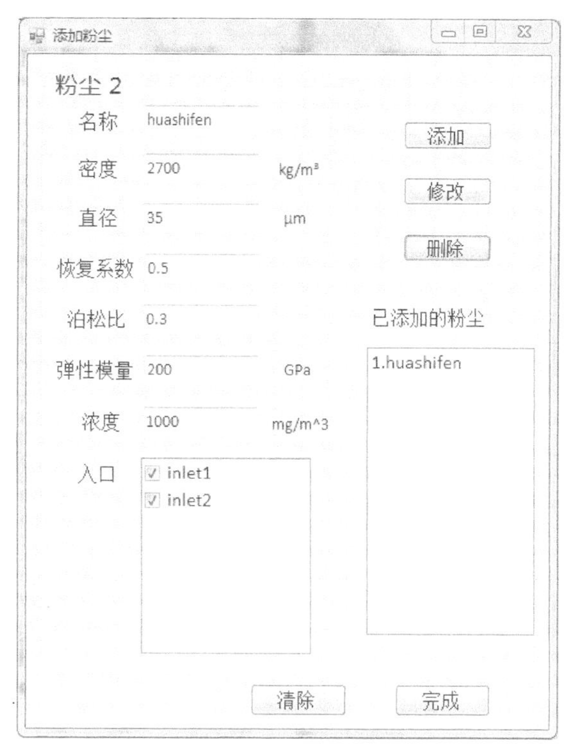

图 3-35　设置粉尘参数界面

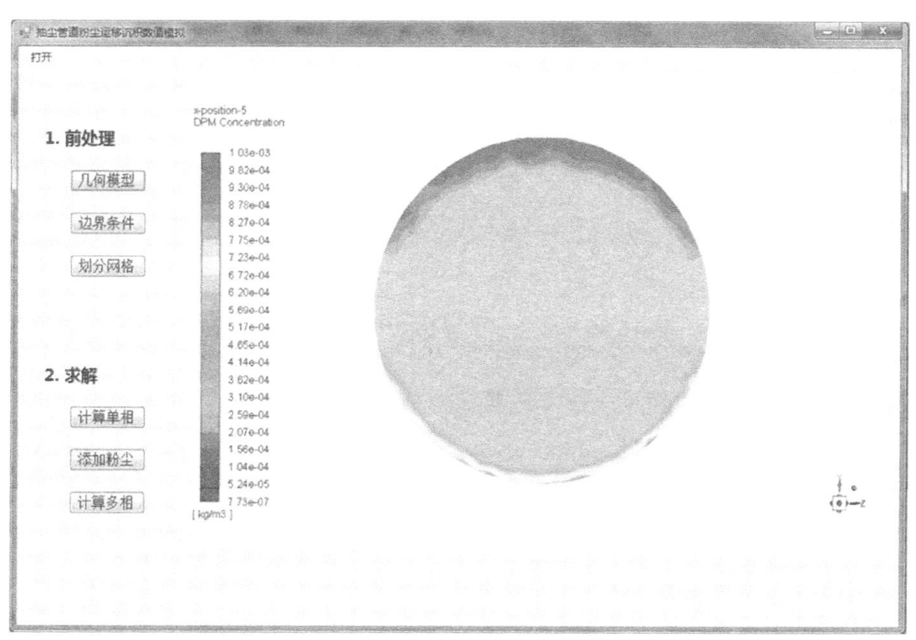

图 3-36　软件主页面显示管道横截面粉尘浓度

图 3-37　软件主页面显示管道轴向剖面粉尘浓度

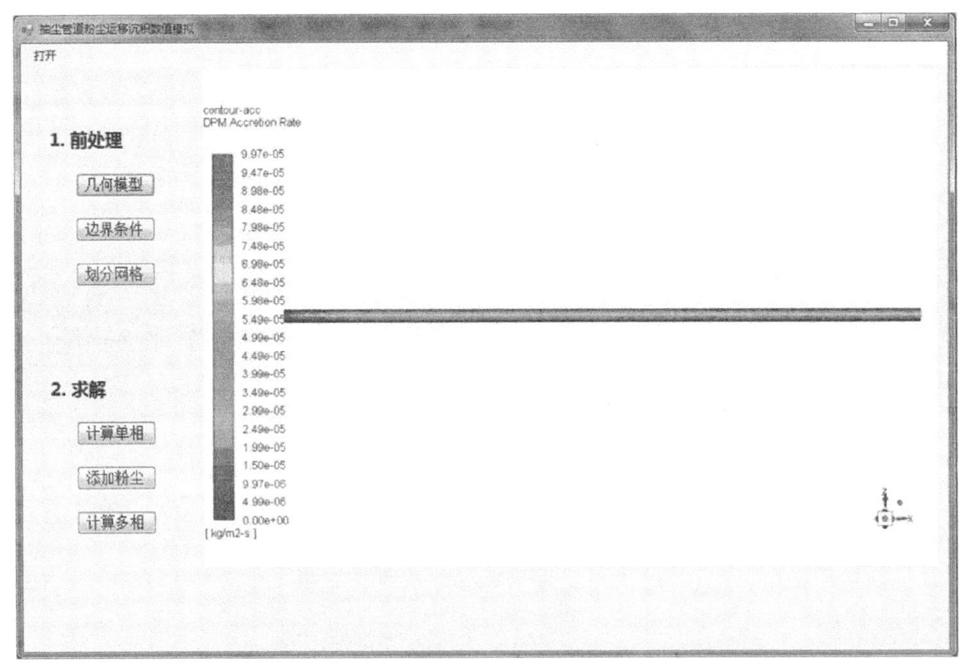

图 3-38　软件主页面显示管道壁面粉尘沉积率

3.5　基于称重原理的沉积可燃性粉尘监测技术研究

采用称重原理对沉积粉尘进行监测，可以直接对单位时间内的沉积质量进行监测，也可以在获得堆积密度的前提下转换成单位面积上的沉积粉尘厚度的测量，两者都是判断可燃性粉尘沉积强度的主要参数，可用于衡量可燃性粉尘的爆炸可能性。

称重原理监测可燃性沉积粉尘的核心是称重传感器，但是现有的电子秤和分析天平不能适应本课题涉及的可燃性沉积粉尘测量要求：①质量测量量程 0～100 g；②分辨率 0.1 g，误差不大于 5%；③加载时间短，测量环境振动强、风流大。因此，本章要解决的关键问题就是选型设计称重单元，从结构、硬件电路设计、软件监测算法等方面解决工业场所应用中的环境因素的影响。

3.5.1　基于微量称重开放空间沉积粉尘的监测技术研究

在抛光打磨场所存在设备振动、环境风流等急剧变化等因素，精密的实验室用称量系统适应不了环境的应用要求。开放空间的粉尘沉积监测技术研究关键在于提高在特定量程范围内的检测精度，适应较为恶劣的环境应用，并在长时间连续加载过程中克服蠕变带来的误差。对结构的要求主要为适应有粉尘环境的防尘、厚度质量转换的单位感应面积的设计。

1. 监测原理

根据课题指标的要求，质量检测范围为 0.1～100 g，采用压电晶体或微质量振荡天平的方法量程太小（毫克级），对环境要求高，在抛光打磨车间环境的振动、风流场等的影响下容易造成极大的误差。因此对沉积粉尘的质量监测采用称重传感器。选型其满量程在 300～500 g 以内（考虑结构附件的占比，以及称重传感器的线性良好范围即满量程的 10%～75%，以满足 100 g 满量程指标的要求）。通过质量的测量，在获得沉积粉尘堆密度后，可直接得到沉积粉尘的厚度的绝对值。

称重传感器的核心是应变片，当在外力作用下产生变形时，变形量引起应变片电阻发生变化，在外加电源情况下，可以输出与变形量呈线性关系的电信号。在制作称重传感器时，把应变片负载一定的支撑结构上，支撑结构的弹性体（弹性元件、敏感梁）在外力作用下产生弹性变形，使粘贴在它表面的电阻应变片（转换元件）也随之产生变形。称重传感器的典型结构如图 3-39 所示。

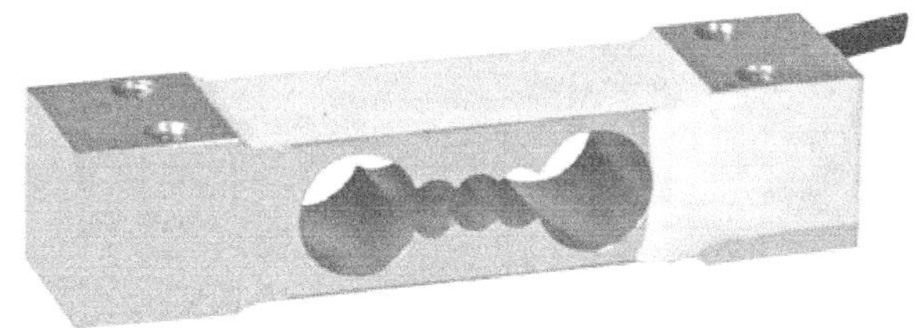

图 3-39　称重传感器外观图

根据引用领域不同而采用不同的支撑方式，电阻应变片可以做在不同的结构件上，最关键的一点是该结构要能产生一个高灵敏度的应变场，使粘贴在此区的电阻应变片能够理想地完成应变电信号的转换。

2. 沉积称重感应单元设计

（1）称重传感器选型

设计指标的量程为 0～100 g，分辨率为 0.1 g，误差不大于 5%。在设计中，由于要附加感应面（沉积粉尘收集盘），根据其大小，可选 300～500 g 的满量程称重传感器，同时保证综合灵敏度越高越好，以获得高于 0.1 g 的分辨率。兼顾体积的大小，选用量程 300 g 和 500 g 的单点式称重传感器（国内厂家该类型结构及指标基本一致）从监测分辨率、稳定性等方面进行初步验证。单点式称重传感器结构如图 3-40 所示，表 3-4 为该称重传感器的技术参数。

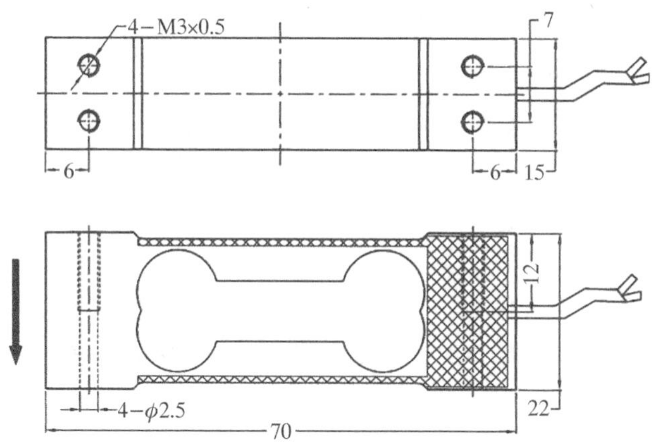

图 3-40　单点式称重传感器结构图(单位：mm)

表 3-4　3HVC-D04 单点式称重传感器技术参数

指标	参数
额定荷载	500 g
灵敏度	(1.5±10%)mV/V
综合误差	0.02% F.S
蠕变(5 min)	0.02% F.S
零电平	0.02% F.S
零点温度影响	0.03% F.S/10 ℃
输出温度影响	0.03% F.S/10 ℃
输入阻抗	410 Ω±15 Ω
输出阻抗	350 Ω±5 Ω
绝缘电阻	≥2 000 MΩ
温度补偿范围	−10～40 ℃
工作温度范围	−20～60 ℃
安全过载	150%F.S
极限过载	200% F.S
推荐激励电压	5～12 V
防封等级	IP 67

从表 3-4 可以看出，如果激励电压为 12 V，满量程有 18 mV 的输出，那么选择合适的放大电路和 A/D 转换电路，可以达到 0.1 g 的分辨率。

(2) 称重单元结构设计

称重单元结构设计应考虑两个方面的因素：一是感应面的形状和尺寸；二是在可燃性粉尘环境中的防尘设计。

按前期调研的轮毂抛光打磨车间的开放空间浮游粉尘浓度显示，浓度一般达到4 kg/m³左右，感应面过小，会造成长时间感应量过低；感应面过大，则使最终的结构过大，不适于在可燃性粉尘易沉积的狭小空间进行安装。因此，感应面选择 10～30 cm 直径的圆形托盘，在现场试用中，可对其进行调节。托盘质量加上要求测量的满量程 100 g，不应超出选型的称重传感器量程，通过硬连接直接与称重传感器接触。

为避免粉尘进入检测电路单元，在保证感应面硬连接在外力作用下引起称重传感器变形的前提下（不与其他结构产生接触），又要尽可能地阻止粉尘经过硬连接活动面进入检测单元。设计时，采用了多级凹凸咬合结构，如图 3-41 所示。

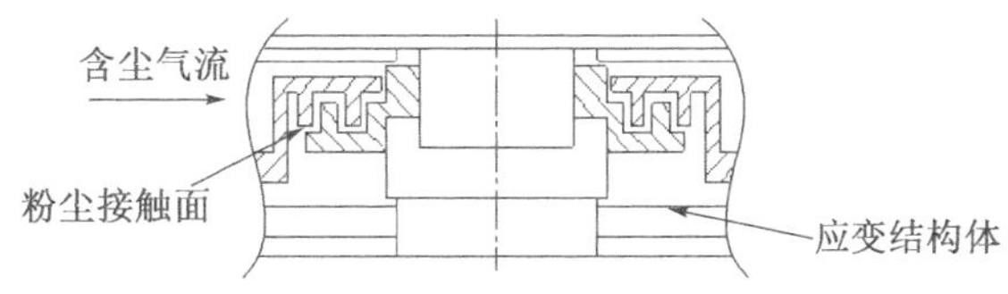

图 3-41　防尘结构图

应变结构体由感应面、硬连接支撑体和称重传感器构成。从图 3-41 可以看出，应变结构体与防尘结构无接触，可接受外界压力产生形变。

（3）检测电路设计

称重传感器通过应变片的变形产生电信号，当浮游粉尘较小时，沉积的粉尘质量非常小，带来的应变片变形极小，称重传感器在课题要求的最低分辨率 0.1 g 的精度时，输出变化信号极微弱。对信号检测电路设计的拾取能力要求高，同时在打磨车间应用时，受环境电磁干扰大，要求检测电路具有很强的抗电磁干扰能力。

在沉积粉尘的检测过程中，由于信号微弱，应用环境不同于分析天平，易受到各种干扰，影响传感器的精度和稳定性。本研究从电路干扰设计、电路板抗干扰设计两个方面进行，一方面在电路上抗电磁干扰，稳定基准电源；另一方面，在电路板设计以及屏蔽上避免串扰和消除外界的共模干扰。

基于称重原理的沉积粉尘检测原理框图如图 3-42 所示。称重传感器输出的微弱信号通过 EMI 滤波器，结合电路屏蔽滤除电磁干扰后，由高精度 A/D 转换器转换成数字信号，送到处理器进行处理。

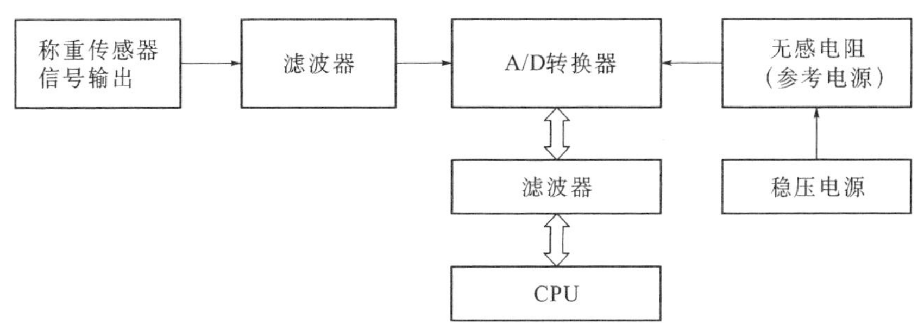

图 3-42　基于称重原理的沉积粉尘检测原理框图

为达到高的分辨率（0.01 g），可以从两个方面来实现：一是高增益带宽积的前置放大器，把满量程信号放大到足够大（4～5 V），选用 15 位 A/D 就可以满足分辨率的要求；另一方面，采用更高分辨率的 A/D 和较低的放大倍数前置放大器也可以达到预期的分辨率。

由于对沉积粉尘的监测对转换的速度没有太高要求（粉尘沉积的速率慢、时间长），采用高分辨率的 A/D 有较大的优势，目前高分辨率（如 24 位）的 A/D 自带可编程增益，可大大简化监测结构，减少分体设计引入的干扰。

能满足高分辨率的 A/D 转换器较多，为减少外部干扰，选择自带可编程增益放大器、带数字滤波的 A/D，可有效简化监测电路。

模块化的称重专用检测单元（如 HX711）也可实现对称重传感器信号的监测。因为前期已对 CS5532 的应用有了一定的经验，所以测试样机 A/D 采样检测单元采用 CS5532 进行设计。由于输入信号微弱，容易受到干扰，并且沉积粉尘的数据本身就是缓慢的变化量，对响应速度没有严格要求，因此在本设计中采用了 32 倍增益，7.5 Hz 的转换速率对通道寄存器进行设置。

CS5532 内部有一个完整的自校正系统，分为自校准和系统校准两种方式。内部校准可在需要的时候进行，但必须在系统初始化后进行。偏差校准在前，增益校准在后。校正结果存储在偏差和增益寄存器中。

为减少电路中电源的分组供应，称重传感器采用与监测处理单元一致的 DC 5 V 为激励电压。

3. 误差及分辨率测试

测试样机首先要满足测试精度、最小分辨率的要求，以实现对沉积粉尘的准确监测。通过标准砝码（1 g、10 g、50 g、100 g）进行标定校准后，在实验室采用万分之一分析天平做对比，测试数据如表 3-5 所示。

表 3-5 精度测试数据

分析天平测量值/g	检测单元显示值/g	误差/%
0.127 5	0.12	5.9
0.546 6	0.51	6.7
1.165 4	1.21	3.8
2.335 7	2.19	6.2
3.557 1	3.71	4.3
5.105 3	4.98	2.5
7.022 8	7.27	3.5
8.521 2	8.81	3.4
9.256 2	9.55	3.2

从表 3-5 可以看出，大部分测试结果误差在 5%以内，最大误差小于 7%，主要出现在低负载情况下，在未进行非线性修正的情况下，与称重传感器本身特性吻合，通过以后的正式样机在量程低端的非线性修正改进，完全可以达到测试需要的精度要求。

分辨率测试采取最小变化量的方式，通过粉尘采集滤膜上添加粉尘的方式，进行分辨率的测试。首先对空白滤膜进行称重，然后在滤膜上加入粉尘，进行 5 次对比实验，结果如表 3-6 所示。

表 3-6　分辨率测试表

分析天平测量值/g			检测单元显示值/g		
空白滤膜	加入粉尘后的滤膜	变化量	空白滤膜	加入粉尘后的滤膜	变化量
10.266 4	10.314 3	0.047 9	10.21	10.25	0.04
10.248 4	10.299 2	0.050 8	10.28	10.33	0.05
10.249 1	10.271 2	0.022 1	10.23	10.24	0.01
10.272 1	10.341 5	0.069 4	10.29	10.36	0.07
10.249 3	10.350 4	0.101 1	10.26	10.36	0.10

从表 3-6 可以看出，当最小变化量为 0.04 g 时，测试样机的变化量与实际变化量（万分之一分析天平）一致，即测试样机的最低分辨率达到 0.04 g，完全可以满足预期指标要求。

4. 结构及检测算法优化

称重传感器在 10%以下和 75%以上满量程范围会出现较大的非线性误差，并在连续测试过程中受到温度影响，因此在沉积粉尘的连续监测过程中，要对长时间的蠕变及温度变化进行算法补偿。通过标准砝码标定的数据，还要进行温度和时间的影响实验，找到补偿规律。

(1) 沉积粉尘传感器总体设计

开放空间沉积传感器的设计研究，主要是对测试样机实验过程中的精度通过温度补偿算法来得到提高，同时对适应可燃性粉尘环境的防爆要求进行电路设计、EMC 设计、总体功能及结构设计，包括显示单元、通信结构、抗振动等。

传感器总体电路设计如图 3-43 所示，按可燃性粉尘环境要求（GB 12476），应用在粉尘经常泄露的场所即 D20 区进行设计，满足 ia 电源的“三重化”保护、火花点燃实验要求。

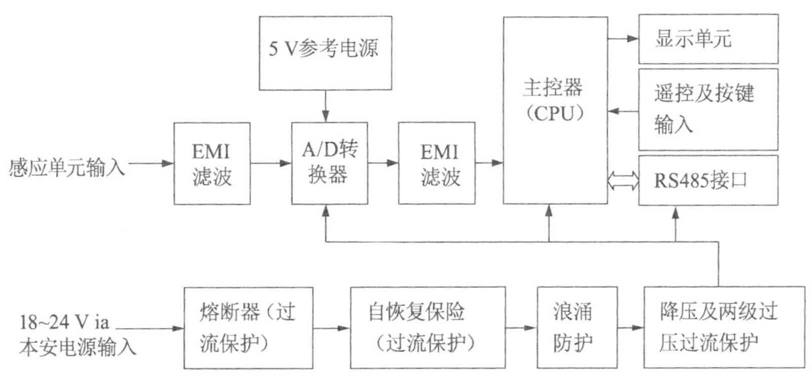

图 3-43　沉积粉尘传感器总体电路框图

A/D 转换器的参考电源独立于主电源设计，可最大限度地减少由参考电源波动引起的转换误差，以提高对微弱的称重传感器输出信号的拾取能力。

电路采用带可编程增益控制的 24 位 A/D 转换器 CS5532 自带的放大器，总体增益设置为 64 倍，可消除外置放大器分布参数影响，简化电路设计。

传感器结构设计上，在满足厚度检测灵敏度的基础上(理论上，感应面越大，检测的厚度分辨率越高)加以小型化以适应现场安装的要求。其结构图如图 3-44 所示，包括电路腔室和感应单元腔室。电路腔室为防尘防溅水设计，避免电路板在现场应用中因受潮、金属粉尘沉积而引起短路；感应单元腔室设计称重传感器支架、水平球架，称重传感器采用 IP 67 封装，因此简化了感应单元腔室防护的要求。图中 1、2 为感应腔的安装盖、感应面，图中 3～10 为电路腔室里安装的显示、主控电路板等，11 为水平调节旋钮。

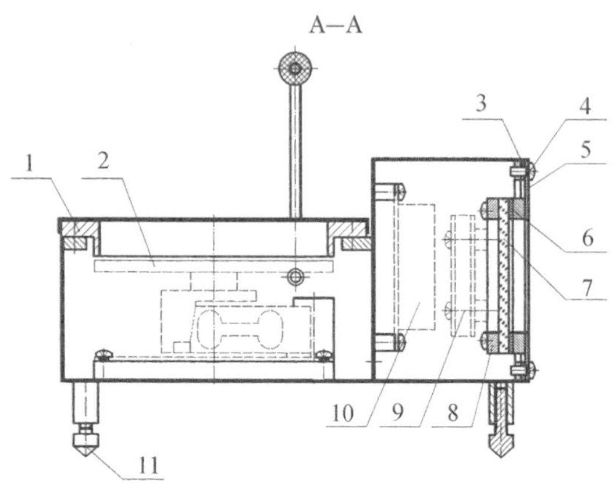

图 3-44　沉积粉尘传感器结构图

(2) 算法设计

检测算法优化主要是对温度影响和零点漂移进行校正。与传统的电子秤单次短时称重不同，对可燃性粉尘的沉积监测是一次标定、连续监测的，温度和时间蠕变都会累积，对结果造成影响。沉积粉尘传感器不能通过每次标定来修正温度和时间蠕变的影响。

① 蠕变补偿

在恒温恒湿箱中进行温度影响测试。固定温度在 25 ℃，稳定 30 min 后，采用空载(校零)、10 g 标准砝码做负载，测试 1 h 内的变化规律。测试结果如图 3-45 所示。

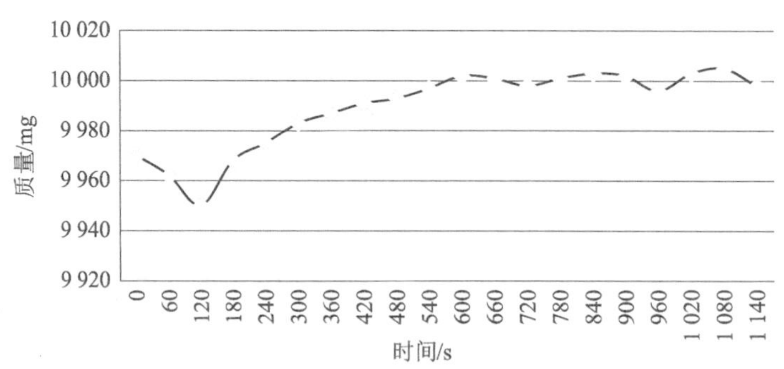

图 3-45　称重传感器蠕变特性

在加载初期 600 s 之内，显示值最大变化了近 50 mg。在 600 多秒时，显示值基本稳定，并在一定范围内波动，波动值不超过 10 mg。同样型号的另一个称重传感器也出现了类似特性。

蠕变补偿可以采用两种方式：一种方式是系统开机预热，使称重传感器应变片稳定。

由于沉积粉尘不会突然增加(这与电子秤不同),不会造成新的加载突变,因此设定 10 min 的时间,随后进入正常监测过程。另一种方式是可以预热 2 min,对 2～10 min 进行插值线性补偿。原理样机采用后一种补偿方式,补偿公式如式(3-11)所示:

$$M_c = m + (56 - 7t) \tag{3-11}$$

式中,M_c—— 补偿后的质量;

m—— 原始检测值;

t—— 预热 2 min 后开始的倒计时,取值 0 ～ 8 min。

② 温度补偿

称重传感器的应变片、检测电路元件都受到温度变化的影响,使检测结果与真实值产生误差。通过恒温恒湿箱,在温度 18～40 ℃范围内,采用 10 g 标准砝码测试,结果如图3-46所示。

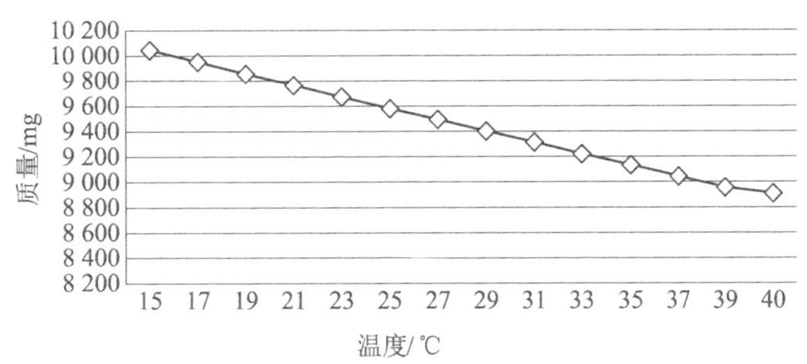

图 3-46　温度影响规律

从实验结果看,温度影响的线性度较好,所采用的称重传感器应变片为负温度特性,温度升高,测量值在下降,可以采取线性修正。每摄氏度变化绝对值 50 mg 左右。

图 3-47 为 23.1～27.4 ℃环境中,对 10 g 砝码的监测数据和修正的对比,可以看出,采用线性修正后,温度变化的影响被消除。

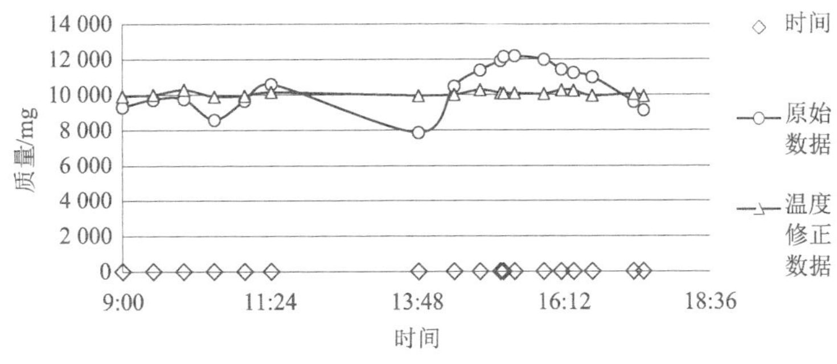

图 3-47　温度修正曲线

通过原理样机设计、监测算法优化,解决了实际监测过程中温度和蠕变影响。重复性误差小于 60 mg，检测误差小于 1%。按铝粉堆积密度 0.9 g/cm^3、感应面直径 10 cm 计算，对厚度的分辨率达到 0.02 mm。即在开放空间沉积粉尘监测完全可以满足课题要求。

3.5.2 基于微量称重管道沉积粉尘厚度监测技术研究

在抛光打磨生产场所，除尘管道中粉尘的沉积在异常情况下可能带来爆炸危险（如有静电放电、摩擦火花、其他明火等的情况下，粉尘被扬起）。所以，我国出台相关标准，要求工贸场所除尘管道粉尘沉积的厚度不能超过 1 mm，要进行定期清扫。通过对管道粉尘厚度的实时监测，提醒厚度异常，及时清理，有效避免爆炸危险的发生。

除尘管道的粉尘沉积与开放空间的粉尘沉积监测区别主要在于应用环境的不同。除尘风机运行时会造成除尘管道的轻微振动，除尘管道中沉积监测单元的结构容易与管道结构干涉，引起流场的变化，不能真实反映管道的粉尘沉积。因此结构设计和抗振动算法是研究的关键。

1. *管道沉积粉尘厚度监测原理*

与开放空间沉积粉尘检测一样，基于称重原理的厚度检测，是通过把单位面积上的质量转换为厚度来实现的。其原理框图如图 3-48 所示，在除尘管道底部开一个测试孔，称重感应单元安装在开孔底部，对沉积在感应面的粉尘进行质量监测，并转换成沉积厚度。

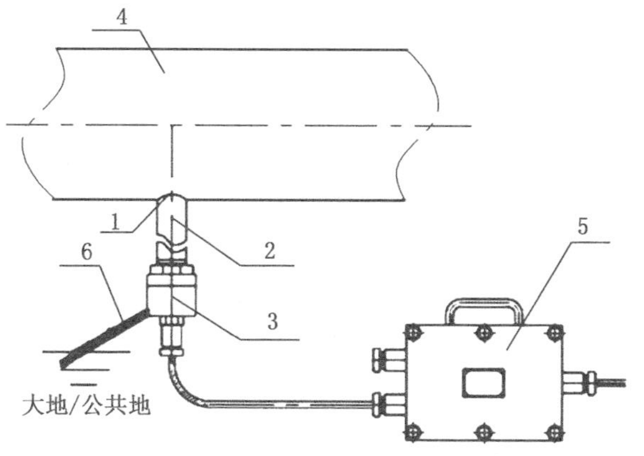

图 3-48　管道沉积粉尘监测结构示意图

1—管道开孔　2—连接管　3—感应单元
4—除尘管道　5—主控单元　6—屏蔽接地

在原理框图中，开孔和连接管密封，感应单元与连接管也处于密封状态，避免粉尘的附加沉积。因为在管道底部开孔，开孔面积部分的粉尘全部沉降在称重感应单元内，所以通过感应单元内的质量和开孔面积的大小，结合粉尘的堆积密度，就可以获得管道内沉积粉尘的厚度。

当检测管道厚度时，在管道里开孔，安装沉积粉尘感应单元。

设被检测的管道开孔面积为 S，沉积粉尘的堆密度为 ρ，则可得出厚度（L）和质量（M）的关系：

$$L = M/(S\rho) \tag{3-12}$$

开孔以半径 r 为依据，则：

$$L = M/(\pi r^2 \rho) \tag{3-13}$$

可得单位高度与质量变化量的关系：

$$\Delta L = (1/\pi r^2 \rho)\Delta M \tag{3-14}$$

显然，质量分辨率越大，厚度的分辨率就越大。

这里 r 取 15 mm，抛光铝粉的堆密度 ρ 取典型值 0.9 g/cm^3，可以计算出对应 0.1 mm 厚度的质量。

$$\Delta M = 0.1 \times \pi r^2 \rho = 0.1 \times 1.5 \times 1.5 \times 0.9\pi = 63.59\ (\mathrm{mg})$$

即当称重单元的质量分辨率达到 63.59 mg 时，可实现 0.1 mm 的厚度分辨率。如果在 15 mm 的半径开孔基础上加大，则可以获得厚度的更高分辨率。即选型称重传感器时，重复精度在 64 mg 即可满足要求。

2. 厚度检测单元参数设计

提高沉积厚度检测分辨率，可以在综合考虑开孔面积(前提是小于沉积单元感应面积，以确保经过开孔的所有的沉积粉尘被收集用于测量质量)、感应称重单元的分辨率的前提下进行参数选型及设计。

以抛光打磨车间常用除尘管道的直径 600 mm 为例，开孔太大，不利于焊接平整，影响除尘管道原有流场，不能真实反映粉尘沉积情况；开孔太小，单位厚度对应的质量小，对称重单元的稳定分辨率要求高。利用 20～80 mm 开孔直径对流场进行模拟，选取合适的开孔面积，设计沉积感应单元的感应面积尺寸。仿真条件如下：

管径 d：600 mm；

管道长度 L：20 000 mm；

开孔离入口距离：10 000 mm；

开孔直径：20～80 mm；

风速：10 m/s；

粉尘粒径(中位径 15 μm，最大 50 μm，最小 1 μm)；

密度：7.8 g/cm^3。

仿真结果如下：

(1) 孔径 20 mm 的仿真结果如图 3-49、图 3-50 所示。

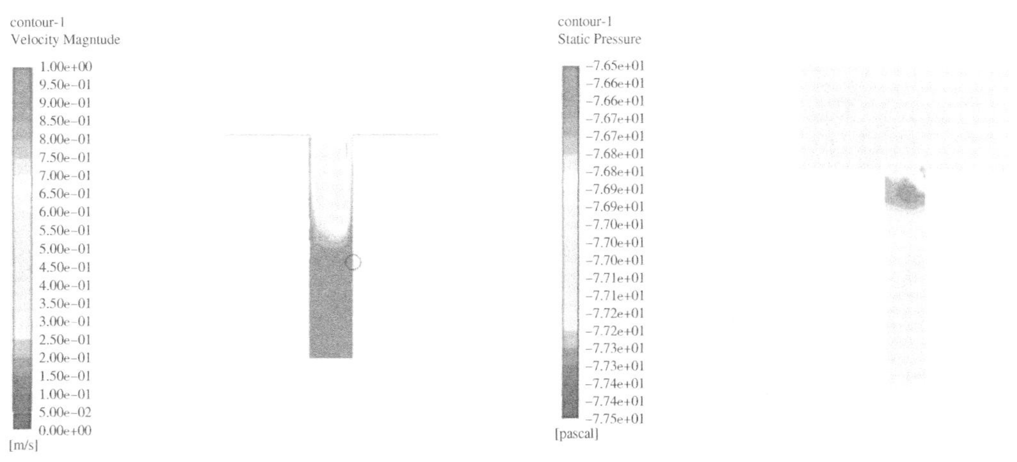

图 3-49　小孔(直径 20 mm)及附近速度和压力分布

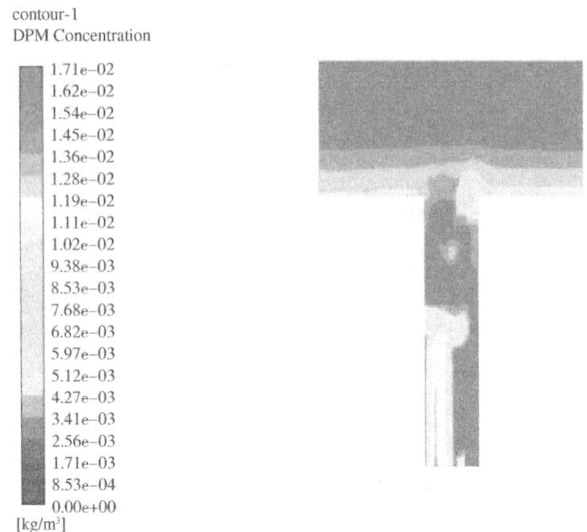

图 3-50　小孔(直径 20 mm)及附近粉尘浓度分布

(2) 孔径 40 mm 的仿真结果如图 3-51、图 3-52 所示。

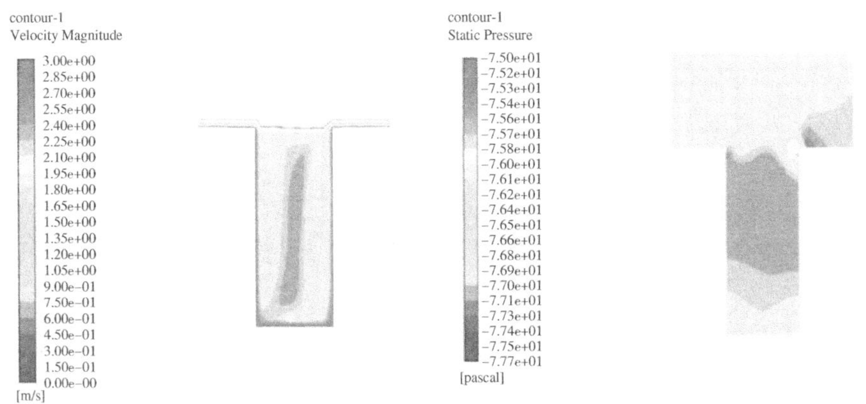

图 3-51　小孔(直径 40 mm)及附近速度及压力分布

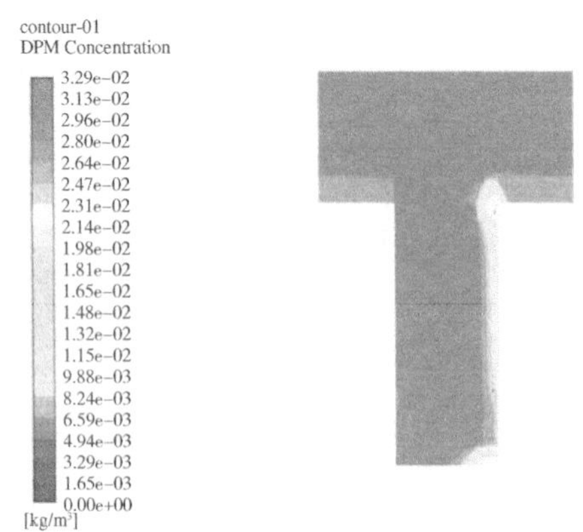

图 3-52　小孔(直径 40 mm)及附近粉尘浓度分布

(3) 孔径 60 mm 的仿真结果如图 3-53、图 3-54 所示。

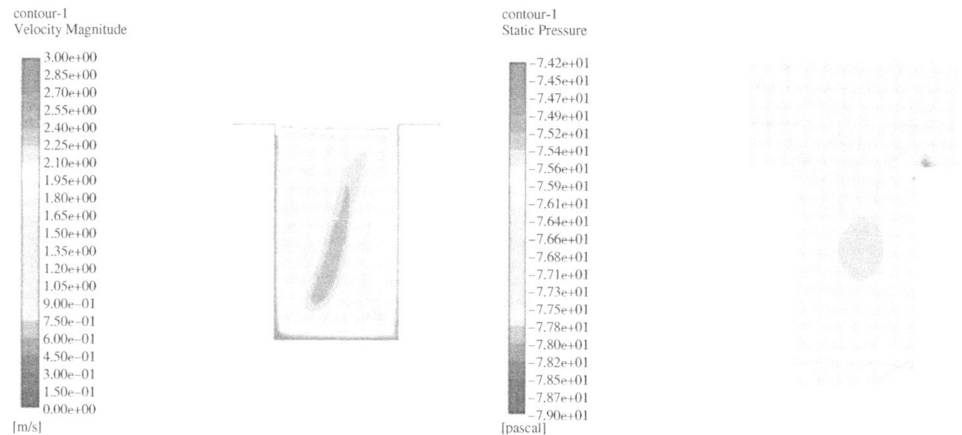

图 3-53 小孔(直径 60 mm)及附近速度及压力分布

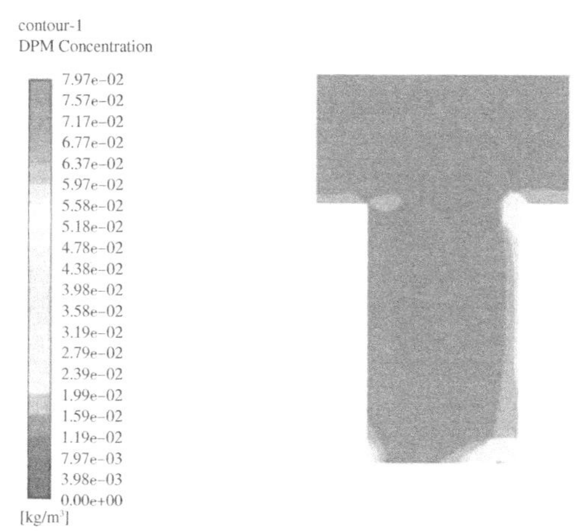

图 3-54 小孔(直径 60 mm)及附近粉尘浓度分布

(4) 孔径 80 mm 的仿真结果如图 3-55~图 3-58 所示。

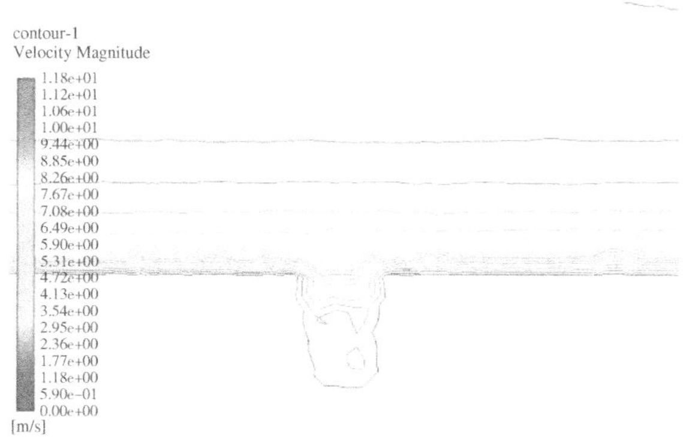

图 3-55 开孔 80 mm 管道轴线剖面局部流线图

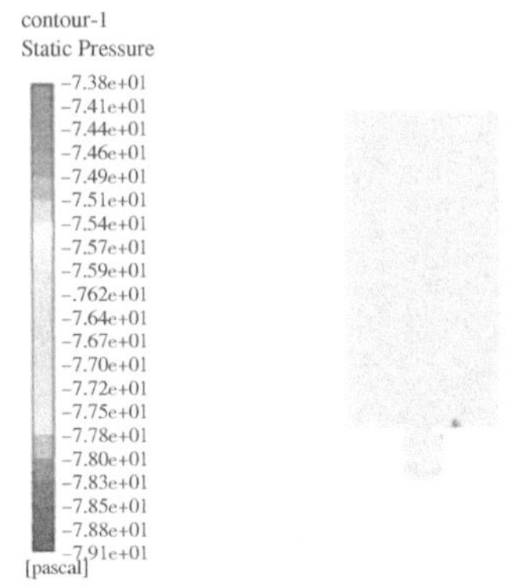

图 3-56　开孔 80 mm 管道轴向剖面局部压力分布图

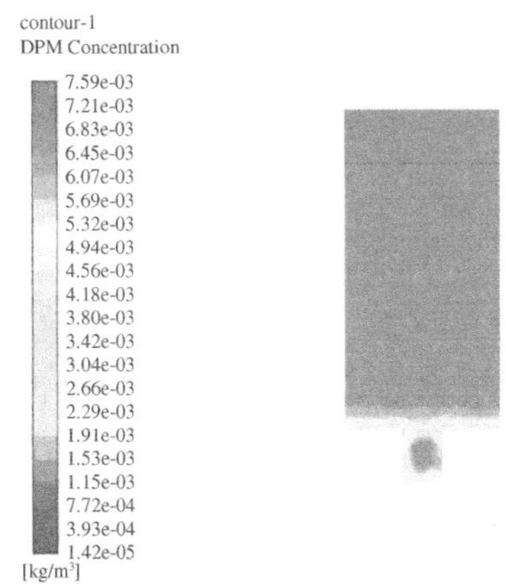

图 3-57　开孔 80 mm 管道轴向剖面局部粉尘浓度分布图

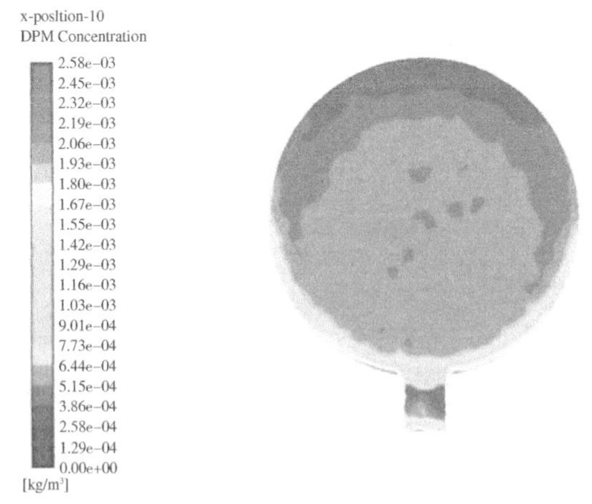

图 3-58　开孔 80 mm 管道横截面粉尘浓度分布图

从仿真的结果来看，当孔径为 20～80 mm 时，流场和浓度在开孔处几乎没有变化，但压力开孔后沿迎风面发生了突变。从速度分布来看，底部开孔直径为 20～80 mm 时，对贴近底部的速度流线几乎没有影响，流速在 2～2.5 m/s 范围内，开孔大小对底部粉尘浓度影响不大。

在离管道入口 10 m 处，粉尘在管道底部浓度近 2 000 kg/m^3，流速 0.5～3 m/s，而在顶部与入口的浓度接近，为 300 kg/m^3 左右，流速 9～10 m/s。引起径向浓度分布差异的主要原因是铝粉在管道里的重力沉降，使靠近底部的粉尘浓度比靠近顶部大得多。开孔底部与未开孔管道底部的浓度接近，为 1 800～2 300 mg/m^3。在实际应用中，由于较高的风速会带走部分沉降的粉尘，所以，开孔后在孔底部的沉积会高于未开孔时在管道底部的沉积。

从压力分布来看，开孔 20～80 mm 时，都在开孔前边沿产生较大的压力区，因此会带来粉尘的黏结，被收集到开孔里。显然，开孔越大，压力原因造成的孔边沿的单位时间粉尘沉积越大，开孔收集的粉尘与实际未开孔沉积的粉尘差异也就越大，无法代表实际的管道粉尘沉积。

(5) 开孔沉积影响的实验分析

① 实验系统和条件

为验证仿真的结果，定量分析开孔带来的影响，通过模拟实验系统进行了验证。验证系统如图 3-59 所示，实验系统包括粉尘发尘装置、600 mm 管径的除尘管道、管道上设置的模拟支管和检测孔、袋式除尘器、变频风机等。在600 mm管径的除尘管道底部开孔，开孔为 30 mm。分别进行不开孔(堵塞)、开孔(如图 3-60，在开孔底部延长)的粉尘沉积实验。

图 3-59　除尘管道粉尘沉积实验系统

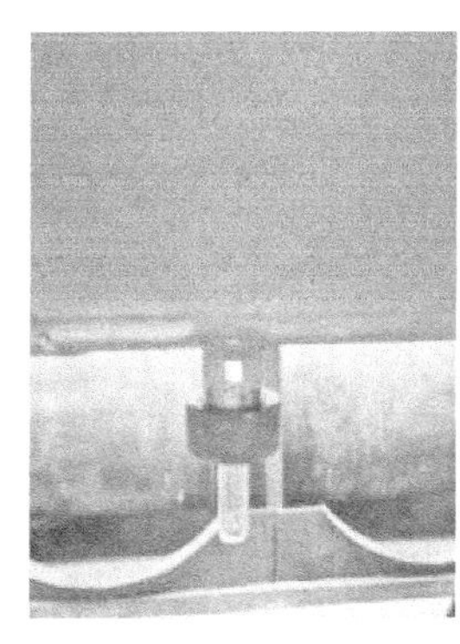

图 3-60　沉积粉尘测试点

图 3-61　发尘点

实验粉尘为抛光铝粉，中位径为 9.7 μm，密度为 7.8 g/cm^3，风速由变频风机控制，实测为 10.12～10.25 m/s 范围内，入口浓度经采样器采样测量，每分钟平均浓度为 270 kg/m^3。与仿真条件基本一致。称重设备采用梅特勒的十万分之一天平。

② 测试方法

首先，把开孔封闭，与底部平齐，测试在指定浓度、指定风速、指定时间内的粉尘沉积质量。方法：先对封堵件初始质量进行称量记录，实验结束后，再次称量记录封堵件质量，增重即为实验时间内的沉积粉尘。其次，用玻璃试管在测试点模拟开孔，收集开孔的粉尘沉积。方法：玻璃试管外径为 30 mm，先称量玻璃试管的初始质量，其余实验条件同开孔封闭时的条件。实验结束后，再次称量玻璃试管质量，增重即为开孔的粉尘沉积。

③ 实验数据

不开孔(封堵)时的粉尘沉积情况如表 3-7 所示，发尘平均浓度为 273 kg/m^3，风速为 10.17 m/s。

表 3-7　不开孔时的粉尘沉积

序号	初始质量/g	结束质量/g	增重/g	发尘时长/min
1	53.363 6	53.371 0	0.007 4	5
2	53.361 7	53.370 2	0.008 5	20
3	56.363 0	56.370 9	0.007 9	20
4	56.361 1	56.372 3	0.011 2	60
5	53.364 7	53.378 2	0.013 5	60
6	53.367 2	53.378 1	0.010 9	60
7	53.371 1	53.383 8	0.012 7	60

在 5～20 min 内的沉积质量小于 10 mg，60 min 内的沉积质量为 10～13 mg。按 15 mm 半径的感应面积、0.9 g/cm^3 的堆密度实验时，沉积的厚度在 0.016～0.02 mm 范围内。不开孔时，在离除尘口 10 m 的位置 60 min 的沉积厚度在 0.02 mm 以内。

表 3-8　开孔时的粉尘沉积

序号	初始质量/g	结束质量/g	增重/g	发尘时长/min
1	52.634 2	52.648 8	0.014 6	5
2	52.633 8	52.654 6	0.020 8	5
3	52.632 0	52.665 7	0.033 7	20
4	52.637 1	52.666 6	0.029 5	20
5	52.632 7	52.680 9	0.048 2	60
6	52.634 3	52.685 8	0.051 5	60
7	52.641 1	52.693 3	0.052 2	60
8	52.640 2	52.689 5	0.049 3	60

开孔时的粉尘沉积如表 3-8 所示，粉尘在开孔连接管内 60 min 的沉积质量在 50 mg 左右，约为不开孔的 5 倍。开孔与不开孔 60 min 沉积质量对比如图 3-62 所示。

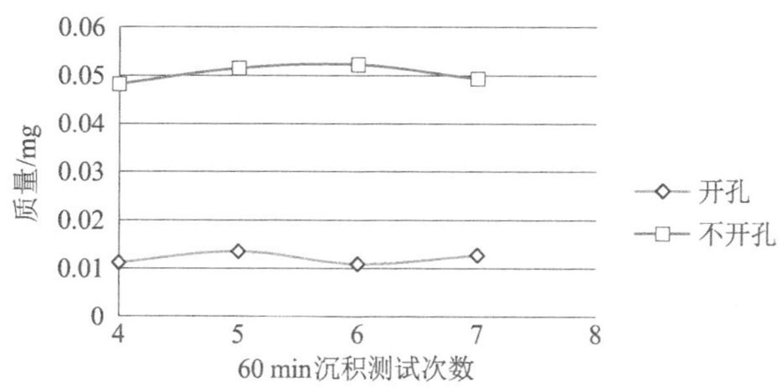

图 3-62　开孔与不开孔 60 min 沉积实验结果

按铝粉的堆积密度 0.9 g/cm^3、开孔直径为 30 mm 实验时，在 60 min 内的沉积厚度相差 40 mg左右，不开孔是开孔的 20%，经过修正，开孔测得的沉积可真实反映管道的底部沉积。当开孔半径 r 更小时，流场几乎不受影响，但同时单位时间内沉积的质量小，影响分辨率，因此综合考虑 r 取 15 mm。

3. 管道沉积粉尘监测传感器设计

(1) 称重感应单元设计

称重单元结构如图 3-63 所示。

感应面为便于粉尘的收集，设置成漏斗状，整个单元密封，保证收集的粉尘不被扬起而引起非正常的质量变化。感应漏斗固定在称重传感器的应力端，另一端固定在感应单元底座上，温度探头固定在底座上，检测称重传感器所处的环境温度，进行温度补偿。通过防爆喇叭口引出信号及电源线。

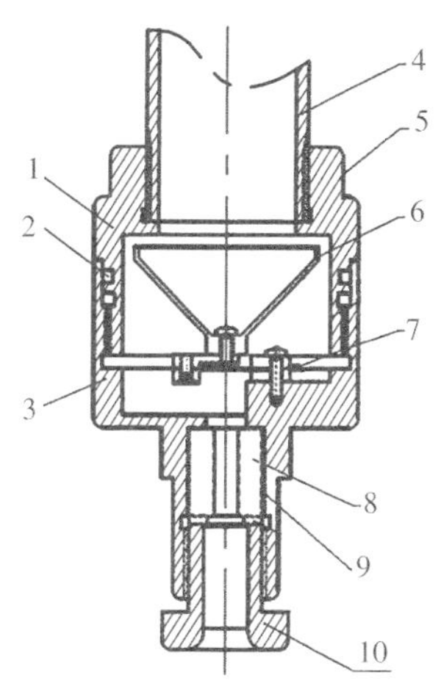

图 3-63　称重单元结构

1、5—连接盖　2—密封螺纹
3—密封支架外壳　4—检测导引管
6—集尘斗　7—称重传感器
8、9—橡胶塞　10—线缆导入装置

(2) 信号检测

通过 24 位 A/D 转换器对称重传感器输出电压进行转换，可以推导检测值对应的质量关系。

称重传感器参数如下：

设激励电压 $V_{cc}=5$ V

称重传感器灵敏度：K_v

量程：G_m

24 位 A/D 转换器设置如下：

放大倍数：A_g；

参考电压：V_{ref}；

A/D 转换值 N_d(含加载与皮重)。

设 V_a 为称重传感器初始输出电压，V_i 为加载电压输出，根据 A/D 转换公式：

$$N/V=2^{24}/V_{\mathrm{ref}} \tag{3-15}$$

$$N_{\mathrm{d}}/[(V_{\mathrm{a}}+V_{\mathrm{i}})\cdot A_{\mathrm{g}}]=2^{24}/V_{\mathrm{ref}} \tag{3-16}$$

得出：

$$N_{\mathrm{d}}=(2^{24}/V_{\mathrm{ref}})\cdot[(V_{\mathrm{a}}+V_{\mathrm{i}})\cdot A_{\mathrm{g}}] \tag{3-17}$$

而输出的加载电压 V_{i} 与加载质量 G_{j} 的关系为：

$$V_{\mathrm{cc}}\cdot K_{\mathrm{v}}/G_{\mathrm{m}}=V_{\mathrm{i}}/G_{\mathrm{j}} \tag{3-18}$$

得出：

$$V_{\mathrm{i}}=(V_{\mathrm{cc}}\cdot K_{\mathrm{v}}/G_{\mathrm{m}})\cdot G_{\mathrm{j}}=(V_{\mathrm{cc}}\cdot K_{\mathrm{v}}\cdot G_{\mathrm{j}})/G_{\mathrm{m}}=V_{\mathrm{cc}}\cdot K_{\mathrm{v}}\cdot(G_{\mathrm{j}}/G_{\mathrm{m}}) \tag{3-19}$$

从而推导出：

$$N_{\mathrm{d}}=(2^{24}/V_{\mathrm{ref}})\cdot\{[V_{\mathrm{a}}+V_{\mathrm{cc}}\cdot K_{\mathrm{v}}\cdot(G_{\mathrm{j}}/G_{\mathrm{m}})]\cdot A_{\mathrm{g}}\} \tag{3-20}$$

根据相同的原理，可以得出初始电压 V_{a} 对应的“零加载”（皮重）的 A/D 转换值 N_{c} 为：

$$N_{\mathrm{c}}=(2^{24}/V_{\mathrm{ref}})\cdot V_{\mathrm{a}}\cdot A_{\mathrm{g}} \tag{3-21}$$

则：

$$V_{\mathrm{a}}=(N_{\mathrm{c}}\cdot V_{\mathrm{ref}})/(2^{24}\cdot A_{\mathrm{g}}) \tag{3-22}$$

代入式(3-20)，可得出：

$$\begin{aligned}N_{\mathrm{d}}&=(2^{24}/V_{\mathrm{ref}})\cdot\{[(N_{\mathrm{c}}\cdot V_{\mathrm{ref}})/(2^{24}\cdot A_{\mathrm{g}})+V_{\mathrm{cc}}\cdot K_{\mathrm{v}}\cdot(G_{\mathrm{j}}/G_{\mathrm{m}})]\cdot A_{\mathrm{g}}\}\\&=N_{\mathrm{c}}+G_{\mathrm{j}}\cdot[(V_{\mathrm{cc}}\cdot K_{\mathrm{v}}\cdot A_{\mathrm{g}}\cdot 2^{24})/(V_{\mathrm{ref}}\cdot G_{\mathrm{m}})]\end{aligned} \tag{3-23}$$

考虑激励电压 V_{cc} 和参考电压 V_{ref} 的偏差，在式(3-23) 中加入修正系数 K_1，并令 $K=(V_{\mathrm{cc}}\cdot K_{\mathrm{v}}\cdot A_{\mathrm{g}}\cdot 2^{24})/(V_{\mathrm{ref}}\cdot G_{\mathrm{m}})$，则式(3-23) 变成：

$$N_{\mathrm{d}}=N_{\mathrm{c}}+G_{\mathrm{j}}\cdot K\cdot K_1 \tag{3-24}$$

采集显示的质量

$$G_{\mathrm{j}}=(N_{\mathrm{d}}-N_{\mathrm{c}})/(K\cdot K_1) \tag{3-25}$$

N_{c} 为零点初值，设置为可在程序的清零里面进行赋值，或预先赋值。

在传感器设计时，K_1 在设置时，采用自动校正的方式：

以 10 g 标准砝码进行校准，在获得零点值 N_{c} 后，可得：

$$K_1=(N_{\mathrm{d}}-N_{\mathrm{c}})/(10\cdot K) \tag{3-26}$$

检测电路设计中：$V_{\mathrm{cc}}=5\ \mathrm{V}$，$V_{\mathrm{ref}}=2.5\ \mathrm{V}$，$A_{\mathrm{g}}=64$，则 K 可简化为：

$$K=32K_{\mathrm{v}}\cdot 2^{24}/250G_{\mathrm{m}}=2\,147\,483.648\cdot(K_{\mathrm{v}}/G_{\mathrm{m}})\ (\mathrm{mV/g}) \tag{3-27}$$

根据称重单元的参数设计，激励电压 $V_{cc}=5$ V，称重传感器灵敏度 $K_v=0.9$ mV/V，量程 300 g；A/D 内部放大 64 倍，参考电压 V_{ref} 设为 2.5 V。

(3) 振动补偿

除尘管道在除尘器工作时，会带来管道的轻微振动，引起称重传感器零点的连续变化。本研究通过对振动规律的测试实验，找出振动带来的背景干扰，通过设计的检测算法实现振动的消除。

① 振动干扰的数据采集

在模拟实验系统上，安装好沉积厚度检测样机，清零初值。打开除尘风机，关闭发尘装置，每秒读取 1 个厚度测试值，获得除尘管道振动的干扰曲线，如图 3-64 所示。

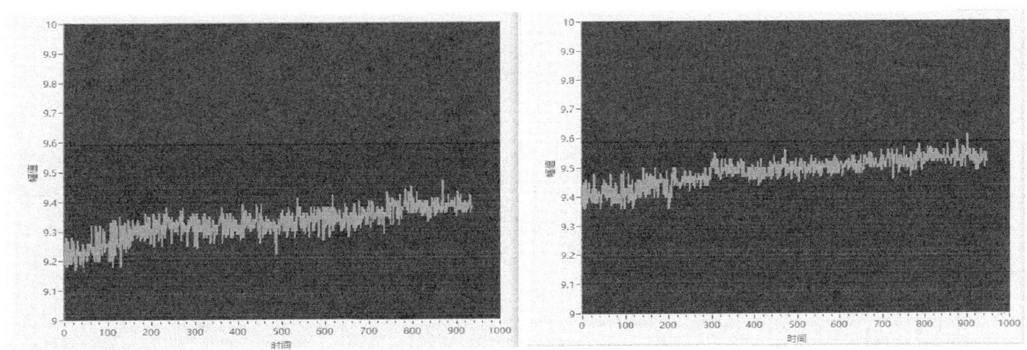

图 3-64　除尘管道振动的干扰曲线

从采集到的振动对粉尘沉积厚度检测样机的结果看，振动影响是快速随机变化的，但都围绕一个稳定的值上下波动，质量变化在 200 mg 幅度范围内。

② 干扰消除

在实际测试实验过程中可以看出，厚度变化是一个非常缓慢的过程，而振动是一个随机快速变化的干扰。因此，检测算法采用均值滤波法，可有效消除快速振动随机干扰。

(4) 堆密度测试

在称重原理的可燃性粉尘沉积厚度测试中，堆密度是一个关键的量。可以查阅典型的粉尘的堆密度在监测传感器中进行计算，也可以通过设计质量与堆积体积的结构来实现。本课题在沉积粉尘传感器内部预置了 10 种典型的粉尘堆密度，同时设计了现场快速堆密度测试装置。

粉尘堆密度测试与沉积质量检测采用相同原理，包括标准样品池、称重传感器、测量控制单元、显示单元等。样品池结构图如图 3-65 所示。样品池为底边长 L、高度 h 的长方体盒。

在测试堆密度时，现场获取粉尘自由填满放入样品池，称量出样品质量 m，由控制单元自动计量样品堆密度 ρ 并进行存储，见式 (3-28)。

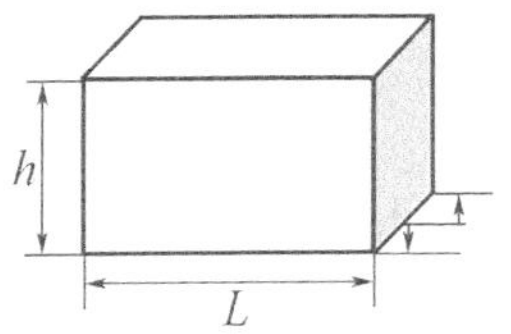

图 3-65　样品池结构

$$\rho = m/L^2 h \tag{3-28}$$

样品池取样的粉尘要模拟管道粉尘的自然沉降，因此取样时不能按压样品，同时高度也须做限制，避免自然压实。一方面是为了更接近实际沉降的密度(根据调研结果，一般沉积厚度不超过 2 mm)；另一方面，为了减小相对误差，同时方便计算，样品池设计高度为 5 mm，底边长 20 mm，那么堆密度与质量的对应关系可简化为：

$$\rho = 0.5m(\mathrm{g/cm^3}) \tag{3-29}$$

测量样品池质量单位为 g，即待监测的粉尘堆密度数值大小为测得样品池质量数值大小的 2 倍，单位为 g/cm³。样品池的体积也可以采用测量样品池里面装满水后的质量来进行校正(水的密度为 1 g/cm³)。可直接在厚度监测传感器里进行堆密度测试。

(5) 样机验证

通过结构设计、检测算法设计，研制的管道沉积粉尘传感器原理样机外观图如图 3-66 所示，该样机由感应单元和主控单元组成。

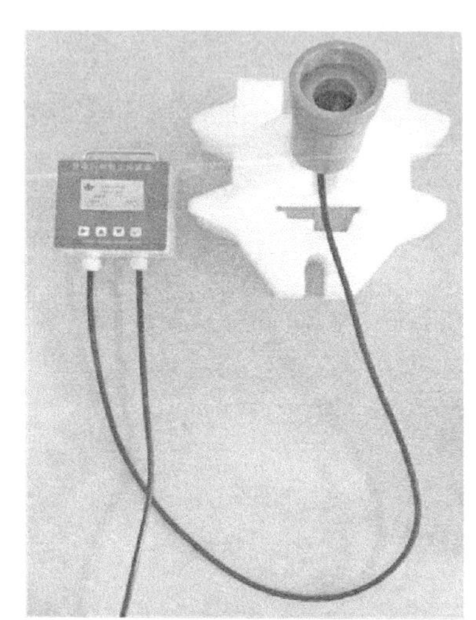

图 3-66 可燃性沉积粉尘监测传感器原理样机

样机验证首先进行厚度精度测试，采用质量转换方式进行验证，采用堆密度测试的样品池为负载，采用万分之一天平标定。样品池内部压紧铝粉，实验结果如表 3-9 所示(开机预热 2 min，校零)。

表 3-9 沉积粉尘传感器样机精度测试结果

序号	时间/min	传感器显示质量/mg	厚度/mm	误差	备注
1	0	4 000.9	5.00	+0.2%	温度变化范围为21.2～27.2 ℃。分析天平称量负载质量为 4 005.45 mg，换算密度 ρ 为 2 g/cm³，厚度为 5 mm
2	10	4 020.3	5.02	+0.5%	
3	20	4 032.5	5.04	+0.8%	
4	30	4 024.7	5.04	+0.6%	
5	40	4 038.3	5.05	+0.9%	
6	50	4 021.8	5.04	+0.5%	
7	60	4 048.2	5.06	+1.2%	
8	90	4 033.5	5.04	+0.9%	
9	120	4 027.2	5.03	+0.7%	

120 min 重复性精度不大于 1.2%，绝对厚度变化不超过 0.06 mm，绝对质量变化小于 50 mg。

在模拟实验管道中进行样机验证测试，在发尘口发抛光铝粉，浓度采用粉尘采样器测试实际值在 317～360 mg/m^3 之间，连续发尘，由电脑采用 RS485 通信采集数据。结果如图 3-67 所示。

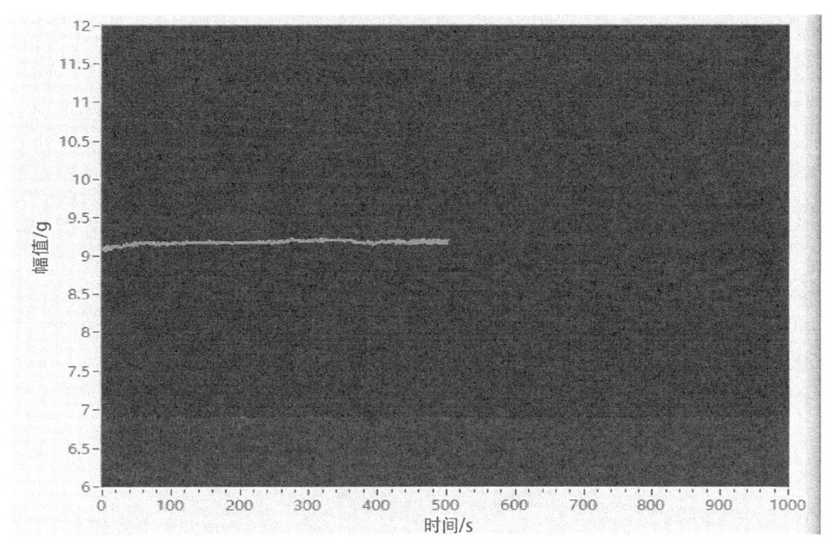

图 3-67　沉积粉尘传感器原理样机采集数据

在近 600 s 的时间内，质量从 9.11 g 增加到 9.18 g，厚度变化 0.09 mm。经过结构优化、振动算法补偿，由振动引起的质量的变化基本被消除，在有粉尘的沉积下，最大变化小于 0.1 g，达到设计要求。

(6) 改进优化

从现场实验的结果来看，振动的影响规律与实验室测试的一致，只需对振动补偿的幅值系数进行修正即可。为减小管道开孔沉降，设计了监测传感器可调节高度的沉积粉尘感应面，达到与开孔底部平齐，如图 3-68 所示。传感单元的感应面可调节到与管道底部平齐，感应面与管道开孔间隙1 mm。传感单元密封腔与管道壁之间密闭，检测单元可采用两级托盘检测台(在实验中确定)，检测密闭腔可拆卸除尘。

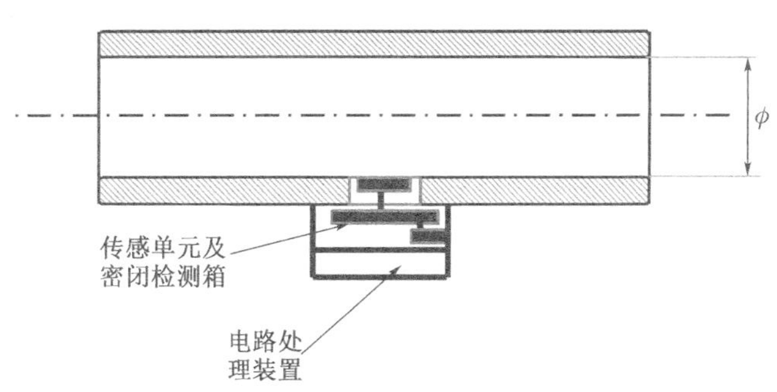

图 3-68　管道沉积质量监测结构示意图

可调感应面沉积粉尘传感器测试样机如图 3-69 所示，通过螺旋调节，对感应面进行高度调节，密封体为可变形的塑料密封圈。

从前面的仿真及模拟系统实验看，当感应面与开孔平齐后，在开孔处的压力变化会消除，粉尘沉积与实际管道底部沉积一致，从而可在检测算法上进行简化，提高检测精度。

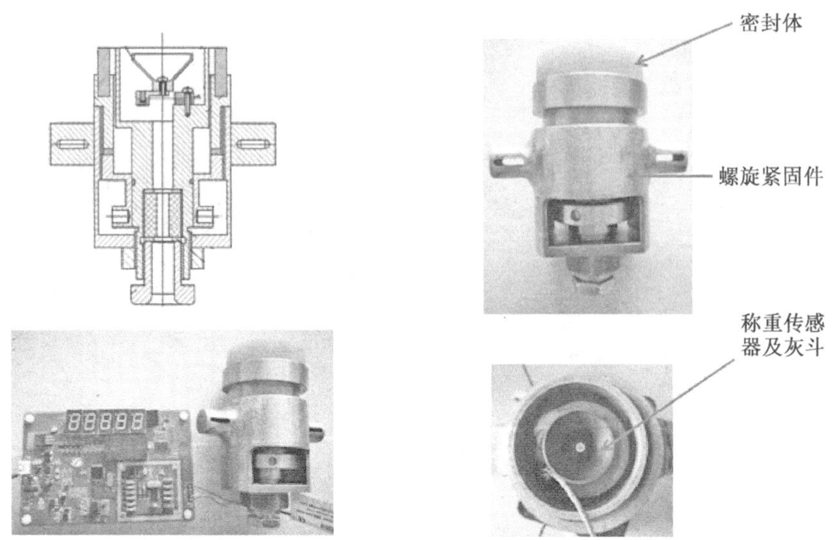

图 3-69　可调感应面沉积粉尘传感器测试样机

3.6　基于激光测距原理的非接触沉积粉尘监测技术研究

1. 激光测厚单元设计

激光沉积粉尘监测框图如图 3-70 所示。主要由激光传感器(发射+接收)、传感头固定装置、信号采集及处理单元、管道固定结构等组成。

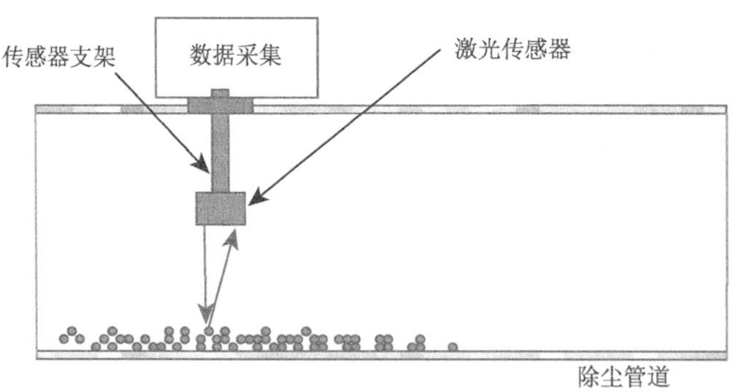

图 3-70　激光粉尘厚度监测结构图

激光粉尘沉积厚度测量要解决以下几个问题：一是激光传感器的测试精度与稳定度的问题；二是不规则粉尘沉积面厚度的计算问题；三是测试结构引起附加的粉尘沉积问题。

(1) 实验标定方法

利用光栅滑台标定装置，分辨率为 10 μm，满足本课题最小 0.1 mm 分辨率的测试实验要求。

(2) 算法设计

算法的核心在于,把同一测试点不规则的粉尘沉积曲线与沉积的实际厚度对应规律及方法找出来。提高精度的方法:可以采用对固定距离移动扫描的方式获取二维数据,提取更丰富的沉积形貌,找出关联厚度。

(3) 机械设计

由于光路设计要求精度高,激光器、感光元件、会聚透镜相对尺寸配合紧密,要求采用数控加工,一次成型。

2. 激光传感器选型

本课题首先采用一体成型的激光位移传感器,按课题指标 0.15 mm 的分辨率要求,以及沉积粉尘不规则表面对精度测试的影响,激光传感器选型精度要大大高于指标要求精度,以利于在后期对影响因素处理的裕度。

首先选用国内上海贝特威自动化科技有限公司的 FR 90 ILA-S2-Q12 激光位移传感器(如图 3-71)作为检测前端,其分辨率为 0.1 mm,量程为 250 mm,但重复精度只有 2 mm,对该方法的后处理电路进行测试验证。后期采用日本 Keyence 公司的 LK 系列激光位移传感器进行精度及稳定度的对比,其分辨率为 0.04 mm,重复精度为 0.1 mm。

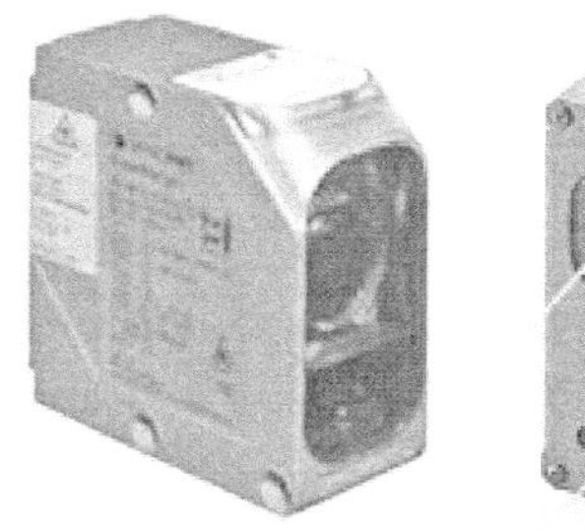
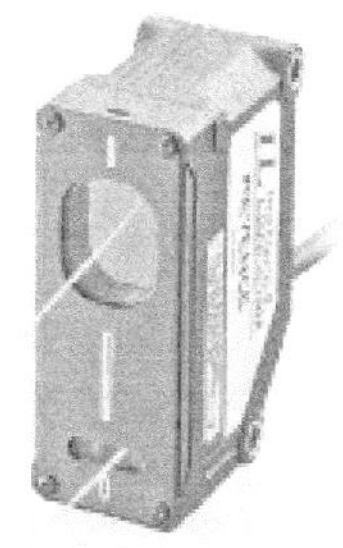

图 3-71　激光位移传感器

3. 检测电路设计

FR 90 ILA-S2-Q12 激光位移传感器有模拟量、4～20 mA 以及 RS485 信号输出,Keyence 公司的 LK 系列激光位移传感器包含 4～20 mA 以及 RS485 信号输出。信号采集处理单元电路针对直接模拟量输出设计,其原理框图如图 3-72 所示。

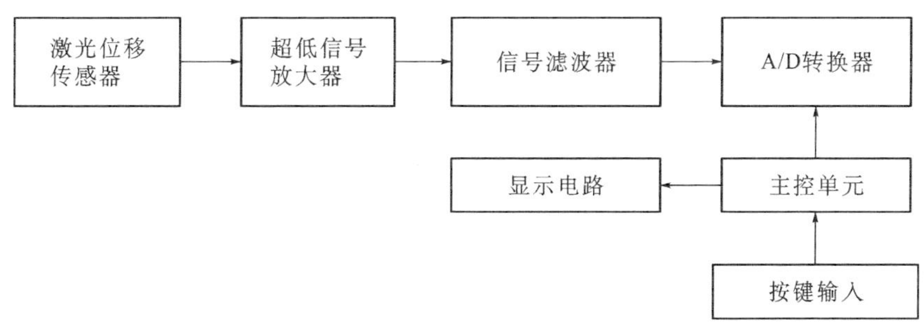

图 3-72　检测电路原理框图

显示单元的显示精度为 0.01 mm,显示范围为 0～999.99 mm。

4. 验证系统设计

为对测试样板检测精度进行验证,采用丝杆滑台设计一套位移(代表厚度)标准测试台。测试台由步进电机、丝杆滑台、计数显示装置、位移传感器固定装置及目标板构成,其外观如图 3-73 所示。

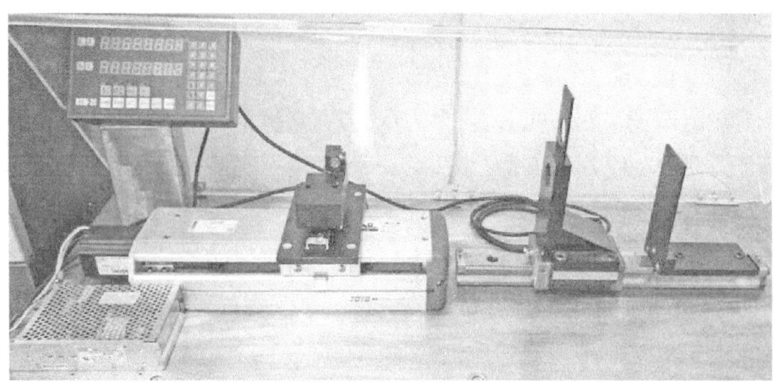

图 3-73 厚度标准测试台

测试时，把激光位移传感器固定在丝杆滑台上，由计数控制器驱动步进电机移动指定的距离，最小步进为 0.01 mm。通过测试，实验样板分辨率达到 0.25 mm，重复精度为0.1 mm，后处理电路基本达到设计要求。

5. 样机设计

(1) 结构设计

激光粉尘测厚传感器采用非接触式直接测量沉积粉尘的厚度，需要从管道顶部开孔安装。选型焦距为 600 mm 的激光位移传感器，测试范围为(600±40)mm，可以直接安装在管道顶部。安装示意图如图 3-74 所示。

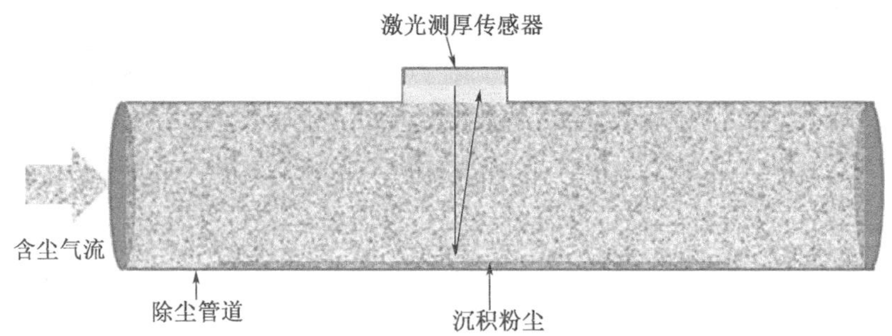

图 3-74 激光粉尘沉积厚度传感器安装示意图

如图 3-75 所示为样机外观图。

图 3-75 激光粉尘沉积厚度传感器样机外观图

(2) 算法处理

与称重原理的沉积粉尘厚度监测相比，称重原理监测的为单位面积的平均厚度，监测的实时数据与粉尘沉积表面形貌无关，而激光沉积粉尘厚度监测的原始数据是单点实时厚度，必须通过算法进行处理。对非光滑的沉积粉尘表面，在风速作用下，沉积粉尘表面会发生变形，短时的监测原始结果是一个波动的信号，如图 3-76 所示。对于管道粉尘沉积而言，主要将较长时间内粉尘的稳定的厚度值作为监测依据，短时的厚度波动不能作为粉尘沉积厚度发生变化的依据。因此，粉尘沉积厚度监测算法中，首先对波动基值进行消除，并对一段时间的监测均值进行“窗口”滑动处理，得出稳定的厚度。

对原始数据的处理采用“滑动窗”平均和奇异值处理相结合的方法。首先对原始数据进行奇异值处理，消除沉积粉尘表面变形带来的瞬时突变。奇异值的处理采用滑动滤波法。实现方式如下：

设原始测量值序列为 x_i，$i=1, 2, 3, \cdots$

$$x_i=\begin{cases} x_i+kx_i & (x_i>M+D) \\ x_i-kx_i & (x_i<M-D) \\ x_i & (i<L \text{ 或 } M-D\leqslant x_i\leqslant M+D) \end{cases} \tag{3-30}$$

式中，L—— 滑动窗长度；

M—— 滑动窗内均值；

D—— 判断阈值；

k—— 滤波系数(取值 $0.1\sim0.9$)。

$$y_i=\frac{\sum_{j=0}^{L}x_{i-j}}{L}\quad(i>L) \tag{3-31}$$

而当 $i\leqslant L$ 时，$y_i=x_i$。

通过在算法中调节滑动窗长度 L，以及滤波数 K、阈值 D，可以对沉积面的平滑度(显示的稳定度)进行调整，以更加准确地满足测试的精度要求。图 3-76 显示了原始数据和处理之后的对比(图中选取的参数为：滑动窗长度为 10，滤波系数 0.3，阈值 0.3)。可以看出采用带奇异值处理的滑动窗滤波，可有效地消除管道沉积粉尘表面不稳定带来的瞬时波动，获得一段时间内的平均厚度。

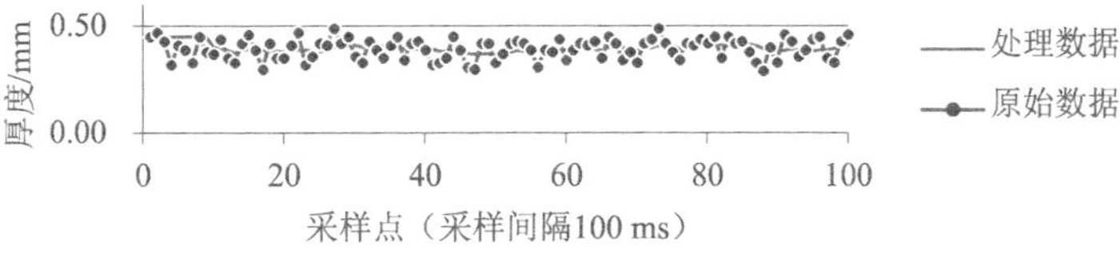

图 3-76 沉积粉尘厚度瞬时监测原始信号波形

样机验证在模拟除尘系统上进行(与称重原理粉尘沉积传感器一样)。在未发尘时,由于除尘管道的振动,造成了对激光位移的变化,如图 3-77 所示。

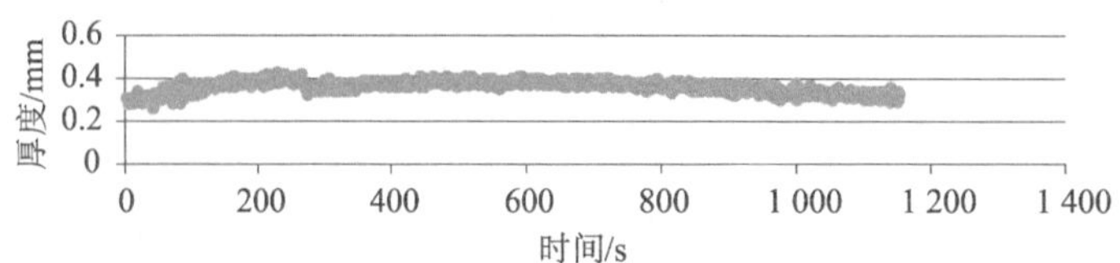

图 3-77　激光粉尘厚度传感器振动影响曲线

从实验结果来看,除尘管道由于风机运转带来的振动,造成激光粉尘测厚传感器输出在 0.28～0.42 mm 范围内波动,属定幅度的随机波动信号。

发尘时(300 kg/m³ 左右),监测结果出现了较大的波动,如图 3-78 所示,在粉尘未沉积的情况下,监测信号出现了较大的波动,波动范围在 1～3 mm。与实验室静态测试和不发尘的动态振动相比,出现了异常。经反复实验,排除激光器表面污染因素,依然出现了相同的结果。在模拟实验系统发尘浓度较小(97 kg/m³)时,异常波动消失,再次测试浓度加大到 300 kg/m³ 左右,大幅波动再次产生。说明管道里较高浓度的粉尘影响了激光粉尘沉积传感器的结果。为验证浓度的影响,设计了高浓度烟尘箱,它由透明有机玻璃制成。实验时,采用激光器粉尘沉积传感器测试有机玻璃光滑壁面的厚度,未发烟尘时,数据稳定。当在有机玻璃箱充满烟尘时,激光粉尘沉积传感器数据增加。因此证明,高浓度对激光粉尘沉积传感器有影响。说明在高浓度环境,粉尘对反射的激光光束产生了散射,造成了检测的误差。

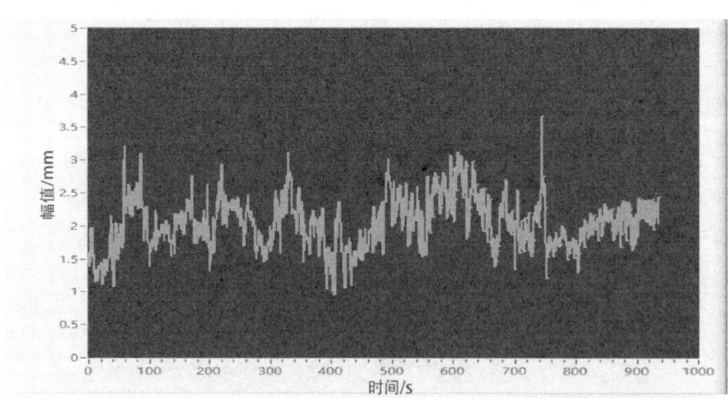

图 3-78　发尘时激光粉尘沉积厚度传感器的监测信号波形

对比称重原理的粉尘沉积厚度监测方法,激光粉尘沉积厚度检测安装方便,易于清理,但在浓度较高时(高于 100 kg/m³),会造成监测结果的不确定性。从前期调研的除尘管道粉尘浓度范围来看,都小于 50 kg/m³,在浓度较高的管道中,对激光头端面安装压气反吹,由现场提供反吹气。

3.7　沉积可燃性粉尘监测误差分析

3.7.1　误差来源

在测量过程中，会存在很多不可控的因素，例如温度、噪声和电磁等，影响测量过程，进而使测量的结果不准确，同时会损坏仪器仪表本身，以下几个方面都会影响测量结果。

(1) 地理环境的原因，不同地理环境下测量的粉尘浓度不可避免地会存在一定的误差，上报到国家后，会存在一定的误差，导致政府部门采取的措施不够准确。另外，由于国家对于检测的数据是每小时更新的，检测完成在传输上的延迟性，跟实时的时间有一定的误差，远不止一个小时，再者，更新时间加长，会影响事故的及时有效预防，为此要提高数据更新速度。

(2) 由于粉尘物理性质的影响，对于浓度相同的粉尘，由于光的散射不一致性，浓度相同的粉尘，检测出来的结果会有一定偏差，尤其对于黑色粉尘和白色粉尘，测量的结果误差较大。

(3) 检测仪自身的一些不确定因素，例如仪器设备的结构不能采样到充分的空气，只是采样到一部分空气。检测电路的内部结构，会受到电磁干扰的影响，同时噪声、温漂等因素都会导致测量精度的下降。

(4) 其他干扰，对于周围环境、温湿度、污染和不可控等因素都会对检测结果产生影响。例如，粉尘浓度较高时，大量的粉尘附着在传感器的探头上，这会极大地影响测量结果。

3.7.2　误差分析

误差可分为系统误差、随机误差和粗大误差。随着外界环境条件在某一时间段里的剧烈变化，测得结果的数值可能会超过本系统的可承受范围，使得测量结果无效。所以，本书在选用系统各个组件时充分考虑其性能是否满足误差要求，来尽量减小系统自身的误差。同时，尽量避免在湿度很高的环境中测试，因为水气对此系统使用的激光具有很强的吸收作用。考虑到本系统的实际情况，需要对若干可能产生误差的环节进行分析，系统的总误差是对各个环节误差的综合。

第 4 章　浮游可燃性粉尘浓度监测

中煤科工集团重庆研究院有限公司在可燃性粉尘监测、煤矿粉尘爆炸特性及隔抑爆技术方面较早开始了研究工作并取得了较大的进展，掌握了基于光学及静电感应的煤矿粉尘浓度监测技术、隔抑爆技术，研制了可用于可燃性粉尘环境的电源、粉尘浓度监测传感器等，并于 2014 年初进行了作业场所可燃性粉尘浓度监测技术及系统的研究。东华大学开展了医药行业管道混合粉尘爆炸特性研究；中北大学开展了管道铝粉爆炸实验研究；东北大学开展了镁粉爆炸实验及危险评价研究等。但企业及学校、机构对可燃性粉尘的监测、爆炸预警研究几乎处于空白阶段，缺乏对作业场所粉尘爆炸的监管方法，不能真正防患于未然。要实现可燃性粉尘的防控，对可燃性粉尘沉积、开放空间及管道泄漏的浮游粉尘进行监测是前提，但由于行业对可燃性粉尘爆炸的认识不足、重视程度不够，导致在该领域技术研发的滞后，同时导致可燃性粉尘检测标准及规程的缺失，给爆炸性粉尘环境爆炸危害监管带来了障碍。

抛光打磨作业场所除尘系统、车间的粉尘长期沉积，极可能带来着火自燃、异常扬起遇火爆炸，这是抛光打磨粉尘作业场所粉尘爆炸的主要原因之一。本课题通过对沉积粉尘和浮游粉尘的在线监测，指导粉尘清理，实现粉尘爆炸监测预警。

研究抛光打磨车间金属铝粉尘沉积厚度监测技术和浮游粉尘浓度监测技术，实时监测粉尘的沉积和浮游粉尘浓度的大小。沉积粉尘厚度监测技术分为接触检测和非接触检测，微量称重法是主要的接触检测方式，但对管道内粉尘沉积测试时，开孔、安装、维护时比较困难；非接触检测主要采用激光测厚原理，但此方法目前只针对光滑、稳定的表面开展过研究，并不能直接适用于具有不规则界面的沉积粉尘厚度测量。因此，需首先进行微量称重法测厚单元和激光法测厚单元的分辨率及适应性研究，择优选出适应管道测量环境的测量方法。其次，设计结构、实验样机，进行实验研究，找出初步规律。再次，根据规律对监测算法进行研究设计。最后，研制原理样机，进行标定实验，修正结构及算法模型，对指标进行初步验证研究，研制出适用于车间及除尘管道的沉积粉尘监测装置。可燃性浮游粉尘浓度监测技术的研究采用静电感应原理法及激光散射原理法，首先对涉及的测量颗粒物特性进行实验研究，找出相应的监测规律。其次，设计结构、实验样机，进行实验研究，找出初步规律。再次，根据规律对监测算法进行研究设计。最后，研制原理样机，进行标定实验，修正结构及算法模型，对指标进行初步验证研究，研制出适用于车间及除尘管道的浮游粉尘监测装置。

开放空间浮游粉尘浓度监测方案如图 4-1 所示。

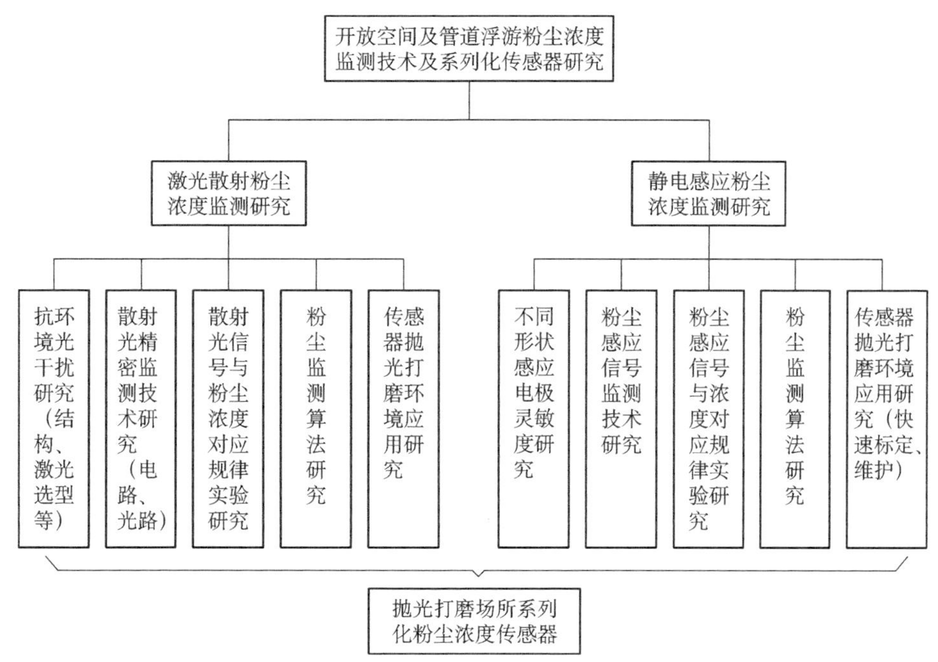

图 4-1 开放空间浮游粉尘浓度监测技术路线图

从前期的预研及煤矿粉尘浓度连续监测技术研究的经验来看，光散射原理的优点是在较低浓度下，通过结构和光路优化设计，可实现颗粒物的高精度测量。但是由于光散射必须由光学检测器件和激光发射器构成，而两者都会受到粉尘黏结污染的影响，所以在粉尘浓度较大时，带来维护的困难。另一方面在高浓度时，光散射的分辨率降低。静电感应粉尘监测技术利用金属探头感应粉尘自身的静电荷，从而实现对粉尘浓度的监测。由于粉尘带电主要基于抛光、切割、运动中感应及碰撞等，带电量极低，在快速运动和高浓度下可实现可靠监测，而在低浓度时，必须对结构核算法进行研究、优化，增强信号幅度，提高信号拾取能力。

基于课题对可燃性浮游粉尘 0.1～1 000 kg/m^3 量程范围内的浓度测量，研究采用激光散射原理和静电感应原理两种可燃性浮游粉尘浓度监测技术，以期达到宽量程范围的准确检测，精度误差不大于 15%。

4.1 基于激光散射的可燃性浮游粉尘浓度传感器研究

与煤矿粉尘浓度检测环境相比，地面抛光打磨车间存在大量的自然光干扰。抛光打磨的浮游粉尘 10 μm 以下粒径占比更大，从前期采集的抛光铝粉尘来看，粒径 10 μm 以下占了近 40%，煤矿一般在 20%左右，因此两者的光学散射特性有差异。可燃性粉尘环境的本安防爆等级为 Ex iD (IIB)20 或 21、22，煤矿环境为 Ex ib I Mb，电气防爆性能有较大区别。本研究在煤矿粉尘光学浓度检测技术基础上，主要从以下几个方面进行研究。

4.1.1 基于 Mie 光散射的粉尘浓度监测技术的实现

1. 总体技术方案

粉尘浓度传感器的测量原理是：利用 Mie 散射理论测量粉尘在光束中的散射光强，然后通过光电转换，测量出相应的电信号的大小，从而计算出空气中粉尘的质量浓度。粉尘浓度传感器主要由光学传感器、测量机构和电路系统组成，如图 4-2 所示是总体技术方案。

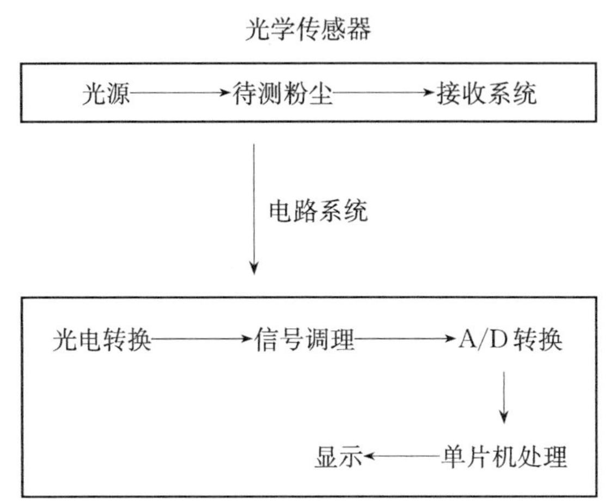

图 4-2 总体技术方案

2. 散射光的收集系统与光路设计

图 4-3 是光散射法测量颗粒物质量浓度的核心部件光学传感器的示意图。当颗粒通过光学传感器的光敏区时，颗粒会散射入射的激光，在 90°采光角方向放置一块旋转球面反射镜收集颗粒的散射光，再利用光电探测器将球面反射镜反射的散射光转换成电信号。经前置放大、后续电路处理得到与粉尘颗粒散射光强相关的电压信号，然后通过对电压信号的数据处理和计算，就可以得出粉尘的质量浓度。

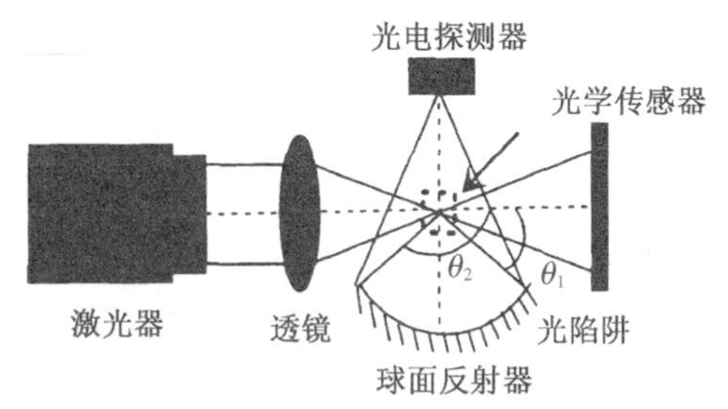

图 4-3 光散射法光学传感器结构示意图

散射光收集系统是光电传感器的核心之一。由于光散射法需要同时测量多个颗粒在不同空间角度处的散射光强信号，散射光收集系统的性能越好，光电传感器输出的信噪比越高，即仪器的灵敏度越高，测量的线性度和准确性也越高。对散射光收集系统而言，要高效率收集颗粒的散射光信号，同时要尽量抑制光噪声的产生。

光电池是利用光伏效应工作的光电转换器件，随着光电子技术的飞速发展，光电池的制造工艺不断突破，其响应越来越快，增益范围大，波长检测范围可达 1 100 nm 甚至更高，体积小，无须高压直流供电，在光电检测领域的应用也越来越广泛。

因此，项目将主要对光电二极管（PIN 光电二极管和雪崩二极管）和光电池进行分析、比较和实验，确定适合于光散射检测单元的光电转换器件，并根据选定的光电转换器，设计相应的前置放大电路，将光电转换器件受光照射后输出的微弱电信号进行初步放大，要求放大电路具有高增益、低噪声、低温漂、高输入阻抗、低偏置电流、足够的信号带宽和负载能力、良好的线性和抗干扰能力。

光源部分采用半导体激光器，它具有单色性好、方向性好、光功率密度高、光强集中、损耗低、发热小、效率高、可靠性高等优点。它采用短焦距柱面聚焦镜，以提高光敏感区的照明光强。通过实验选择与光电转换器件频率响应匹配、功率符合呼吸性粉尘光散射要求的半导体激光器件。

为了减小杂散光（包括可见光）对光电转换的影响，在器件受光面前面增加滤光镜片。

3. 检测电路

电路系统主要包括：信号调理、A/D 转换和 MCU 控制系统。光电转换后的电信号经过前置放大和信号调理后送到 A/D 转换器，最后由 MCU 进行分析和处理，其电路系统图如图 4-4 所示。

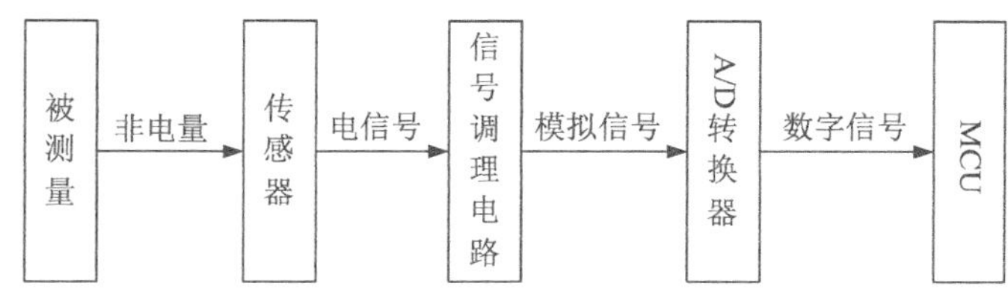

图 4-4　电路系统图

4. 测量结构的研究

测量结构是整个检测技术的重点和难点，因此需要考虑测量结构的精简、如何将绝大部分粉尘颗粒的散射光收集起来，以及此结构对粉尘检测的影响等。

（1）测试光路结构设计

测试光路结构包括粉尘采集通道、光学测量结构和抽气风扇。粉尘采集通道包括串联接通的进气通道和出气通道，而光学测量结构位于进气通道上方，当粉尘进入之后就发生光散射从而来测量实时粉尘浓度；抽气风扇设置在粉尘出气通道的出气端，进气通道、出气通道均呈水平串联布置，并在出气通道下端开口使粉尘自然沉降，减小污染程度。在最易污染的进气口上方开口进行观察和适当清理，使得粉尘首先经过出气口自然沉降，即使有污染亦可打开进气口上方开口进行清理，使得清洁维护简单易行。其结构框图如图 4-5 所示。

（2）激光器选型

本系统采用精密的激光管，其波段选择为 980 nm，避开可见光波段，不易受自然光的干扰。另外，激光管的光斑小、杂散光少、稳定性好、温漂小和整体绝缘能够适用于液体里等特点，使得其激光管的使用范围广，适用于各种复杂的环境中，激光管如图 4-6 所示。

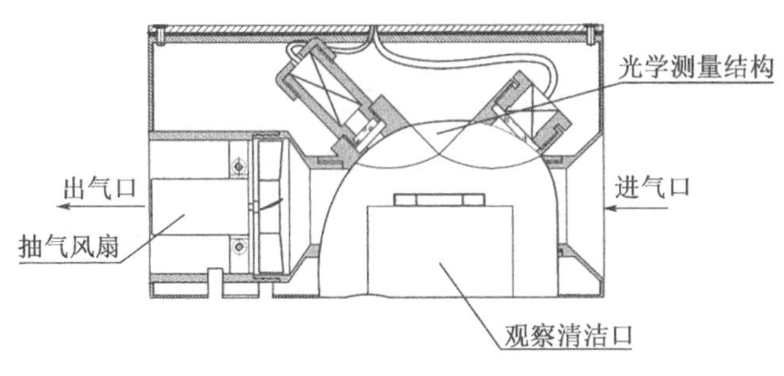

图 4-5　测试光路结构

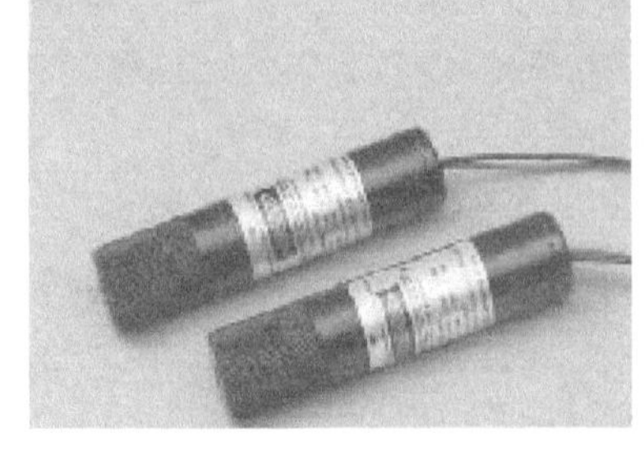

图 4-6　激光管

(3) 光学测量结构

光学测量结构由激光管、光敏二极管和气路三部分组成。激光管和光敏二极管的中心线成 90°，当悬浮的粉尘通过气路时，激光管的光线就会发生散射，使得光敏二极管接收的光信号变强，就得到相应粉尘浓度值的光信号强度。其测量结构如图 4-7 所示。

(4) 结构设计

为了适应各种高危和复杂的工业现场如煤矿井等场所，并应对易污染和难维护等缺点，在此对传感器的外形和测试结构做了特殊的设计处理，使其能够适应于复杂的应用环境，并延长了维护时间和维护方式，简单易行。其结构示意图如图 4-8 所示。图中 3 的开口可以将粉尘自然沉降。如果光路被污染，可以直接对准气路冲水清洁，冲水清洁效果若不显著，可以拧开图 4-8 中 1 处的螺钉，打开清洗窗口 2 进行手工清洁，操作简单易行。

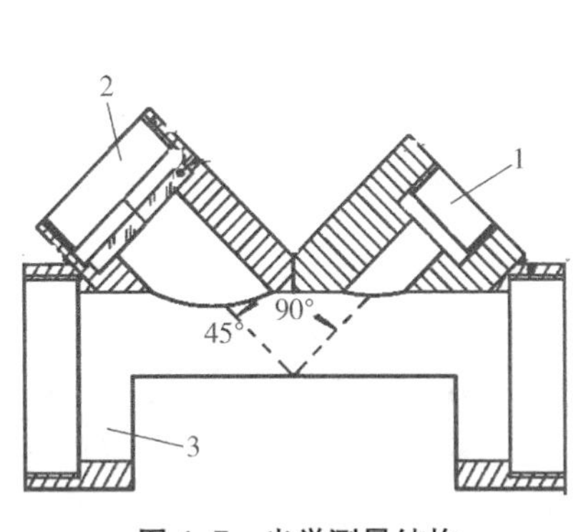

图 4-7　光学测量结构

1—激光管　2—光敏二极管　3—气路

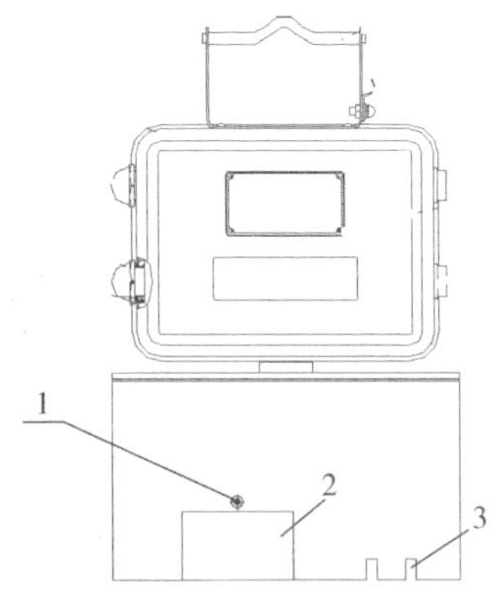

图 4-8　传感器结构

1—螺钉　2—清洗窗口　3—沉降槽

4.1.2　样机实验

基于光散射法的粉尘浓度检测技术研究制成的粉尘浓度传感器样机，在实验室发尘装置上以铝粉为测量介质，通过传统的采样器采样称重的方式进行精度对比实验。

样机与称重方式粉尘浓度实验数据如表 4-1 所示，样机的相对误差小于±15%、重复性误差小于 0.2%。

表 4-1　样机与称重方式粉尘浓度实验数据表

称重/(mg・m^{-3})	样机/(mg・m^{-3})	相对误差/%	重复性※/%
25.7	27.9	8.6	0.12
45.1	41.5	−7.9	0.14
70.6	77.0	9.1	0.12
110.3	120.4	9.2	0.09
156.7	144.0	−8.1	0.06
230.4	213.2	−7.5	0.11
280.9	302.8	7.8	0.06
320.1	341.9	6.8	0.06
390.6	355.4	−9	0.16
420.7	453.5	7.8	0.15
470.8	503.3	6.9	0.13
497.2	467.9	−5.9	0.17

注※：重复性是对每个测试点进行了 10 次测试的结果，限于篇幅在此省略其测试与运算过程。

由以上对比实验得出，粉尘浓度传感器的精度、重复性和测量范围一直保持良好。

4.1.3　影响因素研究

1. 散射角的影响

根据米氏散射理论，大小不同颗粒的散射光强在空间各方向的分布是不均匀的，单个颗粒在空间范围(0～360°)的光强分布也不一样。当粉尘颗粒粒径较小时($d \leqslant 0.1\ \mu m$)，符合瑞利散射条件，散射特性曲线较平稳，各个方向散射光强变化不大。但随着粉尘颗粒粒径的增大，散射角对散射光强的影响很大，前向散射光强最大，当散射角等于 90°时散射光非常微弱。

(1) 实验设计

分别设计散射角为 60°、90°、120°的三台实验样机，即激光源与接收硅光电池的位置设置角度按以上三个角度，其余参数不变。在粉尘风硐中用打磨铝粉(粉尘平均粒径 22 μm)产生 50 kg/m^3 的浓度，测试不同接收角度下，硅光电池输出的电压数值。

（2）实验结果

当散射角为 60°，粉尘浓度为 47 kg/m³，温度为 13 ℃，湿度为 92%时，传感器输出信号如表 4-2 所示（每隔 3 s 记录 1 个数据）。

表 4-2　60°散射角时探测灵敏度

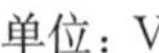
单位：V

3.245	3.259	3.253	3.227	3.214	3.204	3.202	3.197	3.195	3.188
3.194	3.185	3.182	3.198	3.191	3.169	3.171	3.156	3.159	3.152
3.186	3.171	3.176	3.187	3.174	3.177	3.195	3.182	3.193	3.197
3.180	3.201	3.215	3.221	3.215	3.189	3.205	3.192	3.203	3.196
3.182	3.208	3.209	3.196	3.189	3.208	3.184	3.20	3.186	3.205
3.199	3.181	3.194	3.197	3.202	3.181	3.198	3.191	3.188	3.197

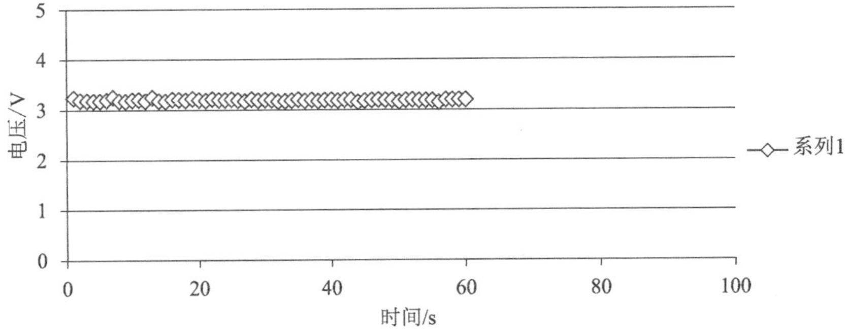

图 4-9　散射角为 60°时硅光电池输出电压值

输出电压平均值为 3.195 V，最大偏离 0.064 V，整个信号相对稳定。

当散射角为 90°，粉尘浓度为 47 kg/m³，温度为 13 ℃，湿度为 92%时，传感器输出信号如表 4-3 所示（每隔 3 s 记录 1 个数据）

表 4-3　90°散射角时探测灵敏度

单位：V

3.91	3.920	3.928	3.941	3.915	3.930	3.930	3.930	3.920	3.918
3.913	3.924	3.922	3.917	3.920	3.913	3.930	3.939	3.927	3.931
3.936	3.934	3.927	3.931	3.936	3.934	3.927	3.934	3.928	3.931
3.934	3.942	3.952	3.939	3.899	3.901	3.907	3.892	3.901	3.894
3.913	3.911	3.921	3.916	3.901	3.920	3.917	3.920	3.927	4.03
4.02	4.04	4.021	4.044	4.039	4.023	4.032	4.017	3.990	3.977
3.995	3.993	4.010	3.993	3.976	3.981	3.969	3.973	3.966	3.977

续表

3.91	3.920	3.928	3.941	3.915	3.930	3.930	3.930	3.920	3.918
3.972	3.968	3.983	3.965	3.974	3.968	3.971	3.969	3.964	3.975

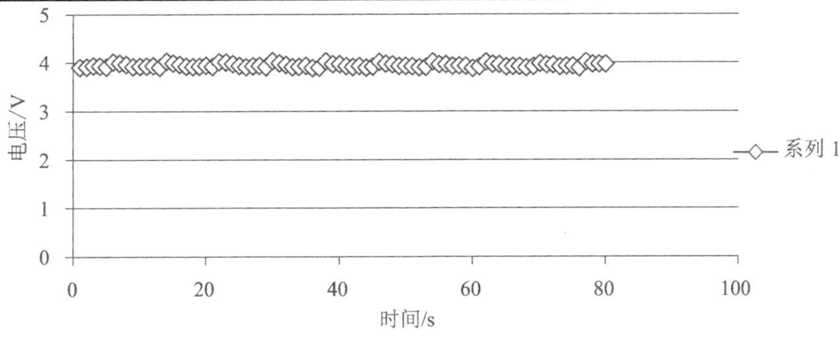

图 4-10　散射角为 90°时硅光电池输出电压值

输出电压平均值为 3.949 V，最大偏离 0.095 V，同样输出稳定。

当散射角为 120°，粉尘浓度为 47 kg/m^3，温度为 13 ℃，湿度为 92%时，传感器输出信号如表 4-4 所示(每隔 3 s 记录 1 个数据)

表 4-4　120°散射角时探测灵敏度　　单位：V

3.922	4.002	4.008	4.002	3.990	3.972	4.002	4.009	3.962	3.982
3.992	4.010	3.992	3.990	3.983	3.995	3.961	3.936	3.979	3.942
3.957	3.944	3.937	3.926	3.932	3.944	3.956	3.947	3.958	3.950
3.940	3.960	3.945	3.958	3.932	3.945	3.960	3.956	3.934	3.954

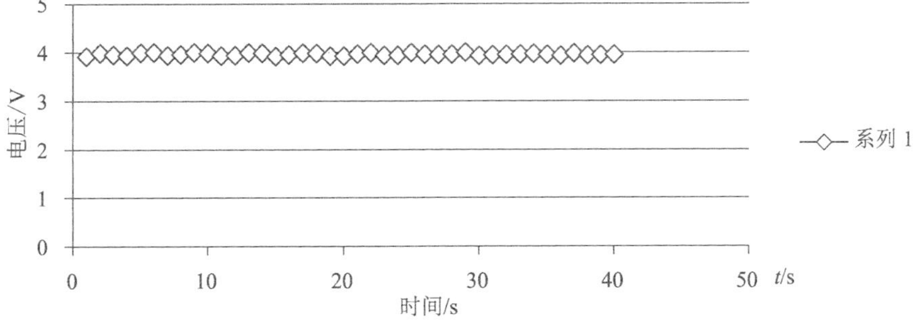

图 4-11　散射角为 120°时硅光电池输出电压值

输出电压平均值为 3.965 V，最大偏离 0.045 V，同样输出稳定。

表 4-5　不同散射角时信号输出电压均值比较

散射角/°	60	90	120
信号输出电压平均值/V	3.195	3.949	3.965

实验证明,在散射角小于 90°时,检测信号输出值小于散射角大于 90°的值(约相差 0.7 V),并且 90°和 120°散射角时检测信号输出值很接近(相差 0.016 V)。本实验中的电压输出是硅光电池响应铝粉粉尘引起的光散射能量转换值,在相同条件下,值越大,说明感应的散射光强越大,散射角的灵敏度越大,和理论计算相吻合。

散射角是影响散射光强的重要因素,理论分析和实验研究都表明,对于粒径大于 0.5 μm 的粉尘颗粒,前向散射的散射光强远大于后向散射,因此在设计该类仪表时,选取散射角大于或等于 90°。

2. 粉尘颗粒粒径的影响

光通量与颗粒粒径之间存在着十分复杂的关系,有些研究者把它们的关系简单地假定为是四次方或二次方的函数关系。不难看出,这样做无疑会给测量结果带来很大的偏差。

在同一条件下,对单个粉尘粒子的散射,颗粒粒径越大,散射光强也越大。但实验研究表明,对于粉尘的集合体——粉尘云,粉尘的粒度分布对散射光强的影响较大,粉尘中位径越大,灵敏度越小,测量的粉尘浓度值会偏低。对于粉尘中位径变化不大的粉尘云,灵敏度影响较小。

3. 水雾的影响

在实际测尘环境中,含尘空气中都含有水雾,由于喷雾降尘,研究水雾对光散射的影响具有实际意义。

水雾对光散射测量的影响较大,测量的粉尘云在含有水雾的情况下,会导致测量结果偏大。

4.1.4 进一步的研究方向

当粉尘浓度较高时(实验测试在 400～500 kg/m^3),光散射的分辨率降低。一方面,根据米氏散射理论,当光线入射到颗粒上时,分别包含了散射截面、吸收截面、消光截面,在多颗粒群时,单颗粒由于多次散射,吸收和消光截面占了主要成分,散射光的变化逐渐减弱。另一方面,当浓度较高时,颗粒物容易对激光器和光学探测器造成污染,因此对激光器、光学探测器的防污染保护是光学检测高浓度粉尘的主要工作。在地面应用时,现有结构在自然光直射入检测通道时,会造成监测较大的误差,必须将光路、气路做进一步的改进,以适应更复杂的环境光的干扰。

1. 光路气路的改进

直通的光路气路在内置吸光内壁后,能大大加强信号的强度,而且直通的光路能减少沉积,易于清理。但安装位置受限制,特别是自然光比较强的地点易受干扰。改进思路是减少自然光的进入,同时气路保持不易堵塞。其结构如图 4-12 所示。采用直角带弧度的结构,光学检测装置经过进气气路后在弧度后安装,进一步实验,自然光的影响消除。

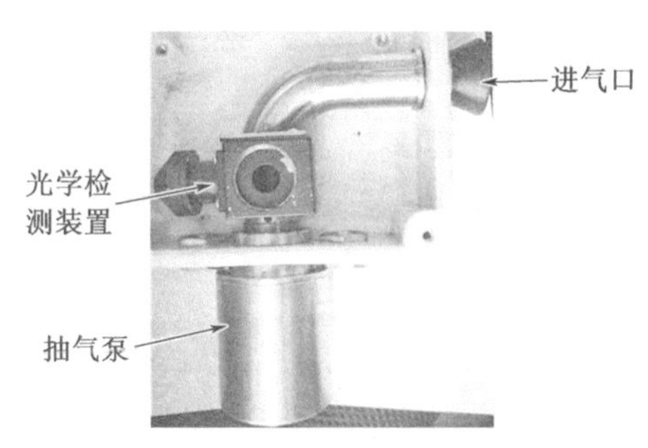

图 4-12 改进的光学检测结构

2. 激光器及光学器件的防污染

在浓度较低时，光学器件不容易污染，而在高浓度时逃逸到激光器和光学探测器的粉尘多，造成在激光发射及接收界面的粉尘黏结，从而影响检测结果。为减少粉尘的黏结，可以采用“气幕”或“气鞘”原理，隔离粉尘和被保护面。其原理如图4-13所示。

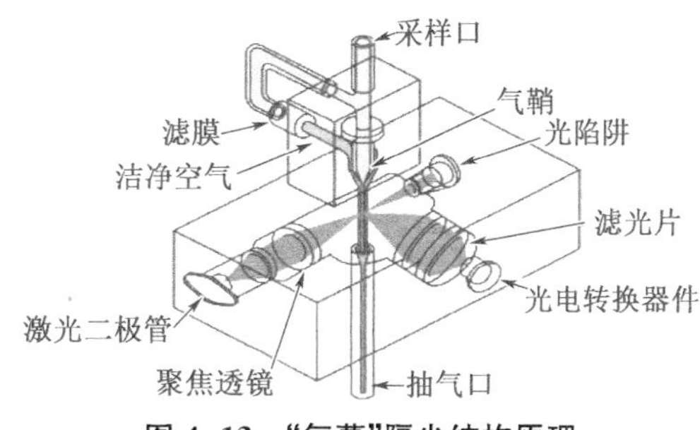

图 4-13　“气幕”隔尘结构原理

在发射和接收器件的界面，从外部导入干净空气持续吹扫，使粉尘不会或极少污染检测装置的光学器件。理论上，上述方法可以较好地解决维护的问题，而在实际应用中，“气幕”的形成需要更大的抽尘动力或独立的抽气泵，为获得干净的空气需要采用滤膜过滤，从而需定期更换滤膜，因此带来更多的设计和维护上的问题，需要在进一步的研究中进行权衡、优化。

静电感应粉尘检测由于其探头为普通金属，不存在光学污染的问题，所以探寻其他原理解决高浓度的粉尘也是一种研究思路。

4.2　基于静电感应的可燃性浮游粉尘浓度传感器研究

对于作业场所的金属粉尘，其带电原因主要有以下几个方面：①金属粉尘与其他粉尘及其他设备之间的摩擦接触起电。这种情况下，因为金属粉尘的特性，产生的静电荷极易流失，且起电量不大。②由切削抛光打磨引起的金属与绝缘体抛光轮之间的摩擦起电。在此情况下，由于这种摩擦具有反复接触（高速转动）、局部高温（金属屑火花）、较大的压力等条件，将会产生足够的电荷，在飘散在空气中的金属粉尘上得以积累。

基于抛光打磨的金属粉尘在产生、运动过程中会带上静电，采用静电感应原理就可实现对粉尘静电的监测，从而实现粉尘浓度的监测。然而，实验数据表明，金属铝粉带电量比煤粉低一个数量级，如何利用电荷感应原理准确测量铝粉粉尘浓度，特别是低浓度条件下的粉尘浓度，是相关领域存在已久的一个技术瓶颈。针对金属粉尘带电弱的特点，本研究的关键在于要求检测结构（探测电极结构及形状）尽可能感应最大信号，检测算法能对极小的感应信号进行识别处理。课题组从理论出发，验证了感应检测单元对运动粉尘检测的可行性，设计了专门针对金属粉尘检测结构及软件算法，并研发了基于感应原理的浮游金属粉尘检测传感器原理样机。

4.2.1　静电感应粉尘监测原理及方法

静电感应也是固体物质的荷电方式之一，一个带电的物体与不带电的导体相互靠近，由于带电物体产生的电场作用，会使导体内部的电荷重新分布，异种电荷被吸引到带电物体附近，而同种电荷被排斥到远离带电物体的导体另一端，这种现象叫静电感应。根据粉尘的带电机理，金属粉尘带有一定电荷，因此可根据静电感应效应利用检测装置对粉尘进行监测。静电感应是导体内自由电荷在电场力作用下重新分布，导体上正负电荷发生分离，使电荷从导体的一部分转移到另一部分形成感应电流。电荷感应原理示意如图 4-14 所示，利用这个原理可以对带电荷粉尘进行检测。

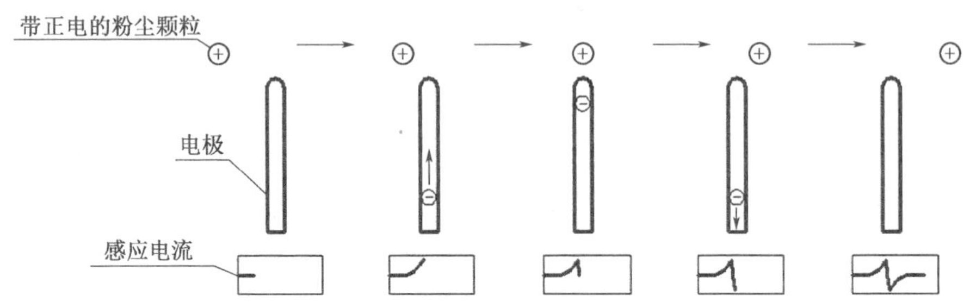

图 4-14　电荷感应原理示意图

1. 检测方法

基于静电感应原理的电荷感应法根据电极表面电荷量提取方法的不同，可分为两类：直流耦合技术与交流耦合技术。通过分析研究现有文献可知，将交流耦合技术应用于抛光打磨场所的浮游金属粉尘检测有许多优势：一是交流耦合技术受湿度影响小。二是在粉尘浓度较低、流速较小的环境中，使用交流耦合技术也能采集到信号。因为不需要电极与被测粉尘颗粒接触，电极可涂上绝缘层或套上保护套，减少维护而延长寿命。三是检测中交流耦合技术不受固定静电源的干扰，吸附在电极上的粉尘颗粒也不会对传感器造成影响，减少设备维护。四是采用交流耦合技术不会产生电荷积累，具有较高的安全性。所以本书在检测技术的选择上采用交流耦合技术。

2. 感应电极设计

在静电传感器探测电极结构上，常见的有两种，一种是棒状电极，另一种是环状电极。

选用棒状电极的粉尘浓度传感器，因其结构特征，一般用于管道气流中粉尘浓度的监测，需在管道开口固定电极以方便测量。主要是监测由气流带动粉尘移动与电极摩擦产生电荷，且金属粉尘因金属是电的良导体，与电极接触会导致静电电荷的流失。另一方面，插入管道的棒状电极会对管道内的流场造成影响从而干扰测量，影响测量精度。所以在非管道环境的作业场所开放空间内对浮游金属粉尘检测并不适用。

环状电极虽然是纯粹通过电荷感应方式来进行检测，但因为传感器结构的限制，采用绝缘材料包裹电极虽然防止了金属粉尘与电极的直接接触，使粉尘带有的静电电荷不会流失；但是，在电极产生感应电荷后，需将其转化为电信号输出，较大面积的环状金属电极使产生的感应信号极易受外界因素干扰，因此对其防水性能与屏蔽功能要求极高，否则容易产生极大误差。

针对抛光打磨作业场所粉尘电信号微弱，需要多点长时间的连续测量的特点，本课题设计了具有多次交流耦合感应突变的螺旋环状探测电极（绕线式），如图 4-15 所示，其基本原理与环状电极类似，主要用于检测电荷感应产生的感应信号。主要通过在被测管道区域上螺旋缠绕导线，形成螺旋环状的电极结构来进行电荷感应信号的检测。其电极结构比较简单，能适应各种恶劣环境，因为导线上有绝缘层，所以比环状电极拥有更好的防水性，防护等级可以达到 IP65。从防护等级上可以看出采用螺旋环状探测电极后，防水防尘性能有了极大的提高，且安装简便，极易维护。

图 4-15　螺旋环状探测电极结构

4.2.2　静电感应粉尘监测电极感应规律及分析

对于静电感应粉尘浓度传感器来说，电极的灵敏度特性是反映传感器对信号拾取能力的一个重要参数。探测电极的空间灵敏度分布函数是对静电传感器探极动态特性分析的基础。静电传感器敏感元件空间灵敏度定义为：在敏感空间某一位置上，单位点电荷作用下，电极上感应电量的绝对值。静电传感器敏感元件的灵敏场分布在一个较大的三维空间中，灵敏度分布受到静电传感器的结构尺寸和材料属性等因素的影响。这里着重研究了敏感元件敏感场的空间分布特性，并对螺旋电极敏感场的三个影响因素进行了详细分析。

1. 螺旋环状探测电极模型建立

建立带电的粉尘颗粒与螺旋电极的数学模型，如图 4-16 所示。

图中：

M ——带电金属颗粒；

w ——螺旋电极缠绕的宽度；

R ——螺旋电极缠绕的直径；

d ——螺旋电极直径；

原点设在螺旋电极的中心处，沿螺旋电极的径向方向为 y 轴，过中心的轴线方向为 x 轴，设任意点(x, y)处一个带有电荷量 q 的金属颗粒，在螺旋电极表面任一位置 N 处的电场强度

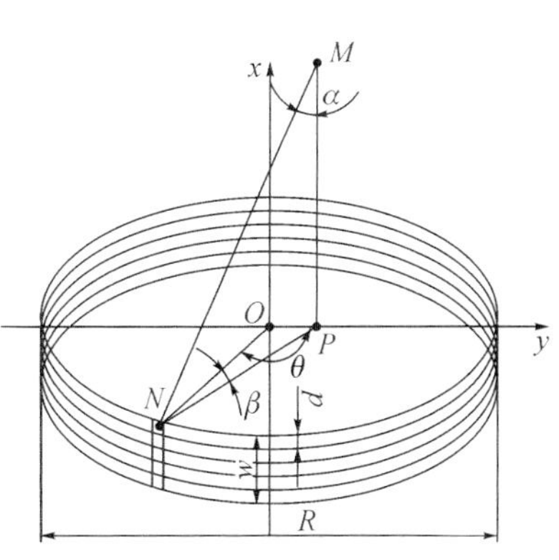

图 4-16　螺旋电极数学模型

$$E=\frac{q}{4\pi\varepsilon\ |MN|^2}$$

式中，ε ——空气中的介电常数，通常取为 1。

指向轴心方向电场分量

$$E_d = E\sin\alpha \cdot \cos\beta \tag{4-1}$$

$$\sin\alpha = \frac{PN}{MN} \tag{4-2}$$

$$\cos\beta = \frac{(0.5R)^2 + PN^2 - y^2}{2\times 0.5R \cdot PN} = \frac{(0.5R)^2 + PN^2 - y^2}{R \cdot PN} \tag{4-3}$$

整理得：

$$\begin{aligned} E_d &= \frac{q}{4\pi \mid MN \mid^2} \times \frac{PN}{MN} \times \frac{(0.5R)^2 + PN^2 - y^2}{R \cdot PN} \\ &= \frac{q \times [(0.5R)^2 + PN^2 - y^2]}{4\pi \mid MN \mid^3 \times R} \\ &= \frac{q[(0.5R)^2 + PN^2 - y^2]}{4\pi R(x^2 + PN^2)^{\frac{3}{2}}} \end{aligned} \tag{4-4}$$

根据高斯静电场理论可得，处于 $M(x, y)$ 位置的点电荷在螺旋电极单环表面感应出的电荷量

$$\begin{aligned} Q(x, y, R, d) &= 0.5R \oiint E_d \mathrm{d}\theta \mathrm{d}x \\ &= 0.5R \oiint \frac{q(0.5R - y\cos\theta)}{4\pi(x^2 + \mid PN \mid^2)^{\frac{3}{2}}} \mathrm{d}\theta \mathrm{d}x \\ &= \frac{qR}{4\pi}\int_0^\pi \frac{0.5R - y\cos\theta}{\mid PN \mid^2} \mathrm{d}x \int_{x-0.5d}^{x+0.5d} \frac{x}{(x^2 + \mid PN \mid^2)^{\frac{1}{2}}} \mathrm{d}\theta \\ &= \frac{Rq}{4\pi}\int_0^\pi \frac{0.5R - y\cos\theta}{\mid PN \mid^2} \left[\frac{x + 0.5d}{((x+0.5d)^2 + \mid PN \mid^2)^{\frac{1}{2}}} - \frac{x - 0.5d}{((x-0.5d)^2 + PN^2)^{\frac{1}{2}}} \right] \mathrm{d}\theta \end{aligned} \tag{4-5}$$

可推出 $PN = [(0.5R)^2 + y^2 - Ry\cos\theta]^{\frac{1}{2}}$

整个螺旋电极感应的电荷量

$$\begin{aligned} Q_0(x, y, R, N, d) = \sum_{n=0}^{N} \left\{ \frac{Rq}{4\pi}\int_0^\pi \frac{0.5R - y\cos\theta}{\mid PN \mid^2} \left[\frac{x + n\times d + 0.5d}{((x + n\times d + 0.5d)^2 + \mid PN \mid^2)^{\frac{1}{2}}} - \right. \right. \\ \left. \left. \frac{x + n\times d - 0.5d}{((x + n\times d - 0.5d)^2 + PN^2)^{\frac{1}{2}}} \right] \mathrm{d}\theta \right\} \quad 0 < y < 0.5R \end{aligned} \tag{4-6}$$

式中，$N = \frac{w}{d}$。

进而得出螺旋电极的感应空间灵敏度

$$Q_1(x, y, R, N, d)=\left|\sum_{n=0}^{N}\left\{\frac{Rq}{4\pi}\int_0^{\pi}\frac{0.5R-y\cos\theta}{|PN|^2}\left[\frac{x+n\times d+0.5d}{((x+n\times d+0.5d)^2+|PN|^2)^{\frac{1}{2}}}-\frac{x+n\times d-0.5d}{((x+n\times d-0.5d)^2+PN^2)^{\frac{1}{2}}}\right]\mathrm{d}\theta\right\}\right|\quad 0<y<0.5R \tag{4-7}$$

2. 螺旋环状探测电极空间灵敏度的影响因素分析

根据螺旋电极的感应空间灵敏度公式(4-7)可得，螺旋电极的感应空间灵敏度是关于x、y、N、R、d 的函数，x、y 为点电荷处于不同位置的参数，N、R、d 为螺旋电极空间灵敏度的影响因素，N 为螺旋电极缠绕的匝数，R 为螺旋电极的内壁直径，d 为螺旋电极线的直径，其中 $N=w/d$，以下对影响因素 R、N、d 进行分析。

(1) R（电极的缠绕直径）对螺旋电极空间灵敏度的影响分析

为了分析螺旋电极缠绕直径 R 对空间灵敏度的影响，数学模型中的 w 取 20 mm，y 取螺旋电极的轴心处，R 分别取 10 mm、20 mm、30 mm、40 mm、50 mm。计算螺旋环状探测电极的感应空间灵敏度，图 4-17 和图 4-18 为不同 R 值对应的螺旋电极感应空间灵敏度分布情况。

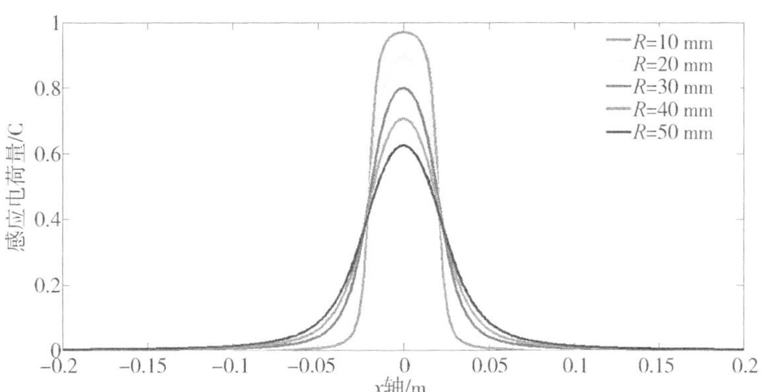

图 4-17　不同 *R* 值对应的螺旋电极感应空间灵敏度轴向曲线图

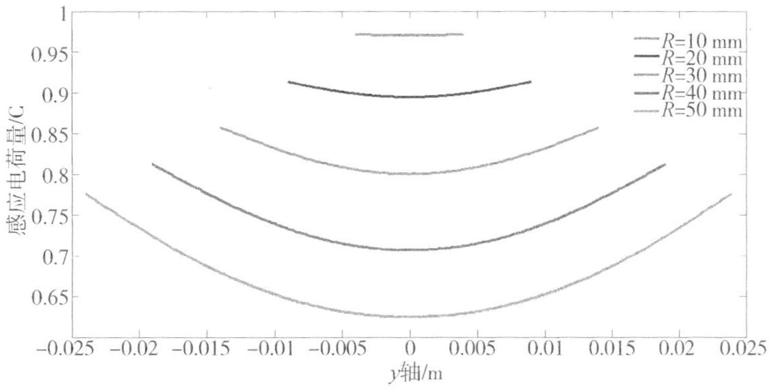

图 4-18　不同 *R* 值对应的螺旋电极感应空间灵敏度径向曲线图

表 4-6　不同 *R* 值对应的螺旋电极感应空间灵敏度分布统计表

R/mm	轴向		径向	
	均值	标准差	均值	标准差
10	0.101 9	0.271 5	0.970 7	0.000 5
20	0.101 6	0.242 3	0.901 2	0.005 9
30	0.101 2	0.216 6	0.820 6	0.017 8
40	0.100 8	0.194 6	0.744 5	0.032 6
50	0.100 3	0.175 9	0.677 6	0.046 8

由图 4-17 和图 4-18 可以看出，螺旋电极的感应空间灵敏度分布很大程度上受其电极缠绕直径的影响，直径 R 越小，感应电荷量越大。从表 4-6 中也可以看出，随着电极缠绕直径的增加，其轴向电荷感应空间灵敏度均值减小，标准差变小，说明在轴向上缠绕直径越大，标准差越小，波动性越小；径向上随直径的增加，空间灵敏度均值减小，标准差增大。

螺旋电极电荷感应空间灵敏度值的大小和均匀度是最能反映电极性能的两个重要指标，因此可通过分析灵敏度的标准偏差来反映其波动性，通过均值来反映其大小。表 4-6 是对螺旋电极不同 R 值的螺旋电极感应空间灵敏度的标准差、均值等数据进行的统计结果。对表中数据进行分析可得：随着电极缠绕直径的增加，灵敏度均减小，轴向波动变小，径向波动变大。而对于传感器而言，最好的效果是轴向波动越大越好，以方便采集到信号，径向波动越小越好，以减少信号干扰。所以可以得出 R 值越小越好。从粉尘沉积、电机选型考虑，R 取 30 ～ 40 mm 为最佳。

(2) N (匝数)对螺旋电极空间灵敏度的影响分析

为了分析螺旋电极线直径对空间灵敏度的影响，数学模型中的 R 取 40 mm，环状感应电极 x、y 取螺旋电极的轴心处，N 取 25，d 取 1 mm、1.5 mm、2 mm、2.5 mm、3 mm。计算螺旋环状探测电极的感应空间灵敏度，图 4-18 为环状感应电极 x 轴向感应空间灵敏度分布情况，图 4-19 为环状感应电极 y 轴向感应空间灵敏度分布情况。

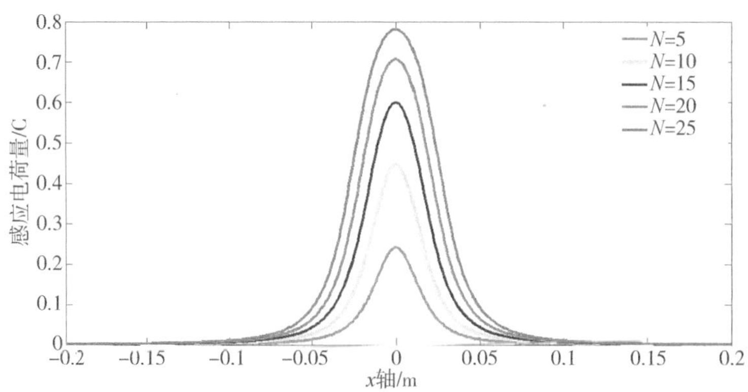

图 4-19　不同 *N* 值对应的螺旋电极感应空间灵敏度轴向曲线图

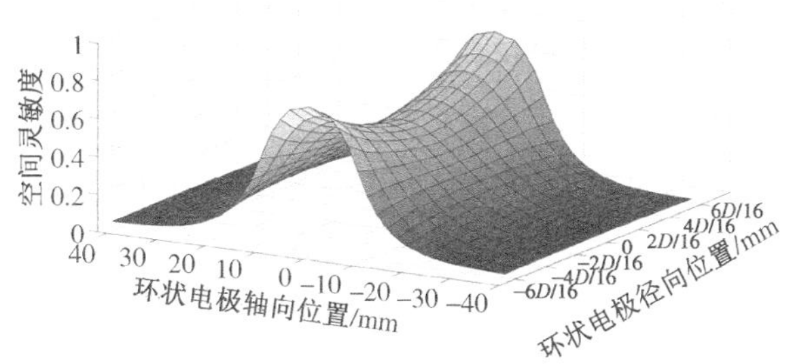

图 4-20　不同 N 值对应的螺旋电极感应空间灵敏度径向曲线图

表 4-7　不同 N 值对应的螺旋电极感应空间灵敏度分布统计表

N	轴向		径向	
	均值	标准差	均值	标准差
5	0.025 4	0.055 7	0.324 9	0.092 1
10	0.050 6	0.107 8	0.524 5	0.073 6
15	0.075 7	0.154 2	0.656 0	0.05
20	0.100 8	0.194 6	0.744 5	0.032 6
25	0.125 7	0.229 7	0.805 4	0.021 2

对于匝数 N 对空间灵敏度的影响，从图 4-19 和图 4-20 可以看出，轴向上 N 越大，感应电荷量越大，径向上 N 值越大，感应电荷量越大，即轴向和径向上 N 值与空间灵敏度大小成正相关。再对照表 4-7 可知，随着匝数 N 值的增大，轴向上标准差变大，径向上标准差变小，即 N 值变大，轴向上空间灵敏度波动性变大，径向上空间灵敏度波动性变小。所以对于传感器匝数 N 值越大越好，根据实际抽尘筒的轴向长度保证一定匝数的电极将抽尘筒中间感应区域覆盖即可。

（3）d 对螺旋电极空间灵敏度的影响分析

为了分析螺旋电极线直径 d 对空间灵敏度的影响，数学模型中的 R 取 40 mm，y 取螺旋电极的轴心处，N 取 25，d 分别取 1 mm、1.5 mm、2 mm、2.5 mm、3 mm。计算螺旋环状探测电极的感应空间灵敏度，图 4-21 和图 4-22 为不同 d 值对应的螺旋电极感应空间灵敏度分布情况。

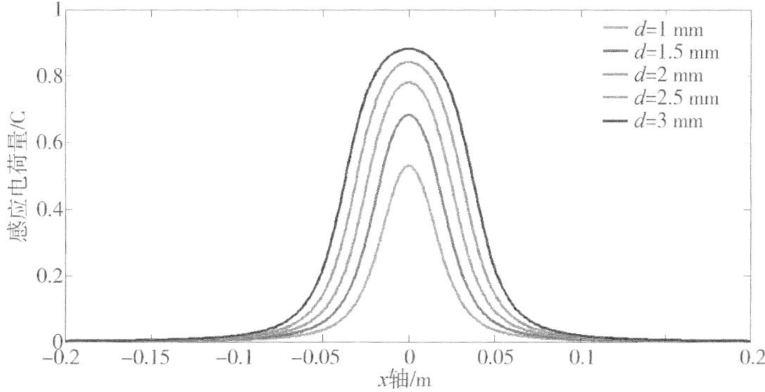

图 4-21　不同 d 值对应的螺旋电极感应空间灵敏度轴向曲线图

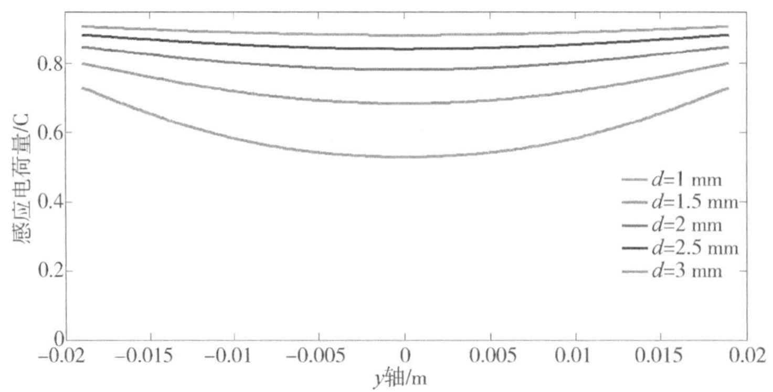

图 4-22　不同 *d* 值对应的螺旋电极感应空间灵敏度径向曲线图

表 4-8　不同 *d* 值对应的螺旋电极感应空间灵敏度分布统计表

d/mm	轴向		径向	
	均值	标准差	均值	标准差
1	0.063 2	0.131 7	0.596 9	0.061 2
1.5	0.094 5	0.185 0	0.725 5	0.036 3
2	0.125 7	0.229 7	0.805 4	0.021 2
2.5	0.156 8	0.267 1	0.856 9	0.012 6
3	0.187 8	0.298 6	0.891 3	0.007 8

由图 4-21 和图 4-22 可知，电极线越粗，轴向和径向的感应电荷量越大，即电极线直径 d 与空间灵敏度大小成正相关。再由表 4-8 可以得出，随着 d 值的增大，轴向上空间灵敏度的标准差变大，径向上的空间灵敏度标准差变小。说明随着 d 值的变大，轴向上灵敏度波动性变大，径向上灵敏度波动性变小，符合传感器设计要求。所以 d 值越大越好，即电极线越粗越好。

综上所述，对于决定传感器螺旋电极空间灵敏度的几个因素 R、N、d，如果期望获得更高的灵敏度，R 越小越好，N、d 越大越好。轴向灵敏度越强，感应电荷量越大，径向灵敏度越小，干扰信号越小，拾取信号能力更强，使传感器精度更高。在设计传感器电极时，需尽量在满足工程条件的情况下，调整这三个参数的值，以取得更好的检测效果。

(4) 螺旋环状与棒状、环状电极间的对比

螺旋环状电极因其自身结构特点具有良好的防水性，但它的信号强度是否优于棒状、环状电极，需通过对它们空间灵敏度的横向对比进行分析。

由图 4-23 和图 4-24 可以看出，从不同电极的空间灵敏度最大值的角度来比较，棒状电极空间灵敏度值远远低于螺旋环状和环状，而螺旋环状电极与环状电极的最大空间灵敏度值非常相近，所以信号强度上与环状电极相差不大。

D:环状电极的直径

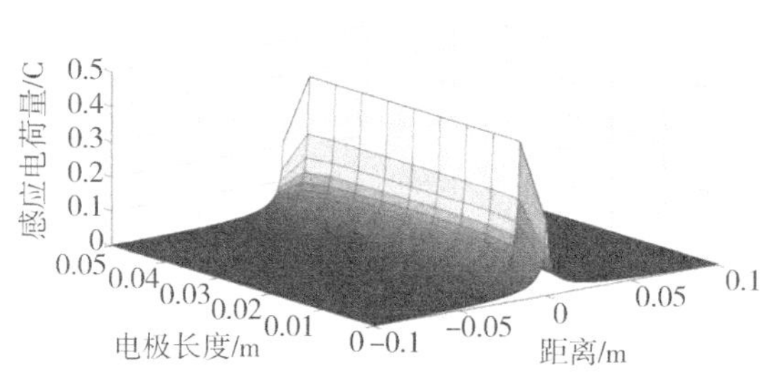

图 4-23 棒状电极空间灵敏度

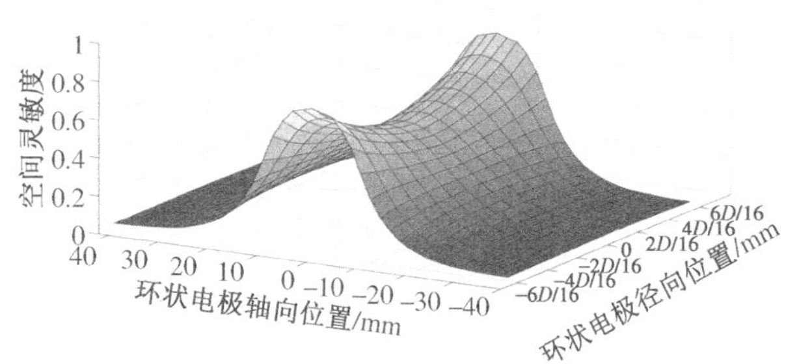

图 4-24 环状电极空间灵敏度

4.2.3 原理样机设计

基于静电感应原理的感应式粉尘浓度传感器主要分为探测部分和检测处理部分。

1. 探测电极设计

探测部分由抽尘筒和探测电极构成。螺旋环状探测电极以绕线形式安装在抽尘筒外侧凹槽内,抽尘筒使用绝缘材料,螺旋电极使用单芯铜线,金属线表面有绝缘材料,所以不必直接暴露,从而延长了使用寿命,降低了维护成本。抽尘动力由小型无刷电极提供,和扇叶一起构成轴流抽风形式,可形成贯穿式气路,尽量避免粉尘在气路中的沉积。抽风机风速在 0.5～5 m/s 范围内可调。当抛光打磨粉尘被风机吸入抽尘筒后,以一定的速度穿过螺旋环状探测电极,从而产生感应电流。抽尘筒与电极结构如图 4-25 所示。

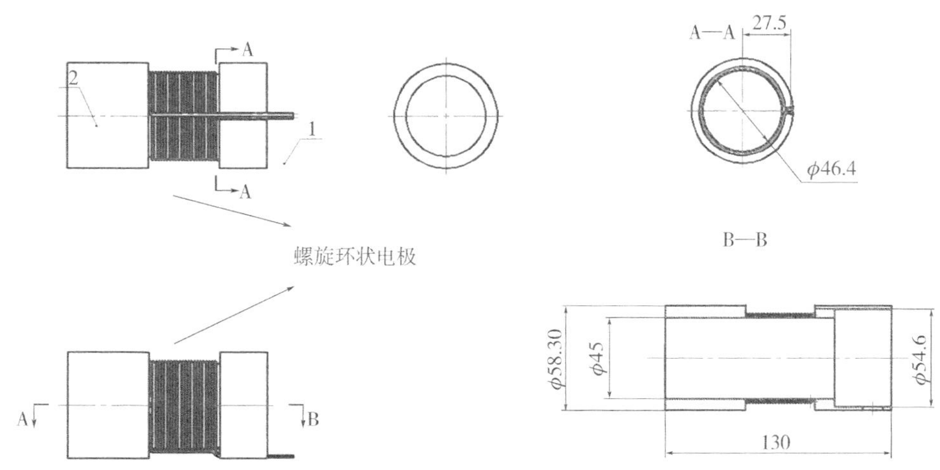

图 4-25 螺旋环状探测电极结构

2. 检测电路设计

因为粉尘带的静电荷在探测电极上的感应电流极小,所以检测电路设计的关键在于微弱信号的提取。

检测处理部分主要由几部分功能电路构成,主要包括前置放大电路、二级放大电路、滤波电路、A/D 转换电路、电源电路、控制用单片机电路等几部分。由于金属粉尘带有的静电量非常小，因此对微弱信号进行放大的放大电路非常重要。如图 4-26 所示，前置放大电路采用输入偏置电流极低、输入失调电流极低的集成放大器(分离电路分布参数引起的噪声难以限制)，通过放大处理的信号再经过低通滤波器滤除波动信号中的噪声和工频杂波，最后通过模数转换电路把数字信号送入单片机进行算法处理。因交流耦合技术只提取电荷感应产生的交变信号，所以不受周围固定静电源干扰，也不受吸附在电极上的粉尘或者管道中沉积尘的影响，且不会产生累积电荷，安全易维护。

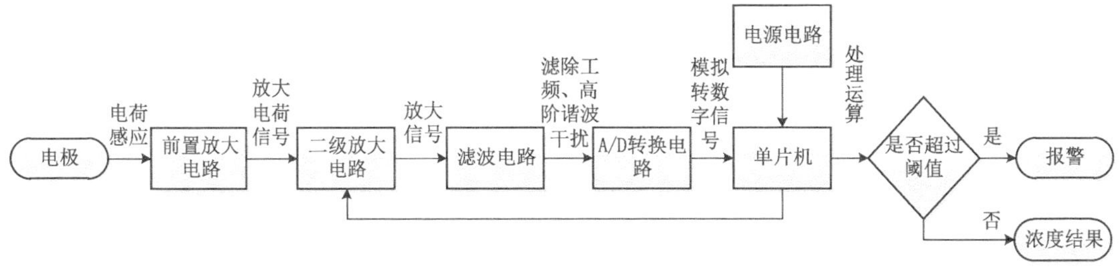

图 4-26　硬件电路设计框图

感应式粉尘浓度检测电路如图 4-26 所示，针对金属粉尘的带电特性，该电路采用了 STM32 系列芯片。这种芯片采用了 ARM 最新的架构 Cortex-M3 内核，其功耗低，拥有 3 个 12 位 A/D 转换电路，4 个通用 16 位定时器和 2 个 PWM 定时器，还包含了标准和先进的通信接口：2 个 I^2C 接口，3 个 SPI 接口，2 个 I^2S 接口，1 个 SDIO 接口，5 个 USART 接口，1 个 USB 接口和 1 个 CAN 接口。

(1) 前置放大电路设计

电荷感应式传感器在粉尘浓度检测中，如前文所述，各种粉尘特别是金属粉尘，其电荷更容易流失，所以金属粉尘产生的感应信号比较弱。此外，在气路高温环境、电磁场和噪声等因素的干扰下，因静电监测信号通常为频率较低的信号，因此需要相关的检测电路来对信号进行放大滤波处理。所以削弱高阶谐波以及频率较高的干扰和噪声，然后通过信号采集，

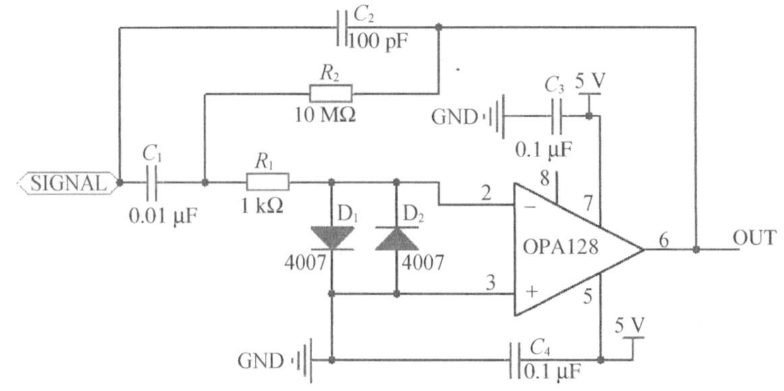

图 4-27　前置放大电路

由计算机进行信号的分析与处理。低噪声前置放大器是任何一个微弱信号检测装置中最关键的部分。它不仅要求从电极上准确地采集到微弱的感应电信号，还要将干扰信号降到最低，同时还要求系统要具有较高的共模抑制比、高输入阻抗、低温漂、稳定性等一系列特点。因此，选择合适的运算放大器至关重要，这里选择放大器采用 OPA128，具有较高的输入阻抗和共模抑制比，而且具有噪声低、温漂低等特点。

(2) 信号放大电路设计

由于感应电信号的幅度较小，需将采集到的模拟信号放大约 1 000 倍，另外，不同的固体颗粒物带电量不同，相差几个数量级，所以放大电路应具有较宽的增益，根据电荷放大器输出信号的强弱，调节放大器的放大倍数。本书采用 AD620 实现二级放大，其具有高精度、低噪声、低输入偏置电流、低功耗等特点，使之适合微弱信号的检测应用。如图 4-28 所示，1 与 8 之间的反馈电阻决定了 AD620 的放大倍数。

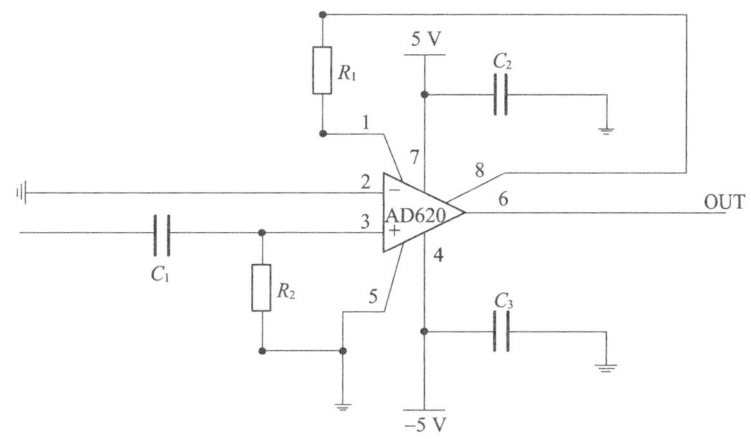

图 4-28　放大电路

(3) 滤波电路设计

基于交流耦合式电荷感应原理检测粉尘浓度过程中，由于外界环境中电磁波等因素和 50 Hz 的工频杂波的干扰，使输入信号中存在一些干扰成分，经过放大电路的处理，干扰也被同倍数地放大，严重影响到检测结果。所以必须将噪声降到最低程度，需要设计低通滤波器对信号进行进一步处理。

设计中采用集成五阶巴特沃兹低通滤波器 LTC1063 滤除 30 Hz 以上的干扰信号。滤波电路如图 4-29 所示。

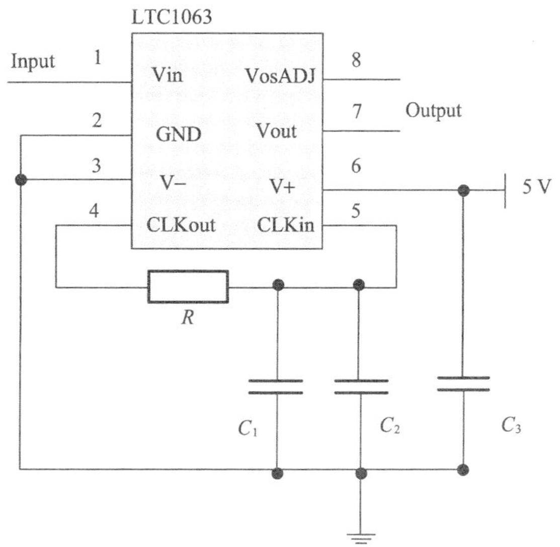

图 4-29　滤波电路原理图

(4) A/D采样电路设计

A/D采样电路应具有较高的分辨率,16位SAR ADC,采用单5 V电源工作,并能保证在−40～12.5 ℃的温度范围内工作。每个器件最大电流为8.50 μA,最大采样率达250 Kbps,供电电流随着采样速率的降低而变小。MSOP-10封装的LTC1865提供2路软件可编程的通道,并且可以根据需求来调整参考电压的大小。A/D转换电路设计如图4-30所示。由于信号转换的速率低,所以采用串行的通信方式。

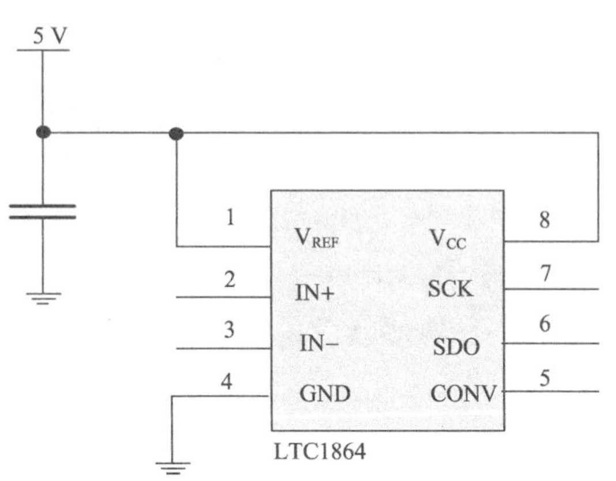

图4-30 转换采样电路原理图

(5) 硬件电路抗干扰设计

因为金属粉尘检测传感器多应用于地面作业场所,环境比较恶劣,干扰因素众多,传感器的可靠性至关重要,所以硬件电路的抗干扰能力是传感器稳定性的重要保障。在硬件设计上采取合理的措施可以有效消除大部分干扰,主要从以下几个部分进行考虑。

① 接地技术

接地技术是开关电源抗干扰技术和电磁兼容技术的重要内容之一,若采用不正确的工作接地方式反而会增加干扰。如共地线干扰、地环路干扰等。为防止各种电路在工作中产生互相干扰,使之能相互兼容地工作,根据电路的性质,将工作接地分为不同的种类,比如信号地,是各种物理量传感器和信号源的零电位基准公共地线,一般信号较弱,易受干扰;模拟地是模拟电路的零电位公共基准地线,因模拟电路既承担小信号放大又负责功率放大,既有高频也有低频,所以易受干扰且容易产生干扰,对接地要求较高;数字地是数字电路零电位的公共基准地线,由于数字电路一般工作在脉冲状态,所以容易对模拟电路造成干扰,接地设计需充分考虑;电源地是电源零电位的公共基准线,因其同时给电路不同的部分供电,各个部分的性能参数会有较大区别,需特别注意;功率地是负载电路或驱动电路的零电位公共基准线,因负载电路的电流强、电压高,所以干扰大,一般与其他弱电分开设置比较好。

在接地设计中需要注意以下几个方面:

a. 数字地与模拟地分开。随着数字开关电源的开发,为了抑制对数字芯片的干扰,数字芯片与模拟电路必须进行隔离。在数字开关电源中,常用脉冲变压器和线性光电耦合器进行数字电路与模拟电路信号的隔离,以提高整个电路的电磁兼容性。

b. 交流地与直流地分开。一般交流电源的零线是接地的,但由于存在接地电阻和其上流过的电流,导致电源的零电位并非为大地的零电位。另外,交流电源的零线上往往存在很多干扰,如果交流电源地与直流电源地不分开,将对直流电源和后续的直流电路正常工作产生影响。

c. 功率地与弱电地分开。功率地是负载电路或功率驱动电路的零电位的公共基准地线。因为负载电路或功率驱动电路的电流较强、电压较高，所以功率地线上的干扰较大。因此功率地必须与其他弱电地分别设置，以保证整个系统稳定可靠地工作。

② 电路布局

布线的时候主要注意布线时尽量要避免 90°折线，以减少高频噪声产生。输入和输出端用的导线应尽量避免相邻平行，另外相邻电路之间不应该有过长的平行线，走线应尽量避免平行。如果在设计印制电路板时平行走线实在无法避免，可在两条平行的信号线之间加一条地线，以起到屏蔽作用。尽量拉开两条平行的信号线之间的距离，以降低两线之间电磁场的影响与干扰，使两条平行的信号线上流过的电流方向相反，以免发生反馈耦合。另一方面，要设置较宽的电源线和接地线，布线时，电源和地线尽量粗，可以减少环路电阻。同时使电源线、地线的走向和数据传递的方向一致，除减小压降外更重要的是降低耦合噪声。对于单片机的闲置管脚，尽量不要悬空，可以根据电气性能要求在不改变系统逻辑的情况下接地或者接电源以减少干扰。

③ 屏蔽措施

工业现场动力线路密布，设备启停运转繁忙，因此存在严重的电场和磁场干扰。而工业控制系统又有几十乃至几百个甚至更多的输入输出通道分布在其中，导线之间形成相互耦合是通道干扰的主要原因之一。它们主要表现为电容性耦合、电感性耦合、电磁场辐射三种形式。在工业控制系统中，由前两种耦合造成的干扰是主要的，第三种是次要的。它们对电路主要造成共模形式的干扰。克服电场耦合干扰最有效的方法是屏蔽。因为放置在空心导体或者金属网内的物体不受外电场的影响。电源线和信号线分开并保持一定的距离，在适当的位置进行大面积覆铜，以起到屏蔽作用，同时将电路板置于传感器内部，其外壳就可以作为屏蔽罩，以也可以很好地提高信号的质量，能够大大降低来自空间电磁噪声的影响。

3. 软件程序流程设计

根据传感器的实际应用情况设计软件程序的流程(见图 4-31)。首先电极采集感应信号，进行滤波处理；其次对信号进行特征值提取、第二次数字滤波，这时如果信号强度足够满足要求，进行信号的标定；最后进行显示输出、报警输出及通信。

4.2.4　样机测试与验证

1. 实验装置与条件

本次实验场所是隶属国家安全生产监督管理总局主管的安全生产技术支撑体系国家级专业中心实验室，测试粉尘使用的是镁铝合金金属粉尘。采用英国 Malvern 公司 Scirocco 2000M定量发尘器、采样器、感应式金属粉尘浓度传感器、烘箱、可调节风筒。实验条件：25 ℃环境温度、60%环境湿度、风筒风速稳定在 4 m/s。实验系统如图 4-32～图 4-34所示。

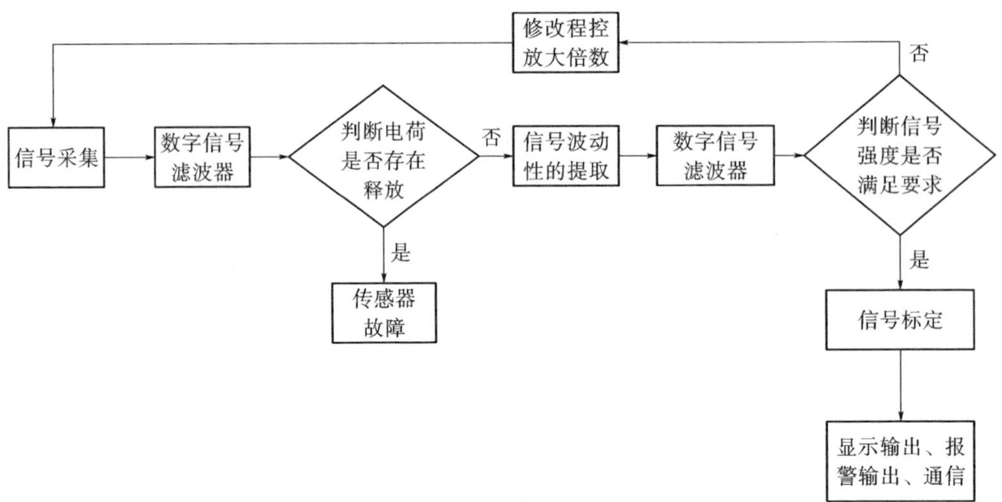

图 4-31　软件程序流程图

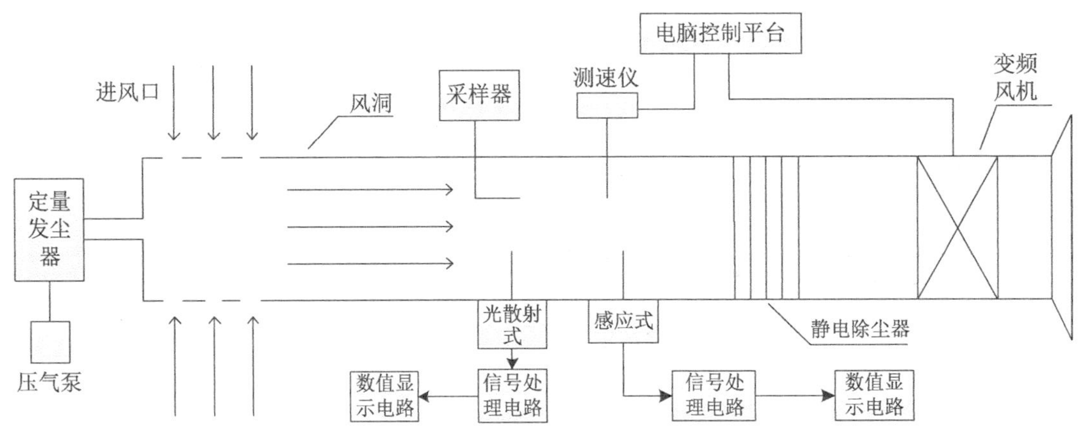

图 4-32　软件实验系统示意图

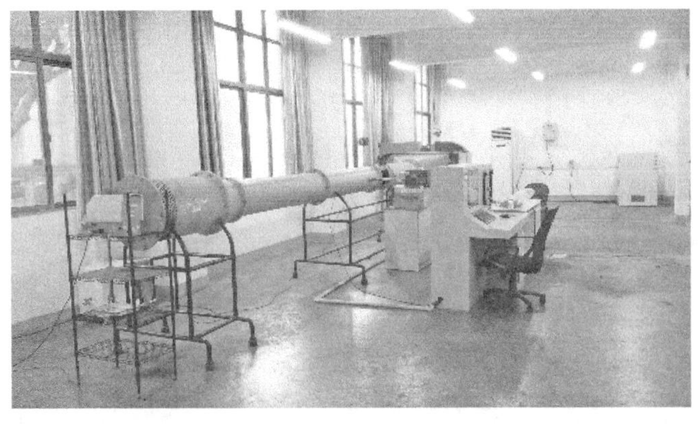

图 4-33　实验系统实景

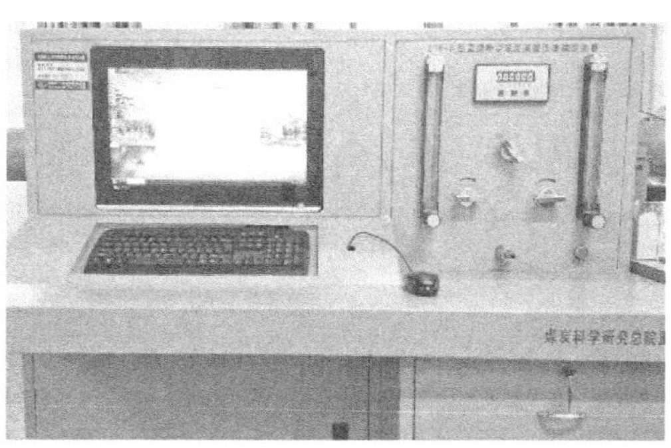

（a）电脑控制平台

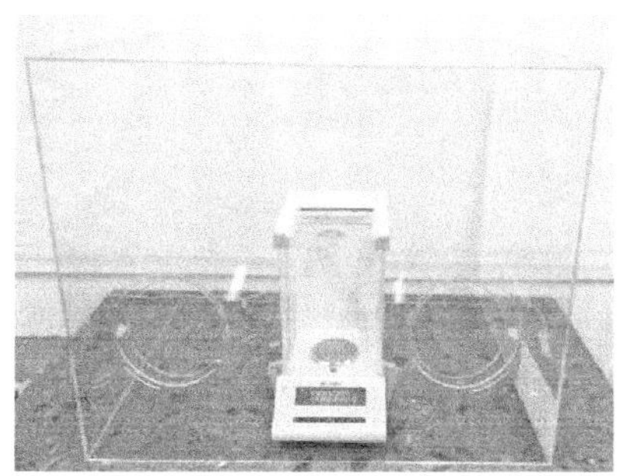

（b）电子天平

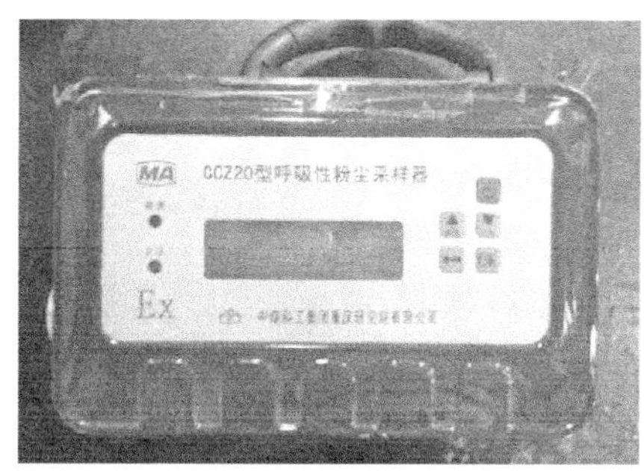

（c）采样器

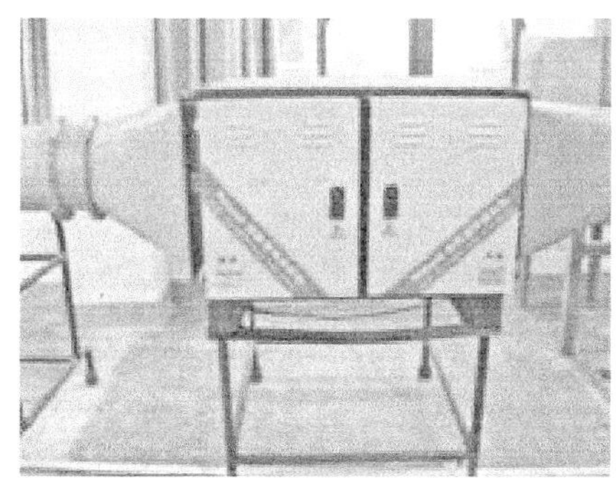

（d）静电除尘器

（e）定量发尘器

（f）烘箱

（g）超声波加湿器

图 4-34　测试仪器

2. 数据采集软件

数据收集系统采用 LabVIEW 来做软件平台。LabVIEW 是一种程序开发环境，由美国国家仪器(NI)公司研制开发，类似于 C 和 BASIC 开发环境，但是 LabVIEW 与其他计算机语言的显著区别是：其他计算机语言都是采用基于文本语言产生代码，而 LabVIEW 使用的是图形化编辑语言 G 编写程序，产生的程序是框图的形式。LabVIEW 软件是 NI 设计平台的核心，也是开发测量或控制系统的理想选择。LabVIEW 开发环境集成了工程师和科学家快速构建各种应用所需的所有工具，旨在帮助工程师和科学家解决问题、提高生产力。传统文本编程语言根据语句和指令的先后顺序决定程序的执行顺序，而 LabVIEW 则采用数据流编程方式，程序框图中节点之间的数据流向决定了程序的执行顺序。它用图标表示函数，用连线表示数据。本书在软件方面用 LabVIEW 来对上位机程序进行了软件设计以实现实时显示数据的功能，方便监控。程序框图如图 4-35 所示。

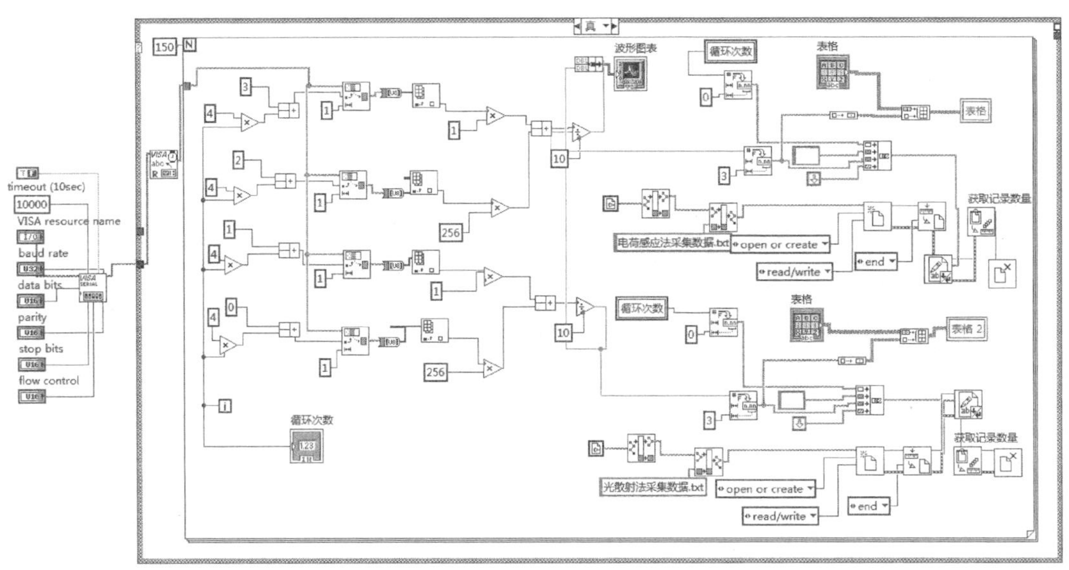

图 4-35　测试平台软件图形化编程图

3. 验证方案

通过风筒实验系统进行定量发尘，将感应式浓度传感器安装在风筒内(图 4-32 所示位置)，然后进行标定。采样器采样和称重前都需按标准进行 8 h 烘干，将烘干的金属粉通过发尘装置均匀送入风筒，待发尘稳定后，从风筒固定位置进行采样、称重，计算出测量时间段平均粉尘浓度，同时收集同一位置感应式粉尘浓度传感器的检测数据并计算相同时间段内的平均值。最后将两组数据与采样法获得的数据进行对比，以采样器测得的数据为标准进行误差计算分析。具体步骤如图 4-36 所示。

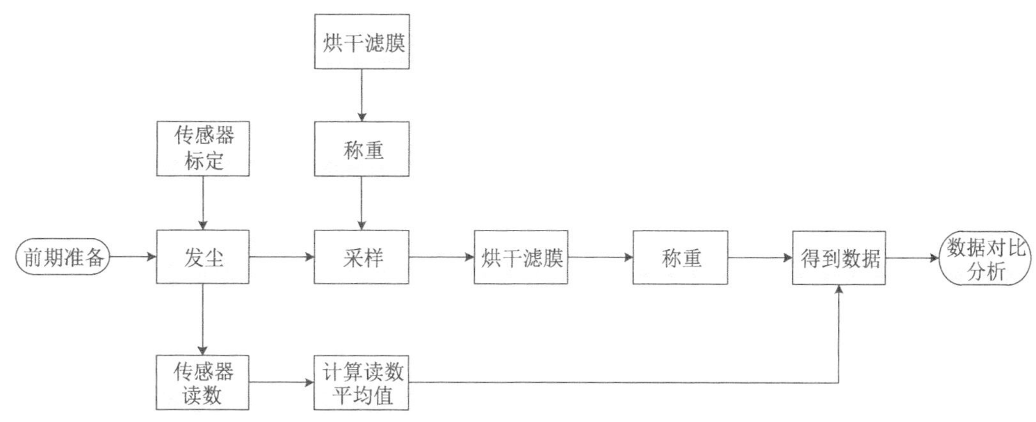

图 4-36　验证方案图

4. 实验数据

在不对风洞和传感器进行维护清理的情况下，维持风洞风速的恒定，进行长时间连续监测实验，分别收集了几组粉尘浓度检测数据与采样器准确度进行对比分析。数据如表 4-9～表 4-17 所示。

表 4-9　0～100 mg/m³ 铝合金粉尘浓度数据

传感器均值/(mg·m⁻³)	0.14	8.71	20.31	33.14	42.01	49.25	61.78	77.15	94.28	112.36
采样器/(mg·m⁻³)	0.22	10.09	19.77	31.29	43.82	51.66	68.07	82.01	89.69	103.22
误差/%	36.36	13.67	2.73	5.91	4.13	4.67	9.24	5.93	5.12	8.85

表 4-10　100～500 mg/m³ 铝合金粉尘浓度数据

传感器均值/(mg·m⁻³)	105.3	142.8	198.5	237.0	287.2	331.7	389.4	406.3	528.3	558.3
采样器/(mg·m⁻³)	98.7	150.1	191.3	242.5	310.9	359.2	411.9	444.1	504.8	571.1
误差/%	6.69	4.86	3.76	2.27	7.62	7.66	5.46	8.51	4.66	2.24

表 4-11　500～1 000 mg/m³ 铝合金粉尘浓度数据

传感器均值/(mg·m⁻³)	493.2	536.1	631.3	671.5	688.5	748.1	779.2	862.0	875.2	992.0
采样器/(mg·m⁻³)	507.5	560.0	582.1	649.8	726.9	781.7	835.4	869.7	954.1	975.3
误差/%	2.81	4.27	8.45	3.34	5.28	4.29	6.73	0.89	8.27	1.72

表 4-12　0～100 mg/m³ 铁粉浓度数据

传感器均值/(mg·m⁻³)	0.23	9.18	20.92	28.66	45.30	52.74	68.02	76.01	85.17	105.18
采样器/(mg·m⁻³)	0.37	12.53	21.50	30.36	42.09	47.23	61.48	69.87	94.03	112.03
误差/%	37.84	26.73	2.69	5.59	7.63	11.67	10.64	8.79	9.42	6.11

表 4-13　100～500 mg/m³ 铁粉浓度数据

传感器均值/(mg·m⁻³)	87.5	149.8	193.7	248.0	288.1	342.5	382.3	462.0	511.0	538.8
采样器/(mg·m⁻³)	91.2	152.5	210.4	261.3	302.9	366.7	401.4	472.3	505.2	562.3
误差/%	4.06	1.77	7.94	5.09	4.89	6.59	4.76	2.18	1.15	4.18

表 4-14　500～1 000 mg/m³ 铁粉浓度数据

传感器均值/(mg·m⁻³)	510.6	539.8	620.2	668.5	705.3	726.4	768.9	792.1	911.7	885.8
采样器/(mg·m⁻³)	537.1	552.7	591.0	673.6	739.2	747.9	801.8	869.2	934.0	951.6
误差/%	4.93	2.33	4.90	0.76	4.59	2.87	4.10	8.87	2.39	6.91

表 4-15　0～100 mg/m³ 铝粉浓度数据

传感器均值/(mg·m⁻³)	1.51	7.54	23.92	30.24	39.01	51.48	64.11	69.25	90.15	99.89
采样器/(mg·m⁻³)	2.19	9.33	22.57	33.56	42.95	49.02	63.82	74.01	93.46	110.15
误差/%	31.05	19.18	5.98	9.89	9.17	5.02	0.45	6.43	3.54	9.31

表 4-16　100～500 mg/m³ 铝粉浓度数据

传感器均值/(mg·m⁻³)	87.3	139.8	205.2	267.6	315.3	352.4	388.0	461.1	521.5	575.8
采样器/(mg·m⁻³)	97.4	161.0	214.5	254.1	297.0	341.8	415.2	439.8	504.2	562.2
误差/%	10.37	13.17	4.34	5.31	6.16	3.107	6.55	4.84	3.43	6.11

表 4-17 500～1 000 mg/m³ 铝粉浓度数据

传感器均值/(mg·m⁻³)	479.2	543.8	580.9	638.6	685.4	752.1	834.2	816.9	905.1	965.8
采样器/(mg·m⁻³)	506.5	573.4	611.3	650.3	722.5	771.0	798.8	875.2	944.5	982.3
误差/%	5.39	5.16	4.97	1.79	5.13	2.45	5.56	6.67	4.17	1.68

从表 4-9～表 4-17 可以看出，除了 10 mg/m³ 及其以下的低浓度数据，其他浓度误差都不大，主要是因为低浓度感应信号小，虽然做了抗干扰措施，但仍易受干扰信号影响，造成误差较大。但是在其他浓度检测时精确度较高，说明该传感器在长时间连续检测的工作情况下运行良好，不需要频繁维护。所以需要针对低浓度环境的金属粉尘浓度检测进行优化和补偿。

从实验数据可以看出螺旋环状探测电极的电荷感应式粉尘浓度传感器对金属粉尘有很好的灵敏度。但在浓度较低的情况下，测得的数据波动性比较大，准确度较差，所以在低浓度环境下该传感器还不够精确，需要进行算法补偿。但是总体而言，该传感器平均误差不大于 10%，精度较高。

4.2.5 影响因素分析

在粉尘浓度检测中，许多因素都会影响测量结果并引起误差，例如风速、粉尘粒度、湿度、粉尘电荷特性等。因为本书设计的浮游金属粉尘浓度传感器主要用于作业场所的开放空间，所以重点对湿度、温度、风速以及粒度造成的影响进行研究。通过对不同条件下浮游金属粉尘浓度传感器测得的数据进行分析，找出各项影响因素对传感器造成的影响，并采取应对措施。

1. 环境湿度的影响分析

利用超声波加湿器对实验风洞进行 50%、70%、90%等不同环境湿度下的模拟实验，因地理气候因素等条件制约，只对以上三种湿度进行了实验测试，见表 4-18～表 4-20。

表 4-18 50%湿度下，0～100 mg/m³ 实验数据

传感器均值/(mg·m⁻³)	0.87	10.72	21.43	31.16	40.50	50.97	60.94	70.86	82.06	89.94
采样器/(mg·m⁻³)	0.96	12.11	19.65	33.29	38.71	54.35	60.14	75.23	89.33	96.78
误差/%	9.38	11.48	9.05	6.39	4.62	6.22	1.33	5.80	8.14	7.07

表 4-19 70%湿度下，0～100 mg/m³ 实验数据

传感器均值/(mg·m⁻³)	0.92	11.76	22.66	33.84	45.50	56.97	68.17	78.61	91.06	95.29
采样器/(mg·m⁻³)	0.76	9.31	18.95	30.17	39.21	50.36	62.54	71.58	81.74	80.74
误差/%	21.05	20.83	19.57	12.16	16.04	11.93	09.00	09.82	11.40	18.20

表 4-20　90%湿度下，0～100 mg/m³ 实验数据

传感器均值/(mg·m⁻³)	1.03	12.07	23.19	39.10	49.38	58.93	73.30	85.80	98.15	106.41
采样器/(mg·m⁻³)	0.73	8.15	18.52	31.72	40.62	48.01	59.25	71.83	80.03	88.97
误差/%	41.09	48.09	25.21	23.26	21.57	22.75	23.71	19.44	22.64	19.61

由表 4-18 可以看出，在对 0～100 mg/m³ 的金属粉尘浓度检测中，平均误差为 6.95%，小于 10%。所以使用电荷感应法对金属粉尘浓度进行检测是可行的。由表 4-19、表 4-20 可以看出，在其他情况不变而湿度增加的环境下，高湿度使感应式传感器得到的数据普遍偏大，误差也有明显增加。从图 4-37 可以更加清晰直观地看到随着湿度的增加，曲线上移，误差增大。即在相对湿度大于 50%时，需要对湿度进行补偿。

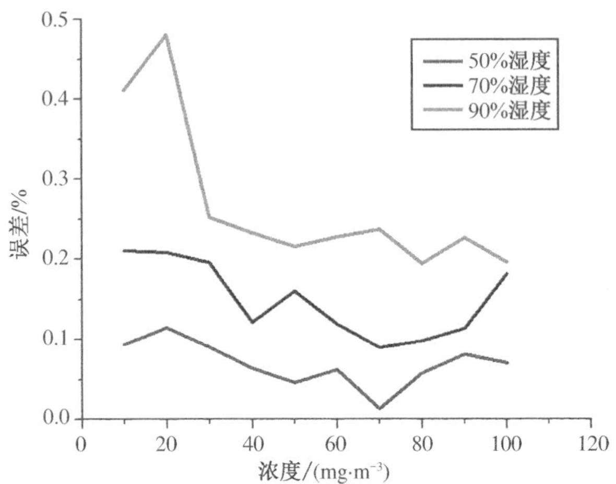

图 4-37　不同湿度下的误差对比

采用调整算法的系数，以测得的量的数值补偿形式来实现对湿度带来影响的消除。所以需要传感器能够对环境湿度的大小做出判断，因此需要增加一个湿度检测功能。在得知环境的具体湿度数据后，就可以根据该测得的数据通过补偿算法来减小误差。

2. 环境温度的影响分析

利用实验室的空调系统，分别将室温调至 15 ℃、20 ℃、25 ℃、30 ℃、35 ℃分别进行实验。实验室在固定发尘浓度下，同时使用采样器（称重法）和感应式传感器进行测量，结果如表 4-21 所示。

表 4-21　不同温度测得的粉尘浓度

温度/℃	采样器/(mg·m⁻³)	感应式传感器/(mg·m⁻³)	误差/%
15	87.5	91.3	4.34
20	89.8	88.2	1.78
25	94.7	98.1	3.59
30	86.4	92.5	7.06
35	88.2	91.9	4.19

从图 4-38 可以看出，在不同环境温度中，感应式传感器与采样器的误差波动均在传感器精度范围内，且与温度没有明显相关性，所以环境温度对感应式粉尘浓度传感器影响不大。

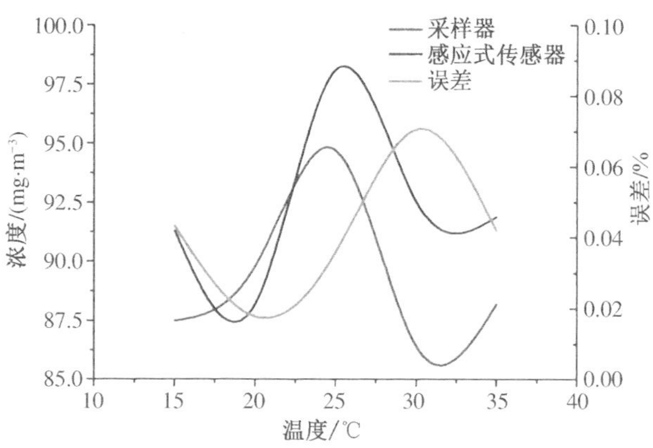

图 4-38 温度对测量数据的影响

3. 环境风速的影响分析

利用风洞的调速，在不同的风速下使用感应式传感器与采样器对同一发尘量的风洞环境粉尘浓度进行测量对比，确定风速对感应式传感器的影响大小。

表 4-22 不同风速下测得的浓度数据

风速/($m \cdot s^{-1}$)	感应式传感器/($mg \cdot m^{-3}$)	采样器/($mg \cdot m^{-3}$)	误差/%
2	91.6	95.2	3.78
4	99.1	97.5	1.64
6	110.9	101.3	9.48
8	128.5	112.7	14.02
10	146.8	121.4	20.43

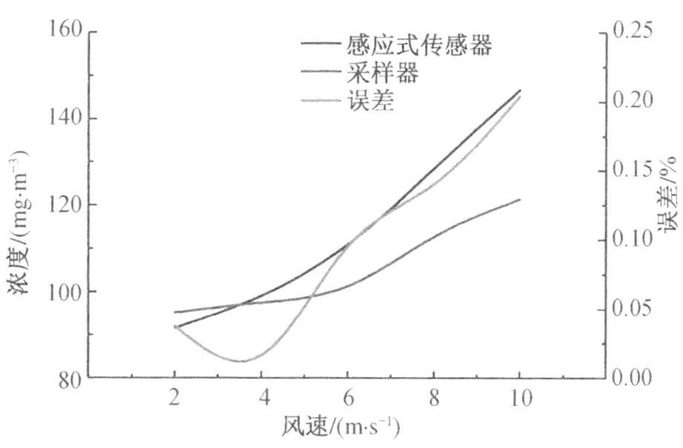

图 4-39 风速对测量数据的影响

根据静电感应检测原理，风速加大，粉尘运动速度加快，单位时间内的扰动量增加，从而引起检测数据的增大。从实验结论来看，在风速小于或等于 4 m/s 时，误差较小，而在 6～10

m/s 时，误差明显增加。因此在设计传感器时，抽尘的风速设置在 4 m/s 以下。如果现场风速超过范围，则需要现场重新标定，修改校正系数。

4. 粉尘粒度的影响分析

粉尘的粒度对感应式浮游金属粉尘浓度传感器的检测也有一定的影响，固体颗粒的粒径越大，摩擦碰撞产生的静电荷也越多，同时粒径大也说明其粉尘的质量浓度越大，但这两种影响并不是等比例的。如前文所述，抛光打磨车间的金属粉尘，因其产生的方式和来源导致了其粒径的大小和形状不尽相同。金属粉尘颗粒在显微镜下的形状以及不同粒径粉尘的检测误差如图 4-40 所示。

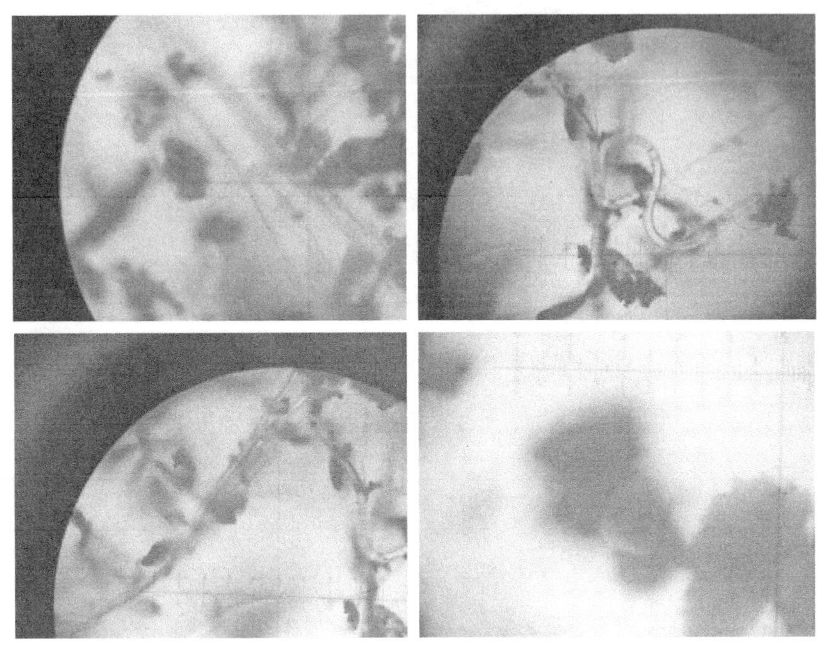

图 4-40　显微镜下的金属粉尘

要消除因不同粒度引起的误差，主要采用现场标定法。因为待测金属粉尘的粒度并不完全是均匀分布，粒度引起的浓度变化与粒度导致的颗粒物所带电荷量的不同，从而引起电荷测量值的变化并没有线性关系，不能通过简单算法系数来补偿。所以需在现场进行标定处理。

4.2.6　金属粉尘带电机理测试

1. 实验装置与条件

采用基恩士静电传感器 SK-050/1000 作为静电检测传感器头，采用大型 LED，配有输入判断和模拟电压、电流输出，且同时测量检测点的温湿度。传感器监测距离为 5～120 mm，监测范围为 0～±50 kV，如图 4-41 所示。

图 4-41　静电传感器

金属材料铁棒和铝棒以及面粉、煤粉等非金属粉尘作为被测材料；使用了砂轮、切割机等打磨金属工具；金属管道载体，并进行绝缘处理。

环境条件：风速 10 m/s，温度 26 ℃，湿度 54%。

2. 金属粉尘与非金属粉尘的带电实验

因为金属是电的良导体，首先在每次切削打磨前将金属管道接地放电，放走多余电荷后再对被测金属管道进行绝缘处理，保证金属体所带电荷量不流失。处理过后测得金属管道带电量约为 50 V。

分别对铝棒和铁棒两种不同的金属导体进行摩擦、撞击、切削，使产生的金属粉尘沉降在经过绝缘处理的金属管道内。再通过静电检测仪对绝缘状态下的金属管道进行带电量检测，证明金属粉尘的产生过程中，金属粉尘带有静电荷。根据打磨、切削、摩擦的时间长短不同，用静电检测仪测试结果如表 4-23 所示，实验现场如图 4-42 所示。

表 4-23　金属粉尘带电实验　　单位：V

切削材质	次数	持续时间/s					
		10	20	30	40	50	60
铝棒	1	180	270	410	433	456	492
	2	230	364	445	484	511	643
镁铝合金	1	312	267	270	322	317	245
	2	492	542	533	572	557	329
铁棒	1	49	72	73	69	68	58
	2	60	67	54	98	101	121

图 4-42　实验现场

从表 4-23 的数据可以看出，切割打磨产生的金属粉尘是带电荷的，其带电多少与金属的材质有很大关系，三种材料在同样的产尘时间下产生的电荷量是不同的，铁比铝产生的电荷少，铝比镁铝合金产生的电荷少。另外，随着产尘时间的增加，三种材料产生的金属粉尘的带电量都呈逐步增大的趋势，说明在做好绝缘的条件下，这种电荷是可以积累的。综上可以得出，金属抛光打磨作业场所产生的金属粉尘是带有静电荷的，可以采用电荷感应法对这种浮游金属粉尘进行检测。

同时将被测粉尘换为非金属粉尘进行测量，先对金属管进行接地放电，再移除接地装置，向金属管内用鼓风机以 10 m/s 的风速先对金属管进行空吹，再分别吹送面粉与煤粉。测得的带电量变化数据如表 4-24 所示。

表 4-24　非金属粉尘带电实验

材质	风速/(m·s^{-1})	测量值/V					
空吹	0	15	15	14	18	22	19
空吹	10	24	21	24	26	22	22
面粉	10	113	156	147	182	132	155
煤粉	10	60	67	54	98	101	121

从表 4-24 中可以看出，0 m/s 和 10 m/s 的风速下，空气通过金属管道也会使带电量增加，但是这种风速影响带来的增加量非常小。如果对比在同样风速下，加入等量煤粉和面粉的两组测得的数据可以发现，煤粉比面粉带来的电荷量更小，这说明粉尘本身所带电荷量与它碰撞摩擦产生的点电荷量跟粉尘自身的材料与理化性质密切相关。所以，采用静电感应法针对浮游金属粉尘进行检测时，要根据金属粉尘的性质在设计检测电路、放大电路时等采取特殊的措施。

4.2.7　结论及进一步的研究

目前国内外针对浮游金属粉尘浓度检测的相关研究很少。本课题在深入分析对比目前主要的粉尘浓度检测方法基础之上，将电荷感应法粉尘浓度检测技术应用于作业场所的金属粉尘浓度检测上，通过对探测电极和检测电路的深入研究，设计了相应的粉尘浓度传感器，并通过实验测试验证以及一些环境主要影响因素的实验与分析，达到课题指标要求。

(1) 开展了金属粉尘带电机理研究。对金属粉尘的起电机理进行了分析研究，并通过实验验证了产生的浮游金属粉尘的带电性，为采用电荷感应法检测金属粉尘浓度提供了依据。

(2) 发明了一种感应信号增强的结构及算法。在分析了直流耦合和交流耦合两种电荷感应法基础上，针对棒状和环状两种探测电极存在的缺陷，设计了一种新型的螺旋环状探测电极，推导出了该电极的空间灵敏度。通过对其空间灵敏度的研究分析，得出了电极直径、匝数、粗细等参数与灵敏度之间的关系，为螺旋环状探测电极的具体设计提供了理论基础与设计依据。并通过扰动量累积方法，实现了微弱粉尘静电信号的拾取，从而监测粉尘浓度。

(3) 设计了针对抛光打磨作业场所浮游粉尘浓度传感器。传感器分为探测与检测处理两大部分，探测部分由探测电极和抽尘筒构成，检测处理部分主要由前置放大电路、二级放大电路、滤波电路、A/D 转换电路、电源电路、控制用单片机电路等构成，完成了对检测处理部分的电路设计，研究了抗干扰处理方法。

(4) 通过实验验证了粉尘浓度传感器的测量精度，开展了多种环境影响因素对传感器测量影响分析，提出了相应的解决办法。用铝粉、镁铝合金以及铁粉尘，在浓度 0～1 000 mg/m^3 范围内，验证了传感器的测量精度。实验证明：设计的粉尘浓度传感器测量误差≤10%，满足设计要求。同时对影响传感器的环境因素进行了实验研究，证明了风速和湿度都对传感器有一定的影响，而温度影响不大。风速影响可以依靠通过传感器抽尘风机恒定风速加以克服，湿度影响可以通过增加湿度传感器，实时监测湿度变化，再通过软件补偿加以解决。

影响金属粉尘带电量的因素很多，比如不同金属粉尘具有不同的电荷特性，不同生产状况下的带电量也不同等，实际使用时需要在现场标定。如何在确保测量精度的情况下在现场实现快速标定，还需要以后进一步进行研究。

传感器探测电极的材料选取目前沿用的环状电极电荷感应传感器的材料，需要进一步进行实验研究。对于螺旋环状探测电极的几个参数，还需要对其进一步做正交实验来确定不同参数的最优组合。

第 5 章　可燃性粉尘除尘系统安全保障技术与装备

5.1　粉尘沉降与除尘管道安全防护的模型构建

通过管道粉尘沉积规律的研究，对生产过程中产生的粉尘进行持续的控尘收尘净化处理，构建抽尘管道的粉尘除尘系统。

5.1.1　除尘管道内粉尘沉降规律研究

首先针对抛光打磨作业的粉尘特性及除尘系统特点，确定影响除尘管道内粉尘沉积的关键因素，如粉尘浓度、颗粒直径、空气风速、空气温湿度、管道形状、管道直径、管道弯曲比等。再次采用 Fluent 数值模拟软件，建立简化物理模型和选取 DPM 离散相模型，通过改变设置参数模拟得到在不同影响因素发生变化时粉尘在除尘管道内的沉积率和分布规律。然后采用实验室实验的方法，测试在不同影响因素条件下粉尘沉积量随距离的变化规律，再对数值模型进行修正。最后通过对上述研究结果进行分析，得到不同粉尘特性条件下的最佳管道布置方式、最佳风速以及最佳监测位置，为后继除尘管道粉尘爆炸防尘控制系统的集成提供参考依据，具体思路如图 5-1 所示。

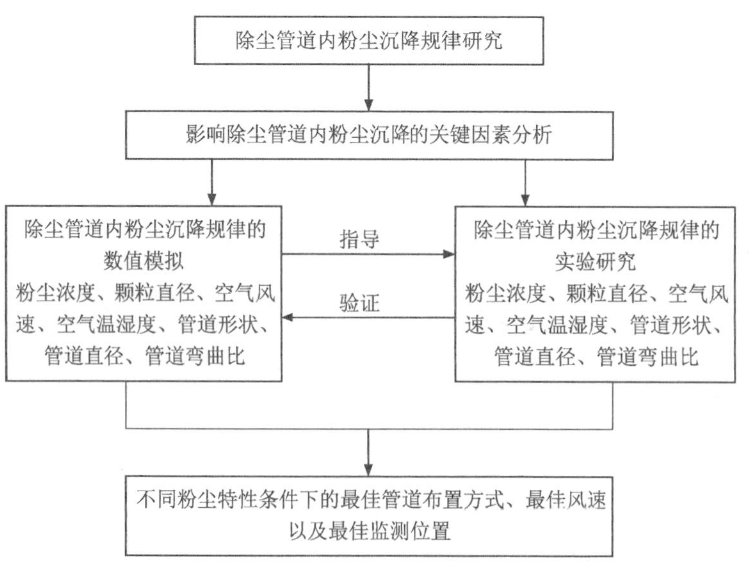

图 5-1　管道粉尘沉积规律研究技术路线图

5.1.2　抛光打磨除尘管道静电防护技术与装备研究

根据法拉第筒原理研究对金属管道表面所带的静电量进行实时在线监测的装置。法拉第筒基本原理是根据静电感应原理检测带电体表面的净电荷量。该装置由两个任意形状、相互绝缘的同轴容器构成，如图 5-2 所示。外筒接地起到静电屏蔽的作用，以防止外界电场在内筒上产生感应电荷。内筒(即测量筒)与静电计连接，静电计通过监控一个已知电容上的电压来测量电荷。当一个带电体放入内筒中时，内筒壁面上会感应出电量相等但极性相反的电荷，静电计通过电容储存电荷功能对其进行测量。

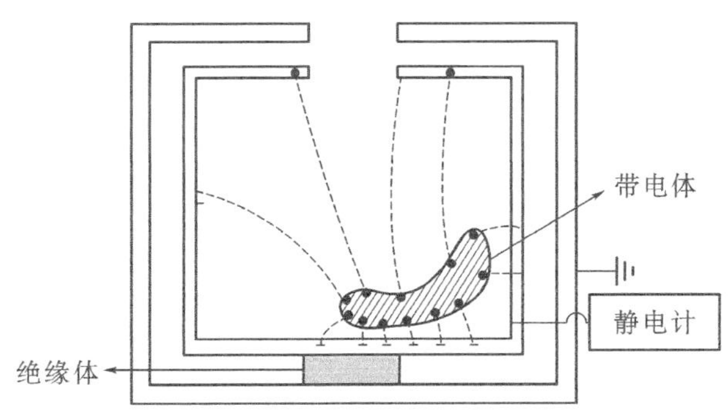

图 5-2　沉积粉尘静电监测原理结构图

通过接地电阻的检测，判断输尘管道接地是否良好，若未良好接地，管道处于一种不安全状态，则传感器会输出报警信号，通过断电停止相关作业，并提示对管道予以维护。

5.1.3　抛光打磨除尘管道安全运行保障技术与高效净化技术及装备研究

以抛光打磨除尘管道粉尘沉积规律研究结果、粉尘爆炸危险场所除尘器防爆导则，以及现有的典型除尘器为基础，通过理论分析及实验研究对管道沉积粉尘清理机构、安全防爆清理技术以及便携式清灰工艺进行研究，研发出除尘管道便携式清灰装备；通过理论分析及实验研究并结合 Adams 运动仿真软件对沉积粉尘自动清扫机构、清灰设备移动机构、自适应机构、辅助机构设计及其稳定性和控制系统进行研究，同时对管道惰化清灰技术、自动清灰装置本身的防爆技术以及防爆清灰技术进行研究，研发出适用于可燃性粉尘环境的除尘管道沉积粉尘清扫设备；通过理论分析与实验研究对除尘设备本身的防静电技术、泄压技术、除尘器内粉尘堆积控制技术及温度场、隔抑爆技术、安全清灰技术、滤料的抗静电阻燃技术进行研究，并同时对除尘设备具体安装方式、安装地点、与其他设备的连接方式等安全安装工艺进行研究，以确保除尘设备的安全高效运行。具体思路如图5-3所示。

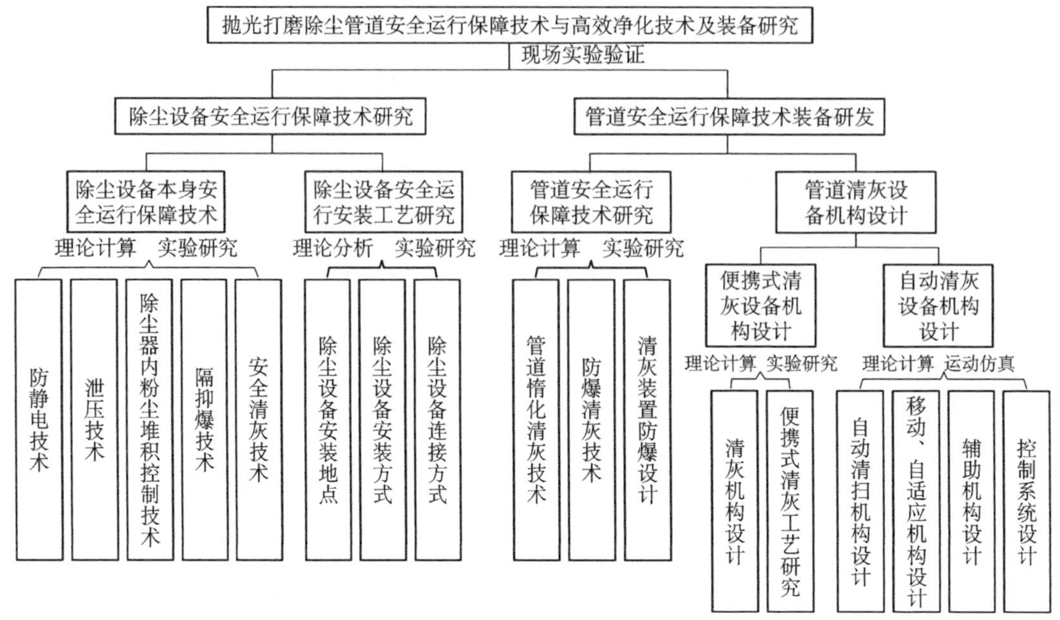

图 5-3 除尘管道高效净化技术路线图

5.2 电压扫描静电电位测量原理

5.2.1 静电检测方式选择

目前静电电位测试主要有接触式和非接触式两种方式，对于测试有源带电体的静电电位常用接触式，但接触式在与被测物体接触时会使带电物体产生静电放电，测试过程中存在放电引燃的危险，在易燃、易爆等危险场所不能使用，所以危险场所一般要求采用非接触式静电电位测量。非接触式静电检测技术分为直接感应式、电压扫描式、旋转叶片式、集电极式、振动电容式等，由于铝粉抽尘管道静电检测属于长时在线检测，考虑长时监测、防爆环境等问题，几种方式中只有电压扫描静电检测技术才能满足铝粉抽尘管道静电长时、安全在线测试的要求。

5.2.2 电压扫描静电电位测试原理

电压扫描静电技术原理是表面电位计无须在接触状态下，测量带电物体电压可通过带电物体被诱导至检测电极的电荷量进行测量。通过在带电物体和检测电极之间布置一个带有振荡器的金属板(音叉振动板)，使金属板接地，在检测电极前面振动，从而造成带电物体与检测电极间的电场线数量发生变化。电场线的数量发生变化后，被诱导至电极的电荷量也会发生相应变化。根据电荷量的变化，测量电阻 R 两端出现的电压，然后通过该电压计算出带电物体的静电电位。图 5-4 为电压扫描静电电压测量原理图。

将阶梯电压施加在表面电位传感器上，当待测目标物与表面电位传感器的电位差变为零时，通过施加电压算出待测物体电位的原理，图 5-5 为电压扫描原理图。

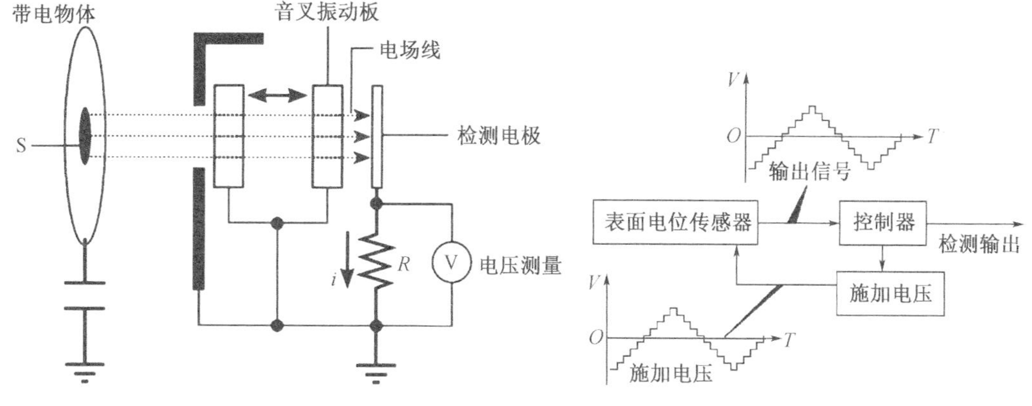

图 5-4　电压扫描静电电压测量原理　　**图 5-5　电压扫描原理**

由于表面电位计不直接检测电位，而是对电场强度进行检测，因而存在距离依赖性，而电压扫描技术（电压反馈）将对表面电位传感器施加电位（与表面电位计相同），且传感器的输出将为 0。即为了确保表面电位传感器检测出的电场强度为 0，将对高电压电源的输出电压进行调整。表面电位传感器检测出的电场强度为 0 时，被测目标物的电压也将与传感器的电压保持一致。即高电压电源的输出电压将等于被测目标物的电压。电压扫描型静电检测仪的结构如图 5-6 所示。

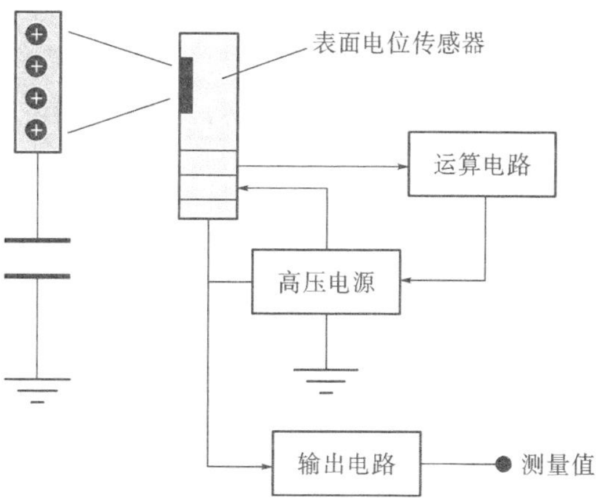

图 5-6　电压扫描型静电检测仪结构

5.2.3　静电电压测试精度与主要影响因素的关系

采用电压扫描静电测试技术对铝粉抽尘管道的静电电位进行测试，抽尘管道携带的静电主要由管道内表面与粉尘摩擦产生，造成安全隐患的静电往往指的是管道内表面的静电，但由于电压扫描静电监测技术的使用、安装要求，测试的是管道外表面的静电电位。因此，需要考虑管道壁厚差异、管道表面喷漆情况导致的管道导电性及阻值对管道内外壁静电产生电位差的影响，同时也要考虑环境温湿度以及静电测试距离对测试精度的影响。

资料表明，温度在 0～50 ℃、湿度在 10%～90%时，电压扫描静电测试仪器精度等级受温湿度的影响较小。环境温湿度主要影响的是抽尘管道静电携带能力。其中钢材体电阻率在 20 ℃时为 0.1 Ω · mm^2/m，温度漂移为 6.51‰/℃，温度的变化对钢管的表电阻影响较小，而钢管的静电携带能力与钢管表电阻相关度较大，从而温度对管道内外壁的静电电位影响也较小。而湿度只会影响抽尘管道的静电释放速度，不会对管道内外壁静电电位产生差异。因此，对温湿度的影响不做详细研究。

通过以上的分析可以看出，抽尘管道壁厚、管道表面喷漆、静电测试距离可能对管道内外壁静电电位及测试精度产生一定影响。下面主要针对以上的主要影响因素进行实验研究。

1. 静电电压的模拟产生及测试系统

粉尘与管壁摩擦起电和起电机起电都属于感应产生电荷，实验时采用感应起电机（能够产生 20 000 V 高压静电）产生静电代替实际管道带电，将感应起电机电极连接在通风管道上，管道外表面部分做喷漆防锈处理，喷漆厚度为 100 μm。通过调节放电距离获得大小不同的静电量，在管道上布置标准静电仪作为管道静电电压测量的标准值，再采用电压扫描静电传感器在不同测试距离下测定静电电压值。管道上的静电通过接地按钮进行释放。测试系统如图 5-7 所示。

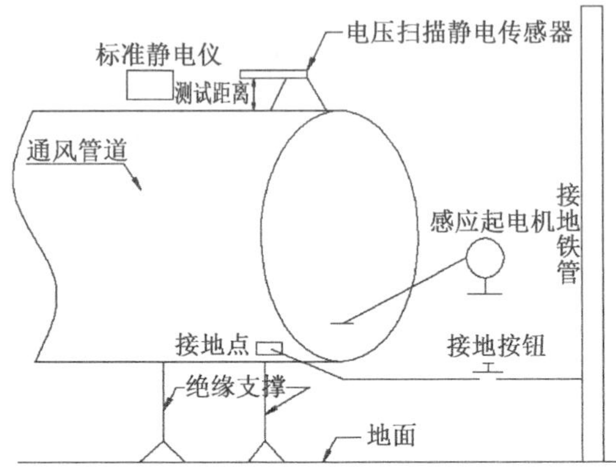

图 5-7 静电电压模拟产生及测试系统示意图

2. 静电测试距离对测试精度的影响

测试距离是静电测试精度的一个关键影响因素，通过调节不同测试距离采用电压扫描静电传感器对普通钢管道静电量进行测试，并将测试结果与标准静电仪测试结果进行对比，其结果见表 5-1。实验表明，当静电测试距离在 10 mm 时电压扫描静电传感器测试精度最高，误差为 4.7%。究其原因，测试距离偏小时，传感器主动施加电压会影响被测管道带电量，测试结果会偏大；测试距离偏大时，传感器主动施加电压与管道静电的感应强度减弱，测试结果偏小。

表 5-1 不同测试距离静电检测结果

序号	测试距离/mm	标准静电电压/kV	电压扫描测试静电电压/kV	误差/%
1	6	5.01	5.95	18.7
2	8	5.02	5.71	13.7
3	10	4.95	5.18	4.7
4	12	5.03	4.72	6.2
5	14	4.99	4.53	9.2
6	16	5.01	4.47	10.8

3. 管道表面喷漆对测试精度的影响

通过调节放电距离在管道内表面产生不同的静电电位，分别在管道外表面喷漆部位和未喷漆部位进行对比测试，其结果见表 5-2。实验表明，对比最大差异为 2.74%，抽尘管道外表面喷涂厚度 100 μm 的普通防锈漆对管道静电测试影响较小。由于管道上喷涂不同种类的防护漆和不同的喷涂厚度可能产生的影响不尽相同，由于时间有限，在以后工作中再做进一步的研究。

表 5-2　静电测试数据对比表

序号	静电电压测试值/kV		差异/%	备注
	表面未喷漆	表面喷漆		
1	1.368	1.338	−2.192 98	喷涂 100 μm 厚的普通防锈漆
2	3.735	3.788	1.419 009	
3	5.065	5.096	0.612 043	
4	5.758	5.68	−1.354 64	
5	8.025	8.245	2.741 433	
6	11.813	11.723	−0.761 87	

4. 管道壁厚对静电电压测试精度的影响

通过图 5-7 中的实验系统，在管道内壁施加标准电压，采用电压扫描静电传感器在 10 mm的测试距离进行管道静电测试，分别采用 1 mm、2 mm 和 3 mm 管壁厚度的普通钢管进行实验，研究不同的管道厚度对测试静电电压的影响，结果如图 5-8 所示。实验表明，不同厚度的钢管，在给钢管内表面施加静电时，检测的静电电压值随管壁厚度的增加而减小，当管壁厚度为 3 mm 时，管道静电测试值衰减 18.599%。

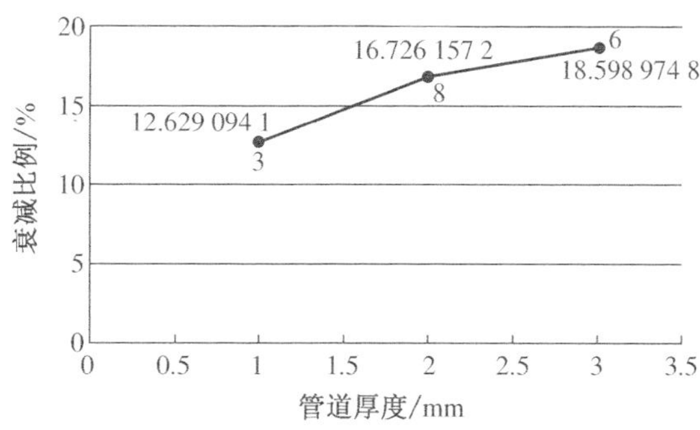

图 5-8　不同管道壁厚静电测试静电电压衰减示意图

5.2.4　静电监测防护装置试制及实验室实验

结合前面电压静电测试技术研究以及现场安装工艺要求，完成了静电装置的设计和试制。结构如图 5-9 所示，在管道上的安装方式如图 5-10 所示。

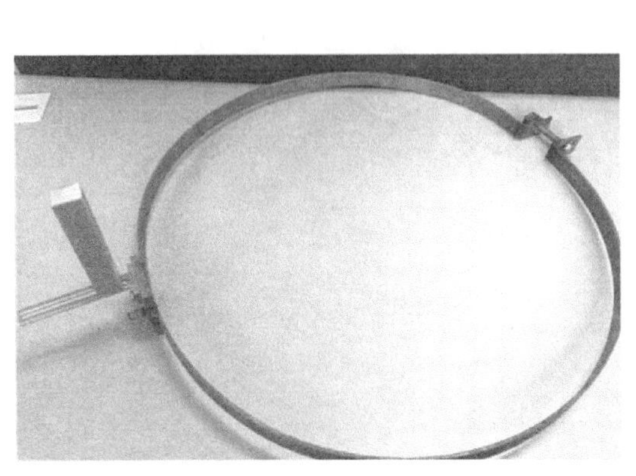

图 5-9　电压扫描静电检测装置实物图

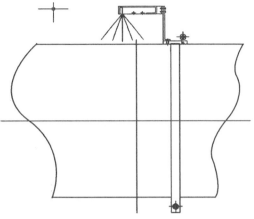

图 5-10　电压扫描静电检测装置安装图

把电压静电检测装置接入抽尘管道系统，在管道风速 10 m/s 下，分别向管道中释放镁铝合金、铝、铁、面粉、煤粉粉尘，粉尘释放速度为1 g/s，分别测试各个情况下管壁的静电电压，实验系统如图 5-11 所示，通过测试记录，不同粉尘情况下管道静电测试数据如图 5-12 所示。

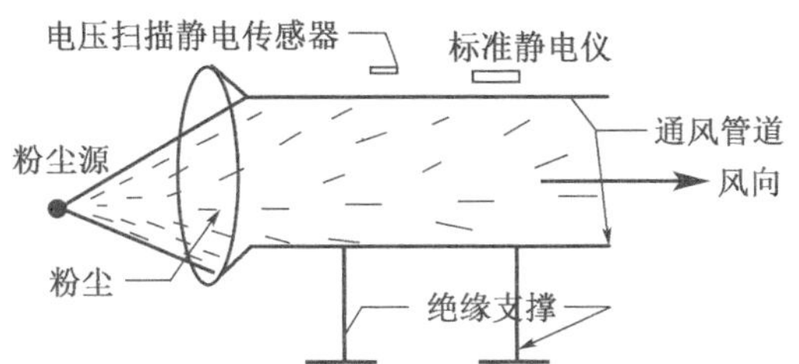

图 5-11　管道静电电压测试系统图

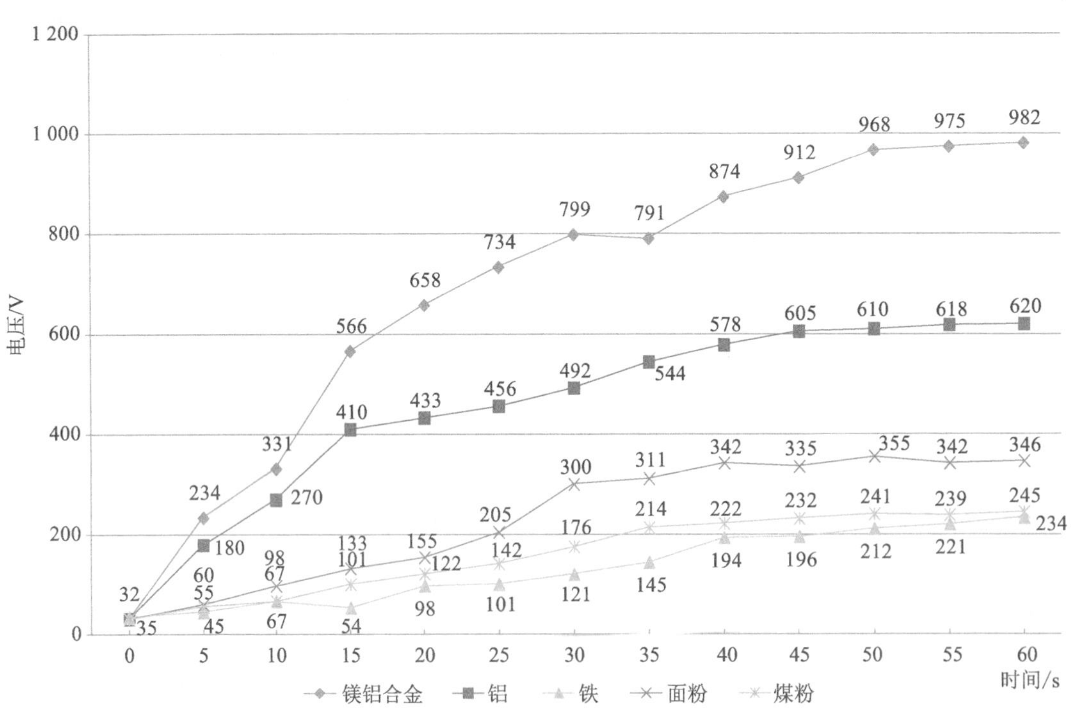

图 5-12　不同粉尘通风管道静电测试图

通过建立的实验系统对镁铝合金、铝、铁、面粉、煤粉粉尘在管道中运行产生的静电进行了测试。从测试结果可以看出，对抛光打磨粉尘在管道内运行产生的静电都能进行监测，采用该技术能达到管道静电监测预警的目的。

5.3 除尘管道高效净化技术及装备研究

5.3.1 研究思路和方案

1. 管道沉积粉尘自动清灰技术

根据爆炸性环境粉尘清灰要求，结合现场管道形状、布置方式的调研，管道沉积粉尘采用负压吸尘方式进行抽尘，然后通过防爆除尘器进行除尘净化。方案如图 5-13 所示。

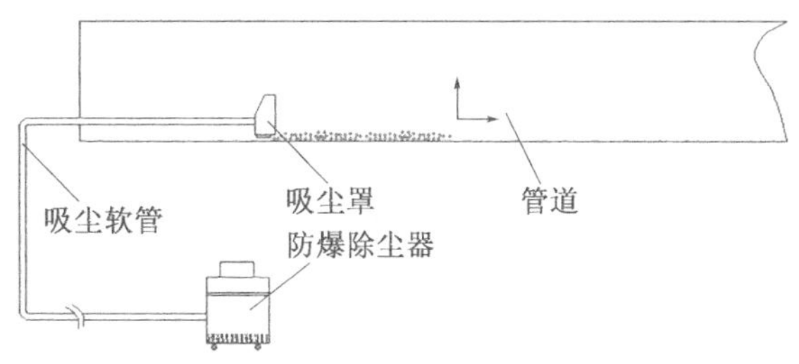

图 5-13　沉积粉尘清灰方案图

2. 管道沉积粉尘自动清灰行走装置

本方案面向直径范围 500～800 mm、水平可存在适度弯曲且长度不超过 30 m 的易燃粉屑排放圆形金属管道，设计搭载负压吸尘罩的全自动行走装置，行走装置系统布置如图 5-14 所示。装置采用双履带行走方式，行走过程完全由 PLC 程序自动控制。

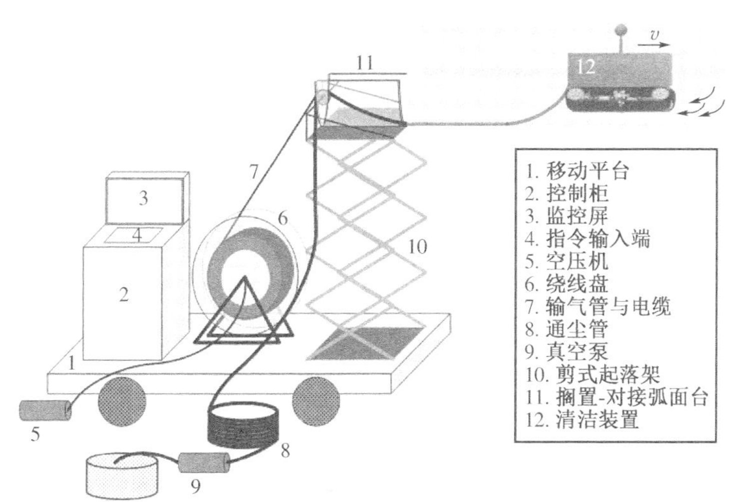

图 5-14　行走装置系统图

该装置系统由两大部分构成，分别是管道中的清洁装置与管外控制平台。由 2 号的控制柜提供控制信号，沿 7 号的输气管与电缆传输到 12 号的管内清洁装置，对通过 7 号管进入 12 号装置的气压进行调节，驱动气动马达以带动清洁装置的左右履带运转。对粉屑的负压清除控制也可通过控制柜开展，由 9 号装置提供负压，通过 8 号管直达 12 号清洁装置，吸取管道内壁的粉屑。与 7 号管结合在一起的还有安全绳，以供故障情况下清洁装置的回收。

本方案的部分指标：

(1) 适应管道直径范围：500～800 mm；

(2) 两履带式适应管道最小转弯半径：617 mm(管径 800 mm)、431 mm(管径 500 mm)，其他管径情况下的最大转弯半径可由公式直接求得；

(3) 水平行走速度：0～39.27 m/min(40 kg 清灰装置质量下的最大理论速度)；

(4) 最大爬坡角度：11°；

(5) 适应内管壁障碍物高度：不大于 10 mm；

(6) 最大可跨越分支管道直径：主管直径的 2/3；

(7) 气动马达最大气压压强：6.3 bar(1 bar＝0.1 MPa)；

(8) 气动马达：功率 110 W，最高转速 250 r/min；

(9) 减速机：减速比为 3 或者更高。

系统输入：管道直径、清洁速度、管道长度等。

系统输出：实时视频输出、清灰装置位置信息、障碍物与管道分支情况等。

由沉积粉尘清灰方案可以看出，影响沉积粉尘清灰效果的因素有吸尘罩吸尘口离粉尘的距离、吸尘口吸尘风速以及吸尘口的移动速度等。为了得出沉积粉尘吸尘最佳参数，需对影响的关键因素进行实验研究。

5.3.2 清灰参数实验研究

1. 吸尘口风速与吸尘口高度关系实验

针对抛光打磨现场的情况，选择典型的镁铝粉尘、抛丸粉尘和煤粉，在不同的吸尘口风速情况下，调节吸尘口高度进行实验，并记录沉积粉尘能被完全抽吸干净情况下的最大吸尘口高度。具体参数如表 5-3 所示。

表 5-3 吸尘口风速与吸尘口高度测试表

吸尘口风速/(m·s^{-1})	镁粉尘最大吸尘高度/mm	抛丸粉尘最大吸尘高度/mm	煤粉最大吸尘高度/mm
143.07	16	11	19
125.9	15	10	18
119.22	14	9	16
106.28	13	8	15
100.15	13	7	14
92.2	12	6.5	13

2. 不同吸尘移动速度吸尘效果实验

根据以上实验数据，结合抛光打磨抽尘管道的法兰高差不超过 5 mm 的情况，吸尘口的风速取 92 m/s，吸尘口高度取 5 mm，针对前面所提的三种粉尘介质，通过对吸尘罩的移动来观察粉尘的抽吸效果。具体情况如表 5-4 所示。

表 5-4　不同吸尘罩移动速度下吸尘效果测试表

吸尘罩移动速度/($m \cdot s^{-1}$)	吸尘效果：铝镁抛光粉/%	吸尘效果：抛丸粉尘(0.3 mm 钢丸)/%	吸尘效果：煤粉粉尘/%
0.1	100	100	100
0.2	100	70	100
0.3	50	30	100

3. 管路及电缆拖拽力实验

根据前期的实验，结合清灰装置在管道内的行走特点，对采用的抽尘胶管、压缩空气胶管及所需电缆进行拖拽实验，实验结果如表 5-5 所示。

表 5-5　管道内抽尘管、压气管及电缆拖拽拉力测试表

测试对象	抽尘管(50 mm 内径)		压气管		电缆线	
长度/m	30	50	20	50	20	50
质量/kg	25	40	5	12.5	2	5
拖拽拉力/N	160	270	25	63	10	25

5.3.3　清灰系统参数设计及选型设计

根据管道的安装误差和粉尘清扫特点，吸尘口高度取离管内壁 5 mm，吸尘口采用带幅度的矩形形状，尺寸取 100 mm×5 mm，为了满足抛丸的大颗粒粉尘清理，抽尘装置移动速度根据实验结果取 0.1 m/s。通过实验室实验，吸尘口的风速不小于 72 m/s 时满足管道吸尘要求。通过计算，抽吸风量不小于 130 m^3/h。根据高压风机曲线可以选用 RB-033 型高压防爆风机，当风量为 130 m^3/h 时，负压为 12 700 Pa 左右，除尘器按设计指南取 1 500 Pa。吸尘口阻力通过实验测试为 2 000 Pa，可以提供的抽尘管阻力为 9 200 Pa，通过阻力计算可以选用直径为 43 mm 的管道。考虑到软管的弯曲会增加阻力，选用 50 mm 的负压软胶，通过测试 35 m 长软管在自然弯曲时阻力为 9 000 Pa，因此，选择的风机满足风量、负压要求。RB-033 型高压防爆风机参数如图 5-15 所示。

5.3.4　管道沉积粉尘自动清灰装置结构设计

5.3.4.1　结构设计

清灰行走装置三维结构设计如图 5-16 所示，该设计包括两条与平面成 90°的履带和增加接触面摩擦力的顶轮。装置需携带的吸尘装置、摄像模块以及壳体等均布置在两履带间的平板上。履带内部配置情况如图 5-17 所示，包括驱动轮、行星减速器、气动马达、导轮、减振器。

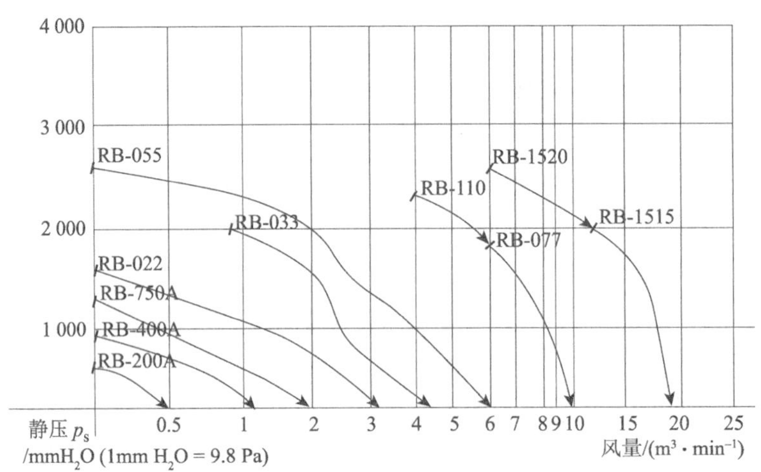

图 5-15　RB-033 型高压防爆风机参数图

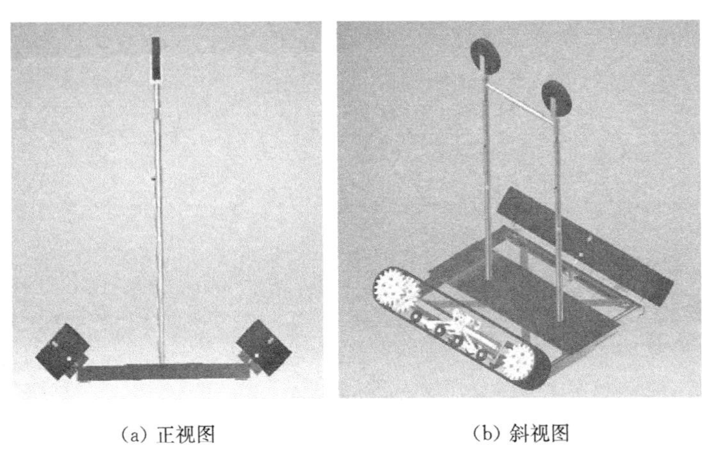

(a) 正视图　　(b) 斜视图

图 5-16　两履带式行走机构三维结构设计

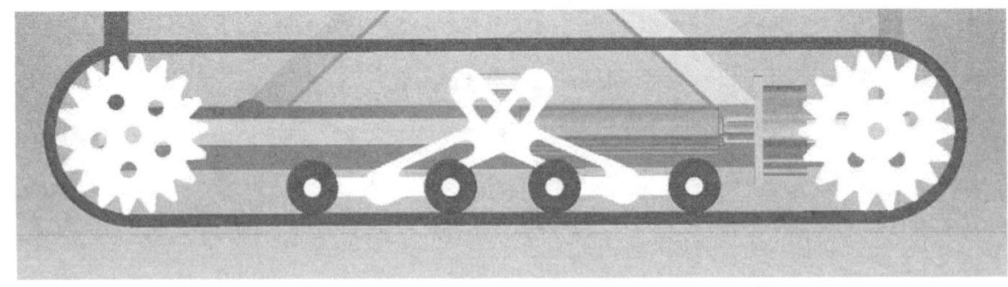

图 5-17　履带内部配置情况

由于装置的工作环境为圆形管道，如果采用带面水平的履带设计，那么履带与管壁的接触为线接触，所提供的压强大，而能够获得的摩擦力却很小，不利用安全作业。本方案考虑两履带带面中垂线成一定夹角的设计，由几何关系可知一条履带的带面与管壁的接触变为双线，如果带面为曲面，那么带面与管壁的接触将由线变成面，从而可以最大限度地降低压强与增大摩擦力。

因管道通常存在分支的情形，考虑分支管道直径不超过主管道直径 2/3 的情形，那么本方案的设计可望有效避开分支开口，并减小装置主体的体积和长度，增大清洁装置的通过性。

带面中垂线夹角的取值是解决以上问题的关键，本方案以 800 mm 直径管道为例进行分析，当直径为 800 mm 时，支管最大直径约 534 mm。两带面中垂线夹角取不同值时（中垂线过管道圆心，保证足够的接触面积），从管道侧面可直观得知履带通过分支管道上方时，带面与分支口的接触情况（见图 5-18）。

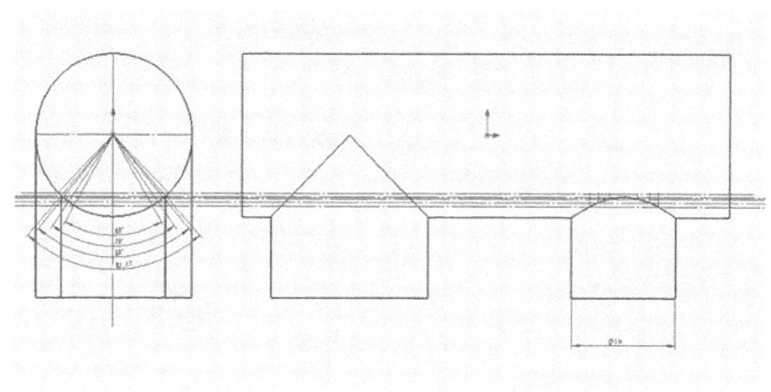

图 5-18　800 mm 管道分支极限(2/3)开口时的通过情况

统计图 5-18 中数据，可获得如表 5-6 所示的支管通过距离和带面与管壁的压力。随着夹角的增大，跨支管的距离逐渐减小，而带面压力逐渐增大，当夹角不小于83.73°时，履带可完全避开支管，而每条履带对管壁所施加的压力约为装置总重量的 0.673。为获得一定余量，本方案可设计小车两履带中垂线夹角为90°，此时单履带的压力约为装置总重量的 0.707。

表 5-6　极限情况下的通过距离和带面压力

履带夹度/°	800 mm 直径管道、534 mm 直径支管所需跨过的距离/mm	单履带的压力与装置总重量的比值
60	356	0.577
70	271	0.61
80	143	0.653
83.73	0	0.673
90	0	0.707

(1) 适应不同管径结构设计

为适应不同抽尘管的使用需要，基于履带面的夹角设计，保持带面夹角不变，根据管径大小适当改变两履带间距，使得不同管径情况下，两带面中垂线始终通过管道圆心，如图5-19所示。

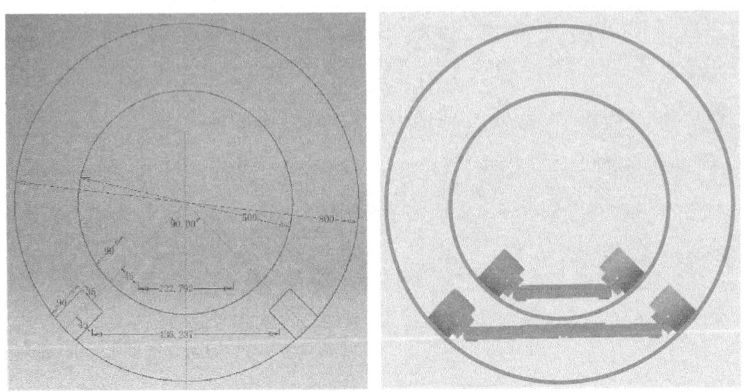

图 5-19　两履带结构不同管径适应设计

为实现该种形式的变化，设计装置底盘为如图5-20所示的结构，步进电机基于控制信号驱动丝杆螺母结构实现X形结构的形变，调整两履带宽度以达到需要的宽度。X构形的单侧调整结构设计如图5-21所示，由丝杆、内螺纹滑块与步进电机组成，步进电机驱动丝杆旋转，带动内螺纹滑块进行横向移动。配置两履带与X构形变径设计的底盘如图5-22所示。

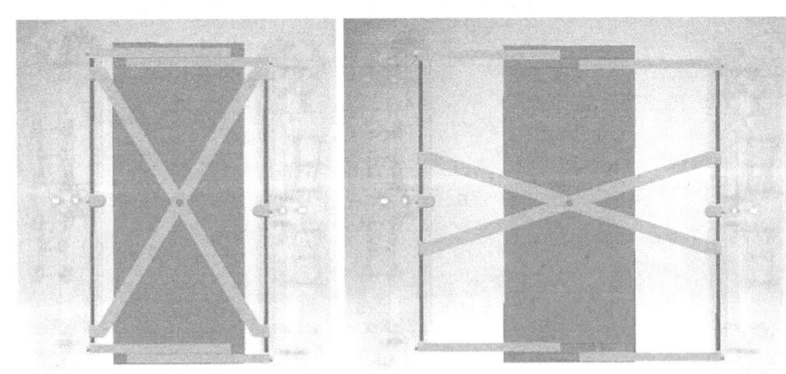

图 5-20　两履带式底盘结构设计

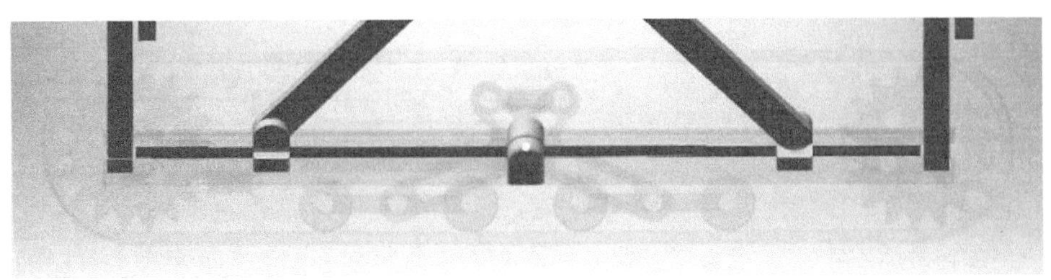

图 5-21　X构形单侧调整结构设计

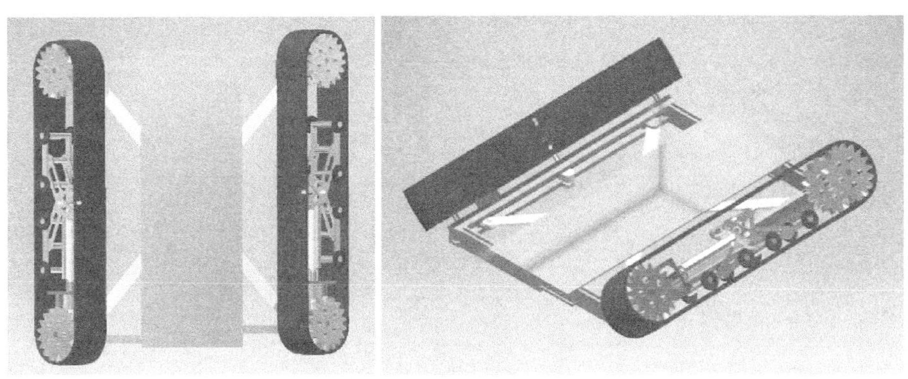

图 5-22　两履带式底盘结构

由于项目要求清灰装置不具有较高的自动化程度，那么自动变径结构的设计可更改为手动，如图 5-23 和图 5-24 所示，用紧固螺钉代替原内螺纹滑块，通过手动调整紧固螺钉并滑动 X 构形支架，可于作业前实现两履带间距的调整。

图 5-23　X 构形手动调节设计

图 5-24　X 构形紧固螺钉

另外，为了增加清灰装置刚度，两侧履带与主体采用四组 T 形滑轨，与主体固连的 T 形结构具有极佳的抗弯能力，如图 5-25 所示。

(2) 行走装置预紧方式设计

为增强清洁装置在摩擦力不够情况下的运行稳定性，特设计如图 5-26 与图 5-27 所示

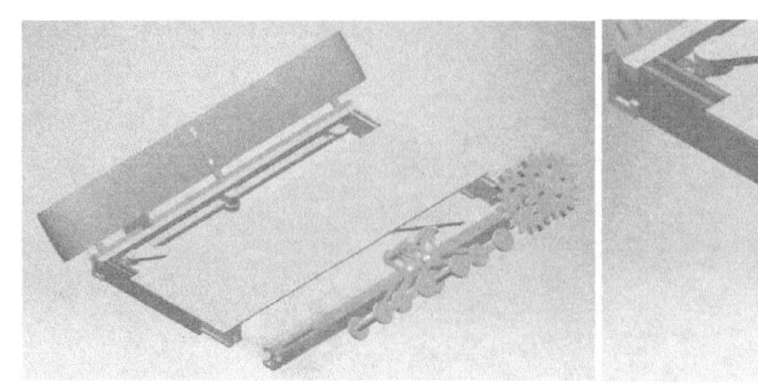
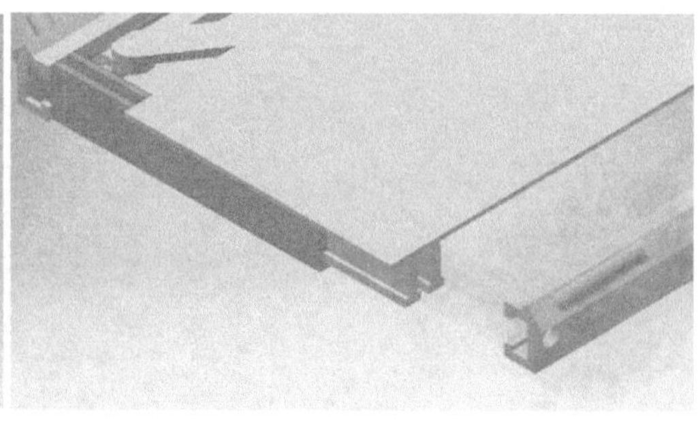

图 5-25　T 形滑轨设计

的可拆卸预紧顶轮结构，该顶轮结构底部配置调节螺钉，可对支撑杆长度进行手动调节，中上部配置弹簧减振支架，实现对管壁顶部的压紧，从而为两履带向管壁增加额外的压力以提高摩擦力。该顶轮可提供清灰装置两履带差速运动避开斜向分支管时所需压力。顶部轮子采用球轮，以实现管道顶部多方向移动。

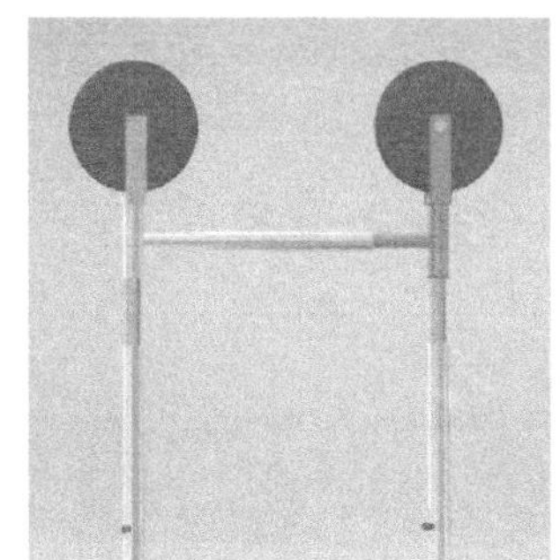
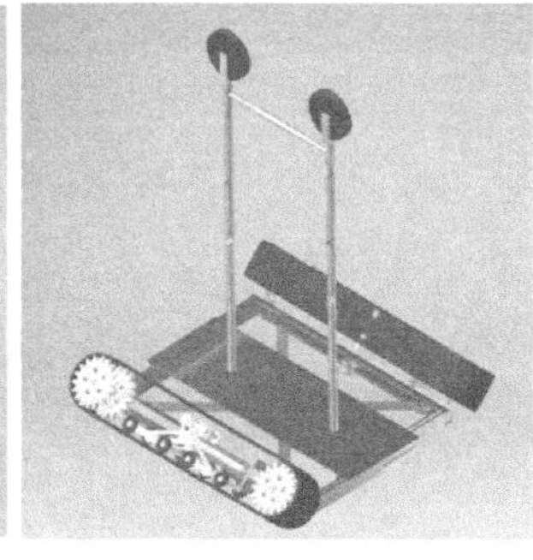

图 5-26　可拆卸支撑顶轮结构设计

图 5-27　预紧顶轮的管内正视效果

(3) 履带设计

为实现履带面与管壁的面接触，采用一体成型橡胶履带，带面外轮廓为弧形，弧形所对应圆的直径为 500 mm，与最小 500 mm 的管径相对应，如图 5-28 所示。当管径大于 500 mm时，每条履带两侧负重轮下压将改变履带形状使其与管壁贴合，从而增大履带与管壁接触面积。在无额外负重的情况下，如果需要提供更多的拉力，可定制磁性履带。

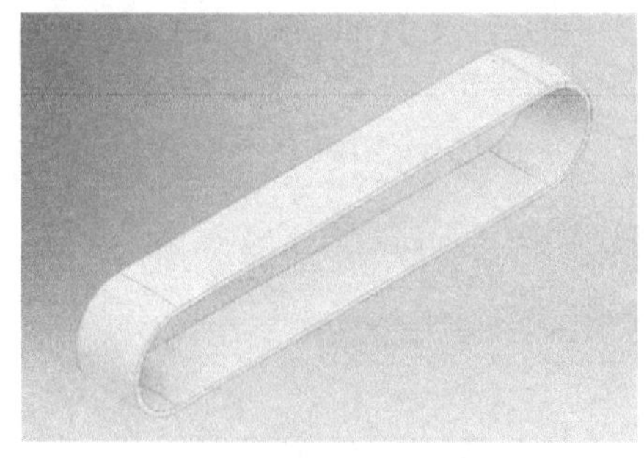

图 5-28　履带外弧面设计

设计参数：

主要选材：合金钢、铝 6061；

质量：12.1 kg（无顶轮），12.8 kg(加顶轮)；

长度：520 mm；

宽度：400～610 mm；

两履带接触面积：0.06 m^2。

(4) L 形旋转腔体吸尘杆设计

吸尘杆组件包括固定管和吸尘管，吸尘管包括相互固定连接的第一段管和第二段管，第一段管和第二段管组合成倒 L 形布置。固定管内间隔设置有两个隔板，第一段管穿过两个隔板从而套设在固定管内，两个隔板之间的腔室形成连通腔。固定管上与连通腔对应的侧壁上设置有第二孔道，第一段管上与连通腔对应的侧壁上设置有第一孔道，如图 5-29 所示。

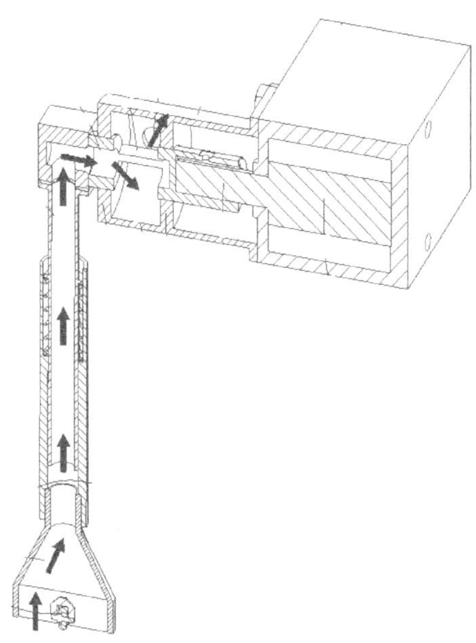

图 5-29　L 形旋转气缸设计示意图

该组件采用固定管固定设置，因此当吸尘管摆动时吸尘管软管不会跟随摆动，相比于抽尘软管跟随摆动的方案，本方案电机驱动阻力更小，更加节能，并且抽尘软管不会跟随摆动，它可以固定，从而不会与其他零部件发生干扰。

(5) 定距离吸尘杆设计

该定距离吸尘杆组件，包括吸尘管和活动管，吸尘管的一端设置有活动管，活动管与吸尘管之间设置有弹性件，活动管的自由端设置有滚轮，如图 5-30、图 5-31 所示。

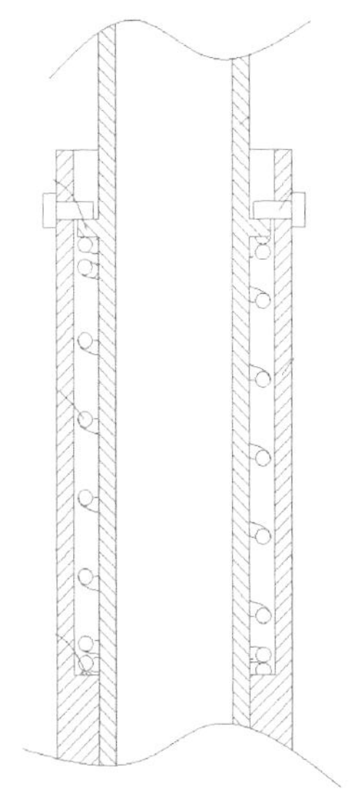

图 5-30　定距离吸尘杆设计示意图 1

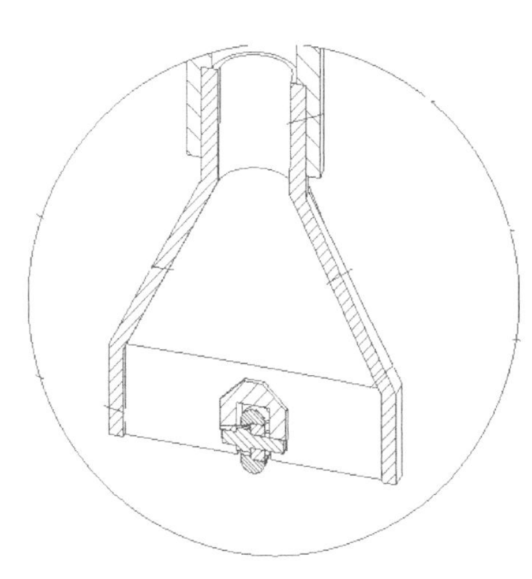

图 5-31　定距离吸尘杆设计示意图 2

该定距离吸尘杆组件通过弹性件的作用一直压持滚轮，使得滚轮一直接触管道内壁，因为滚轮伸出活动管的距离是不会变化的，所以活动管与管道内壁的距离不会发生变化，无论管道内是否有杂物或管道圆柱度是否变化，活动管与管道内壁的距离都不会发生变化，由此能够保证吸尘管的抽吸效果处在稳定范围内，从而使得管道的吸尘清洁工作保持高度稳定，减少出现清洁不完全的情况。

5.3.4.2 控制系统设计

为实施有效的清灰作业，控制方案如图 5-32 所示，可开展闭环的自动控制与手动控制作业，控制电路主体位于图 5-14 中编号 2 的控制柜中。按任务需求为控制器提供期望控制输入，由传感器获得清灰装置当前状态，与期望控制输入进行对比可提供偏差信号，再采用 PID 控制算法即可提供有效的控制输入。该控制输入作用于执行器，便可在一定时间内实现所期望的效果。

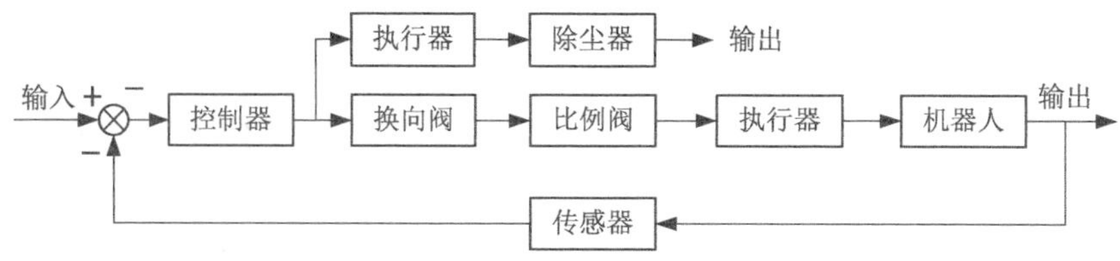

图 5-32 闭环控制框图

如果不需要清灰装置自动完成清灰作业，那么可采用人为操纵作业，可通过摄像模块获得管内粉尘的分布情况，手动操纵清灰装置开展清灰任务。

根据以上控制框图和控制需求，控制系统总体设计如图 5-33 所示。触摸屏作为系统期

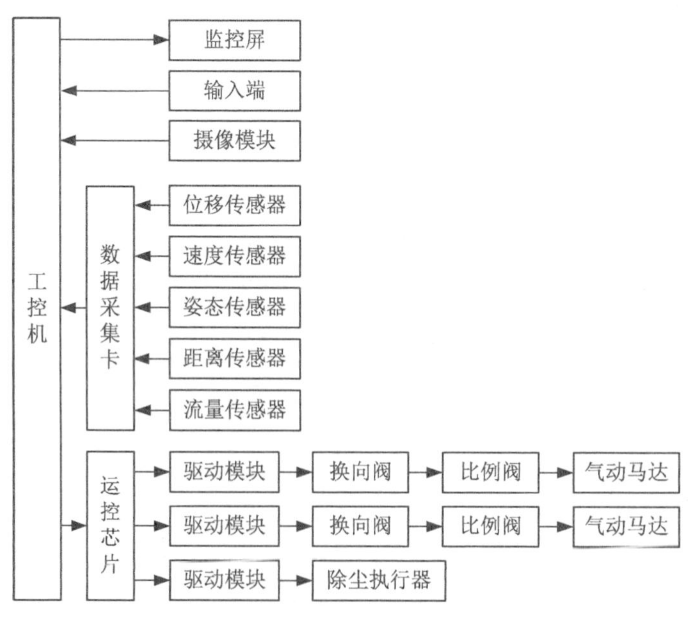

图 5-33 控制系统总体设计

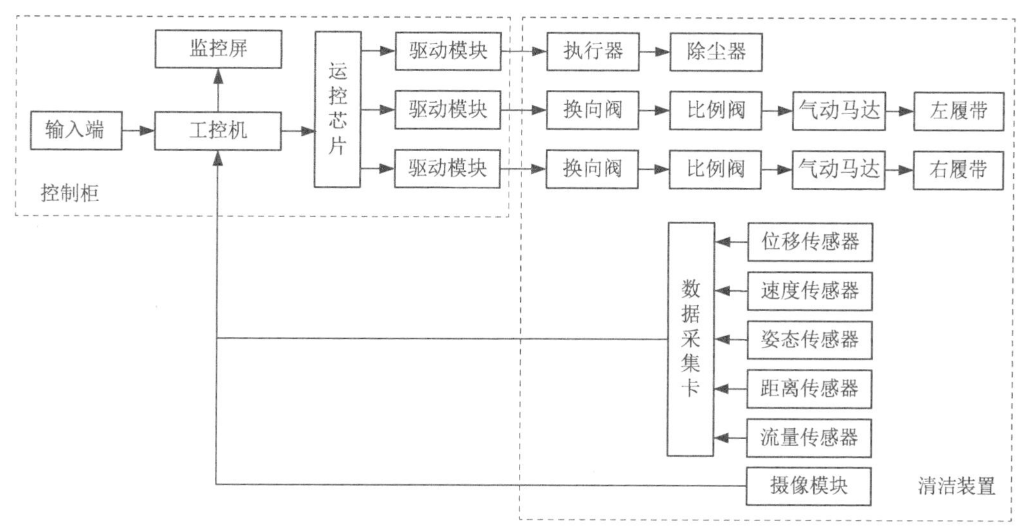

图 5-34　控制系统原理图

望控制输入与手动控制作业时的录入途径，输入信号直接传递到工控机中。清灰装置上配置一定数量的传感器，可获得清灰装置与管壁的距离和清灰装置当前姿态等信息，经数据采集卡反馈回工控机。工控机中编制具有输出界面的软件，对控制输入和传感器信息进行综合处理，一方面将部分信息显示到监控显示屏，另一方面将偏差信号按 PID 算法处理后传输到运控芯片。运控芯片对两履带式行走机构差动进行解算，将所获得的控制信号分解为左右履带运动所需要的控制量，再由相应的驱动模块和比例阀实现左右气动马达进气量的调节，从而获得所需要的气动马达转速输出。

根据控制框图和总体设计，设计出控制系统原理图，如图 5-34 所示。

基于以上控制思路，所设计的软件的控制流程如图 5-35 所示。该流程主要包括自动与手动作业两种方式。手动作业时，清灰装置仅提供视频反馈、距离和姿态信息，对其行进速度及差动控制均由工作人员操控；自动作业时，清灰装置就依据上述思路开展作业，直至管道终点或者输入的清灰长度完成为止。两种方式均会生成简要的清灰报告供操作人员掌握清灰情况，以决定重新清灰还是原路返回完成清灰、停机。

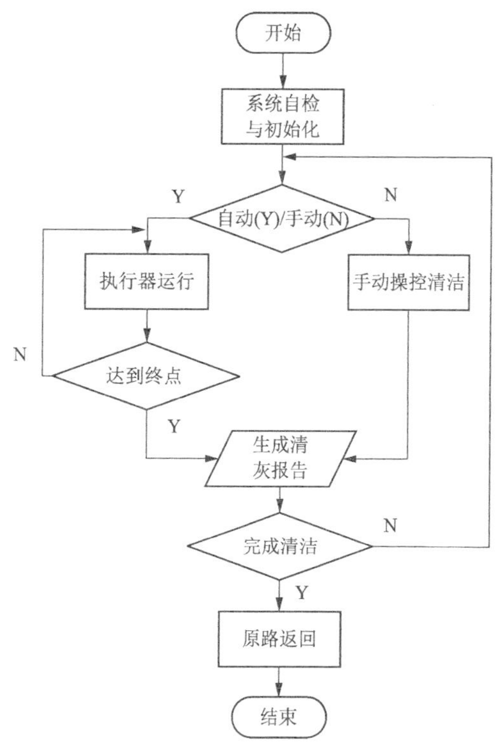

图 5-35　清灰装置软件控制流程

5.3.5 管道自动清灰装置加工及实验

通过以上设计计算，对管道自动清灰装置进行了制图及加工，加工组装后样机照片如图 5-36 所示。

图 5-36 管道清灰装置样机照片

1. 管道清灰装置速度特性及控制实验

图 5-37 和图 5-38 分别给出了管道清灰装置前进和后退 1 200 mm 时的瞬时速度，图 5-39 和图 5-40 分别给出了管道清灰装置前进和后退 300 mm 时的瞬时速度。从图中可以看到在管道清灰装置前进过程中，在摆缸切换的瞬间会出现一个瞬时的负值速度；在管道清灰装置后退过程中，在摆缸切换瞬间会出现一个瞬时的正值速度。因为在摆缸来回摆动过程中，清灰装置是间歇式行走，致使清灰装置突然行走与停止，在这个过程中会出现相应的抖动以及履带传动装置的反向运动，所以在摆缸切换时会出现瞬时相反速度。这个速度在清灰装置行驶过程中不可避免。

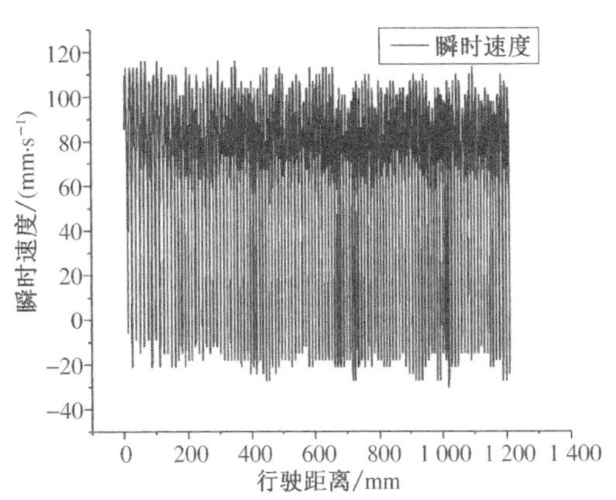

图 5-37 前进行驶 1 200 mm 瞬时速度

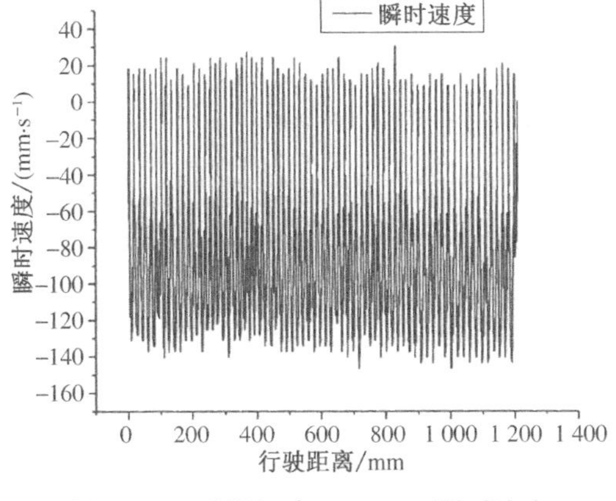

图 5-38 后退行驶 1 200 mm 瞬时速度

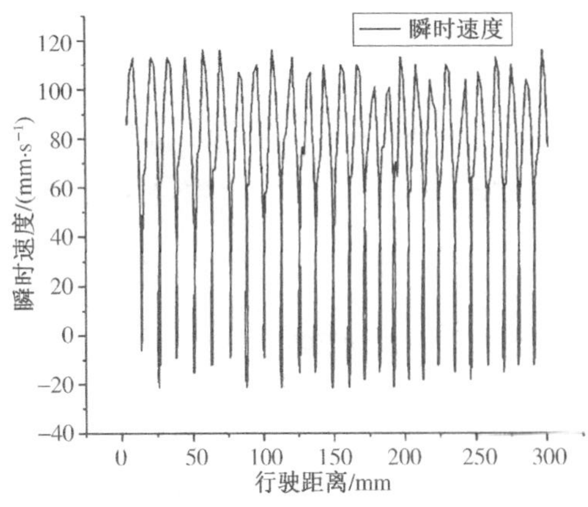

图 5-39 前进行驶 300 mm 瞬时速度

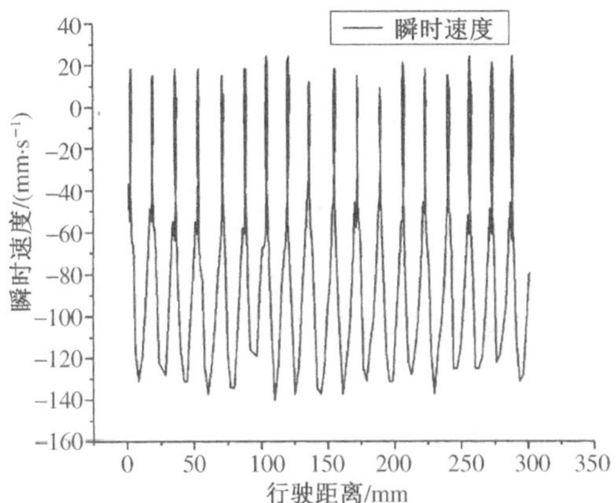

图 5-40 后退行驶 300 mm 瞬时速度

图 5-41 是清灰装置在摆缸延时 300 ms、500 ms 和 700 ms 下，在行走过程中的瞬时速度，可以看到清灰装置在 10 s 内，延时时间越长，产生的三角形瞬时波形个数越多，各个波形的瞬时速度大小与延时时间无关。图 5-42 是清灰装置在不同延时下，在一定时间内行驶距离比较图，可以看到在延时一定时，清灰装置的平均行驶速度基本保持一定，延时越大，平均速度越小，距离曲线的锯齿形状越明显，因而可以得到，当摆缸的旋转频率和电磁阀频率足够大时，通过减小延时时间，清灰装置基本可以实现连续的行走，这种锯齿感更小。图 5-43 和图5-44分别为清灰装置前进和后退行驶 1 200 mm 过程中的行驶曲线，可以看到管道清灰装置可以实现前进和后退功能，并在前进和后退过程中，只要摆缸延时时间不变，清灰装置行驶的平均速度基本不变。

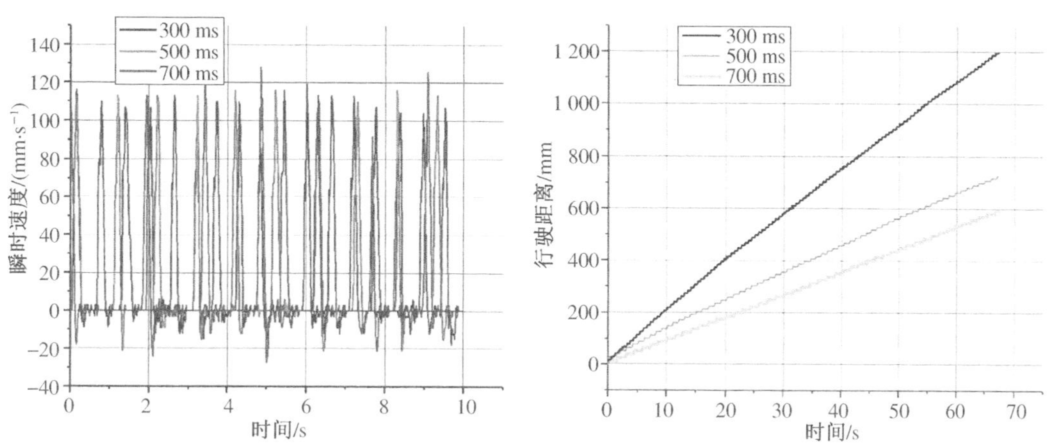

图 5-41　不同延时下清灰装置瞬时速度　　图 5-42　不同延时下清灰装置在一定时间内的行驶距离

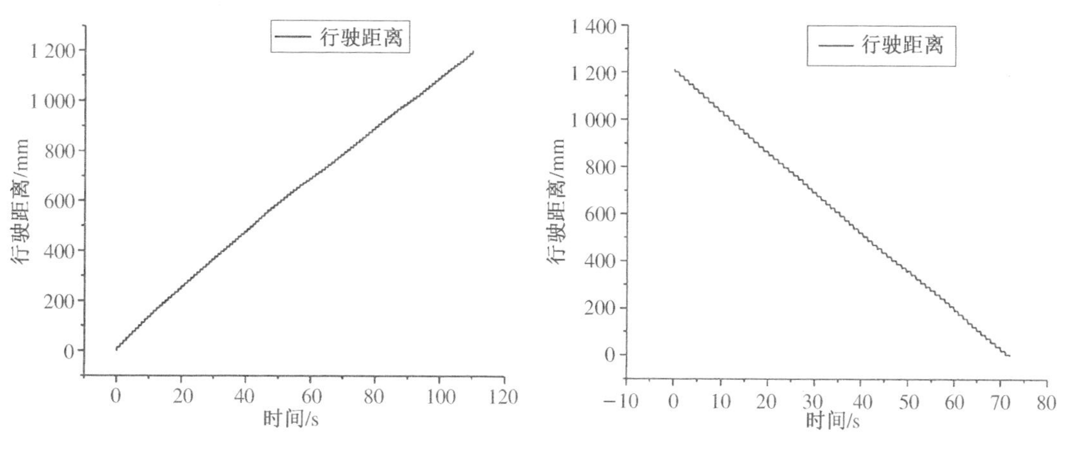

图 5-43　前进 1 200 mm 的行驶曲线　　图 5-44　后退 1 200 mm 的行驶曲线

2. 清灰装置姿态角控制实验

因为管道清灰装置是间歇式行走，在行走过程中管道的横滚角和俯仰角必然会发生一定变化，为了研究这种规律，测得在不同延时情况下，管道清灰装置的横滚角和俯仰角的变化如图 5-45 所示。从图中可以看出，管道清灰装置每间歇式行走一步，横滚角和俯仰角就会发生一个较小的突变，但是又迅速恢复，这是由管道清灰装置在摆缸冲击下造成的。可以看到横滚角和俯仰角的波动均在 1°范围内。

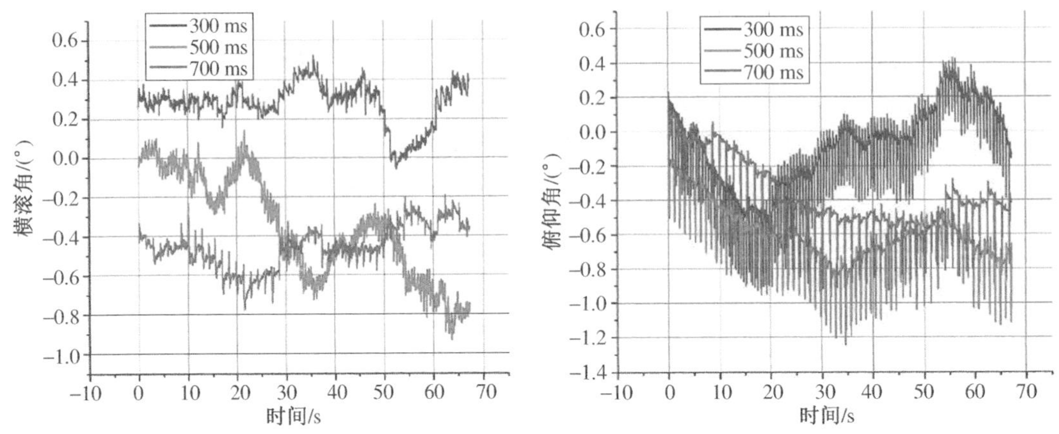

图 5-45　不同延时下横滚角和俯仰角

3. 拖动力实验

在供气压强为 6 bar(1 bar=0.1 MPa)时，设定摆缸旋转角度为30°，对管道清灰装置进行拖动力实验。在管道清灰装置尾部通过绳子连接到拉力传感器上，拉力传感器另一端通过绳子经过滚轮再连接到重物，这样便可实时测得清灰装置在行驶过程中重物产生的后拖力大小。实测如图5-46所示。

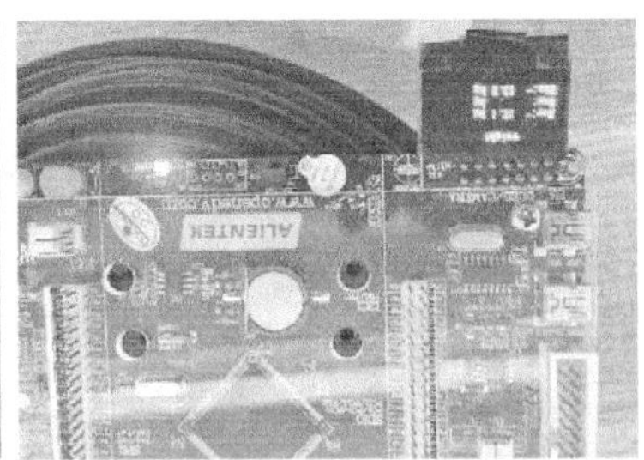

图 5-46　拉力测试实物图

如图 5-47 所示，在 0～10 s 内，没有给管道清灰装置施加后拖力，在 10～38 s 内，给管道清灰装置施加 80 N 的后拖力。从图中可以看出，在施加后拖力后，清灰装置的向后的瞬时速度比没有施加后拖力时更大，因此每一次间隔行走，向后的距离较之前有所增加。从行驶距离图中可以看到施加拖力后的斜率明显降低，即是管道清灰装置行驶的平均速度减小。在管道清灰装置间隔行驶过程中，摆缸来回旋转一次，清灰装置行走一次，但是由于履带传动链的链条存在一定空行程，因此在后拖力的作用下每次向后行走的距离比没有后拖力时更大。

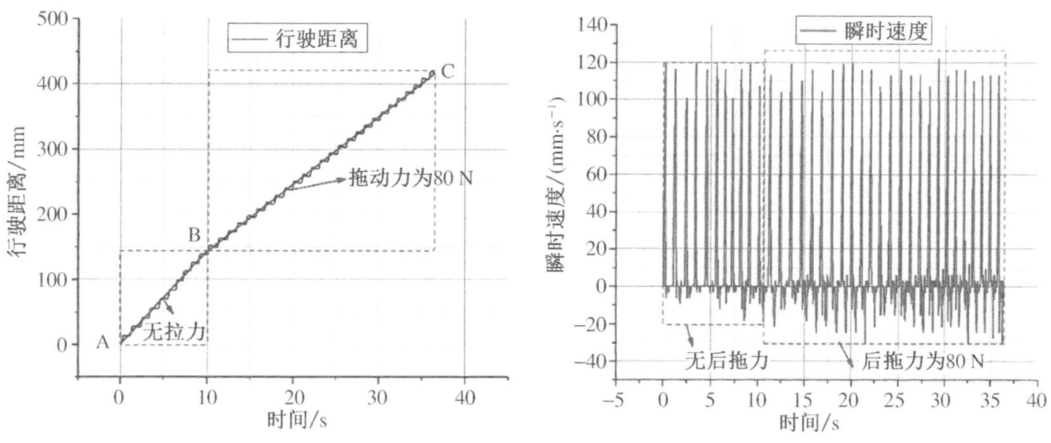

图 5-47　拖动力为 80 N 时管道清灰装置行驶距离和瞬时速度

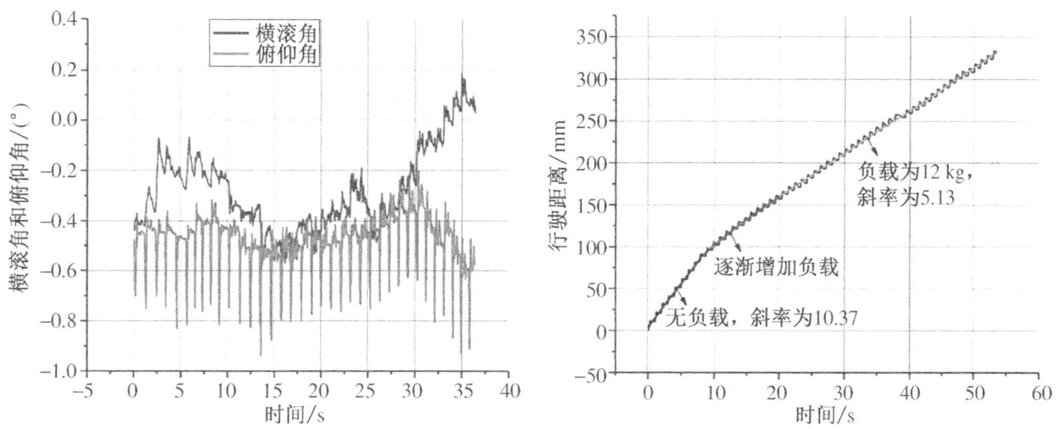

图 5-48　有后拖力时管道清灰装置横滚角和俯仰角　　**图 5-49　负载逐渐增加后行驶平均速度的变化**

有后拖力时管道清灰装置横滚角和俯仰角如图 5-48 所示。

为了测得管道清灰装置的最大拖动力，根据以上分析，当负载越大时管道清灰装置的行驶平均速度会越低，如图 5-49 所示，在无负载情况下清灰装置行驶速度约为 10.37 mm/s，在逐渐增加负载的过程中，行驶速度逐渐减小，当负载停止在 12 kg 时，行驶速度约为 5.13 mm/s，因此可以得到管道清灰装置在有负载下行驶速度会减小，并且负载越大行驶速度越慢。测得管道清灰装置的最大拖动力为 18 kg，此时行驶速度最小。

4. 爬坡实验

为了获得管道清灰装置的爬坡性能，对管道清灰装置进行了爬坡实验，实验环境如图 5-50 所示。测得管道清灰装置最大爬坡角度为 12°，满足设计要求。

5. 清灰效率实验

为测试管道清灰装置清灰效率，将其运行于布置好沉积粉尘的除尘管道中，分别测试在不同行走速度和不同清灰周期情况下清灰装置的清灰效率，测试结果如表 5-7 所示。

图 5-50　管道清灰装置爬坡实验环境

表 5-7　管道清灰装置清灰效率测试结果表

清灰效率测试											
序号	行走速度		清灰周期								
			1.5 s/次			1 s/次			2 s/次		
	前进速度/(m·s^{-1})	后退速度/(m·s^{-1})	清灰前粉尘质量/g	清灰后粉尘质量/g	清灰效率/%	清灰前粉尘质量/g	清灰后粉尘质量/g	清灰效率/%	清灰前粉尘质量/g	清灰后粉尘质量/g	清灰效率/%
1	1	1	95.8	1.8	98	100.4	0.06	99.9	104.8	0.23	99.8
2			101.5	2.1	98	96.6	0.15	99.8	100.2	0.33	99.7
3			106.8	1.1	99	98.8	2.3	97.7	112	0.56	99.5
1	0.8	0.85	97	3	97	96.4	0.28	99.7	71.9	0.39	99.5
2			68.5	3.1	95	80.6	0.5	99.4	101.3	1.2	98.8
3			98.5	4.1	96	89.9	2.2	97.6	89.8	1.2	98.7
1	1.4	1.4	70.1	3.02	96	74.7	0.1	99.9	76.6	0.14	99.8
2			88.2	3.2	96	101.2	0.5	99.5	89.7	2.1	97.7
3			89.7	3.3	96	89.2	0.9	99.0	98.8	1.1	98.9

从实验结果可以看出，当行走速度在 0.8～1.4 m/s，清灰周期在 1～2 s/次之间时，管道清灰装置的清灰效率均大于 95%，满足清灰要求。

5.4　可燃性粉尘浓度监测及爆炸防控技术

5.4.1　粉尘爆炸防治关键技术及装备研究

依据粉尘爆炸四要素，从粉尘爆炸性、粉尘浓度、氧浓度、引火源角度出发，提出有效防止粉尘爆炸的关键技术及装备，如高温热源探测技术及装备的研制、火花探测技术及装备的研制、静电感应及消除技术及装备的研制、粉尘惰化技术及材料的研制等。

1. 高温热源探测技术及装备

在工业生产环境中很容易在一定空间内形成悬浮的粉尘云，粉尘云一旦接触高温热表面很容易发生粉尘燃烧爆炸事故，造成人员伤亡及财产损失。

高温热源探测技术及装备是基于热源探测原理，通过热源感应传感器探测高温热源信号，发现高温热源后立刻输出信号到控制系统，信号处理器对信号进行处理得到热源温度及位置，并做出响应措施。

根据生产环节中容易产生高温热源的设备可重点进行监测，研发针对性的温度探测设备，如皮带机轴温监测设备等。

2. 火花探测技术及装备

当满足爆炸条件的粉尘云从点火源处获得一定阈值的能量时，就会发生爆炸。在工业生产环境中电火花、静电火花是较为常见的点火源，探测并控制电火花的发生对于控制工业粉尘爆炸有着重要的意义。

火花的产生主要有静电放电，如除尘管道里粉尘或其他物料摩擦时，往往会产生正负不同或电荷大小不同的静电，以及电磁火花；粉尘中含有铁质、石块等杂质与机械碰撞引起火花；电器设备启动和关闭，运转中电机电刷、各种电器元件的启闭，都有可能产生电火花。

火花探测装置由火花探测头检测近红外能量，探测火花或余火的存在，一旦发现火花立即输出信号到控制器，然后由控制器处理信号并自动给出应对措施。

3. 静电感应及消除技术及装备

静电放电是产生火花的主要原因之一，尤其在工业生产中要杜绝静电的发生。但想要消除静电仅仅将设备接地是远远不够的。

静电感应装置主要原理为静电感应器探测到静电体，将静电信号经过放大、滤波，A/D 转换传给单片机，经过单片机处理，然后由控制系统自动给出应对措施，消除静电。

4. 粉尘惰化技术及材料

粉尘惰化可从根源上抑制粉尘燃烧爆炸的发生，粉尘惰化包括控制氧气浓度、混入惰性粉尘等方法。

当满足如下条件时应考虑采用惰化的方法消除爆炸的发生：

(1) 当粉尘最小点火能量小于 10 mJ 时；

(2) 对于比电阻大的粉尘，静电放电很难避免；

(3) 活泼金属，例如镁、铝等；

(4) 粮食储运与加工行业通常不采用惰化技术。

粉尘惰化技术的应用还需要根据具体的工艺流程对惰化方式的选取、惰化材料的选取以及惰化工艺的实施进行深入的研究。

5.4.2 可燃性粉尘爆炸隔离技术及装备研究

粉尘爆炸发生后，如何有效地进行控制和阻止，是防止爆炸事故进一步扩大的关键，以各类粉尘在不同条件下爆炸机理及爆炸特性为理论基础，开展工业粉尘隔爆技术及装备研究。

爆炸的传播通常是以火焰的方式而不是以压力的方式扩散，所以在爆炸发生的早期阶段，探测、熄灭或阻止火焰前沿尤为重要。工业上常采用爆炸隔离技术来阻止火焰的传播，爆炸隔离技术的目的就是阻止爆炸火焰从一个设备沿着管道传播到相连的其他设备，避免造成“二次爆炸或多次爆炸”，减少损失。

爆炸隔离技术主要有机械隔离和化学隔离两种，也可分为主动式隔离和被动式隔离。通过本项目的研究，认清不同种类隔离装置的适用范围、安装方式、工作原理，在此基础上，研发具有自主知识产权的主动式快速爆炸隔离装置，其基本原理如图 5-51 所示。

主动式快速爆炸隔离装置主要由探测器、控制器、隔离装置、电源等部分组成，采用压力或火焰探测器预先探测爆炸的发生，然后启动隔离装置进行隔离。

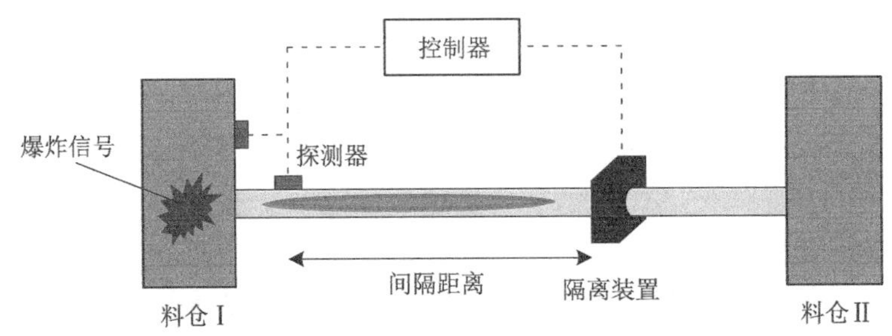

图 5-51 主动式快速爆炸隔离装置原理图

5.4.3 可燃性粉尘泄爆技术及装备研究

对于泄爆，包括正常泄爆和无焰泄爆，是利用防爆板、防爆门、无焰泄爆系统对所保护的设备在发生爆炸的时候采取的主动爆破，以泄放爆炸压力的办法进行泄压，以达到保护粉体处理设备安全的目的。通过项目研究，研发适用于工业粉尘生产系统的防爆板、防爆门及无焰泄爆系统，并形成适用于不同工业粉尘生产系统的泄爆技术。

其中，防爆板通常用来保护户外的粉体处理设备，如粉尘收集器、旋风收集器等，压力泄放的时候并伴随有火焰以及粉体的泄放，可能对人员和附近设备产生伤害和破坏；防爆门通常用来保护处理粉体的车间建筑，以使整个车间避免产生粉体爆炸；对于处于室内的粉体处理设备，有时对泄放要求非常严格，不能产生火焰、物料泄放或者没有预留泄放空间的情况下，通常会采用无焰泄爆系统，以达到保护人员以及周围设备的安全。有焰泄爆和无焰泄爆的对比如图 5-52 所示。

图 5-52　有焰泄爆和无焰泄爆的对比

5.4.4　可燃性粉尘抑爆技术及装备研究

抑爆系统是在爆燃现象发生的初期（初始爆炸）由传感器及时检测到，通过发射器快速在系统设备中喷射抑爆剂，从而避免危及设备乃至装置的二次爆炸，通常情况下爆炸抑制系统与爆炸隔离系统一起组合使用。

粉尘爆炸与可燃性气体爆炸存在很大区别，其爆炸威力大，爆炸反应时间长，结合已有的主动式喷粉抑爆装置，研究适用于粉尘除尘器、料仓等部位的主动式喷粉抑爆装置，研究主动式抑爆装置在不同部位的安装方式。主动式喷粉抑爆装置主要由传感器、控制器、电源、抑爆器等组成，其工作原理如图 5-53 所示。

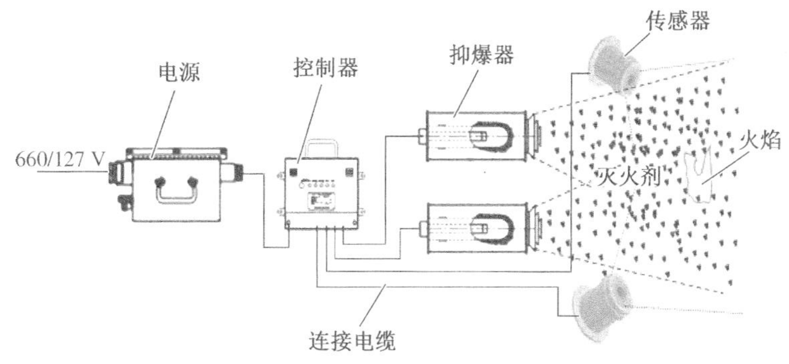

图 5-53　主动式喷粉抑爆装置工作原理

对于传感器的研发，开发抗干扰能量强的压力、火焰传感器联动技术，研制出更适用于工业粉尘抑爆的传感器，以提高设备的整体性能；对于抑爆器的研发，根据抑爆性能（抑爆剂浓度和形成时间等）的需要，改进现有的喷粉方式，使喷粉形成的抑爆粉尘云与工业粉尘的爆炸过程相互匹配，达到对工业粉尘抑爆性能的最大化；同时，根据现场使用的特点，对粉尘系统中的主动式喷粉抑爆系统的抑爆器的配置、安装位置和安装方法进行确认，并将抑爆系统进行现场应用。在此基础上，开展主动式喷粉抑爆系统整体性能实验研究。

第 6 章　可燃性粉尘环境防爆评估指标及远程粉尘监控、监管系统

6.1　可燃性粉尘防爆设计与评估指标

6.1.1　金属抛光打磨除尘系统防爆评估计算模型建立

1. 计算模型

根据金属抛光打磨除尘系统防爆评估指标体系的建立和分级，通过主观赋权法对指标体系中指标权重进行赋值。通过比例标度法对金属抛光打磨除尘系统防爆评估指标进行专家打分，将回收的专家打分表评分结果换算成各级指标的权重值，再重新反馈给专家核实，确保指标权重赋值的科学合理性。

2. 构造层次分析结构

层次分析结构将问题条理化、层次化，构造出一个层次分析结构的模型，一般将模型主要分为三层：目标层、准则层和方案层。在本指标体系中，目标层是某一行业粉尘爆炸指标体系，准则层是各一阶以及二阶指标，方案层则是没有下属指标的各底层方案。

在实际操作中，基本运用已经梳理和归纳好的各行业爆炸危险性评估体系进行层次分析的相关运算。

3. 构造判断矩阵

建立层次分析结构模型之后，需要对各层元素进行两两比较，构造出比较判断矩阵。层次分析法通过引入合适的标度数值来写成判断矩阵，判断矩阵表示针对上一层次因素，本层次与之有关因素之间相对重要性的比较。判断矩阵是层次分析法的基本信息，也是进行相对重要度计算的重要依据。其基本方法如下。

假定将上一层次的元素 B_k 作为准则，对下一层次元素 C_1，C_2，…，C_n 有支配关系，我们的目的是要在准则 B_k 下按它们的相对重要性赋予 C_1，C_2，…，C_n 相应的权重。在这一步要回答下面的问题：针对准则 B_k，两个元素 C_i，C_j 哪个更重要，以及其重要性的大小。对于 n 个元素，得到两两比较的判断矩阵 $\boldsymbol{C}=(C_{ij})_{n\times n}$。其中 C_{ij} 表示因素 i 和因素 j 相对于目标的重要值。一般来说，构造的判断矩阵取如下形式，见表 6-1。

表 6-1　判断矩阵表

B_k	C_1	C_2	…	C_n
C_1	C_{11}	C_{12}	…	C_{1n}
C_2	C_{21}	C_{22}	…	C_{2n}
…	…	…	…	…
C_n	C_{n1}	C_{n2}	…	C_{nn}

矩阵 **C** 具有如下性质：

(1) $C_{ij} > 0$；

(2) $C_{ij} = 1/C_{ji} (i \neq j)$；

(3) $C_{ii} = 1$。

在层次分析法中，采用 1～9 标度法来对上述决策判断定量化，以形成数值判断矩阵，见表 6-2。

表 6-2　判断矩阵标度及其含义

序号	重要性等级	C_{ij} 赋值
1	i，j 两元素同等重要	1
2	i 元素比 j 元素稍重要	3
3	i 元素比 j 元素明显重要	5
4	i 元素比 j 元素强烈重要	7
5	i 元素比 j 元素极端重要	9
6	i 元素比 j 元素稍不重要	1/3
7	i 元素比 j 元素明显不重要	1/5
8	i 元素比 j 元素强烈不重要	1/7
9	i 元素比 j 元素极端不重要	1/9

注：针对无法确定两重要度之间属于哪个的问题，可以取两标度之间的偶数值。

构造出上述的比较判断矩阵后，即可对判断矩阵进行单排序计算。在各层次单排序计算的基础上还需要进行各层次总排序计算。在进行该类计算之前，需要进行一致性检验。

4. 判断矩阵一致性检验

为了保证应用层次分析法分析得到的结论合理，需要对构造的判断矩阵进行一致性检验。这种检验通常是结合排序步骤进行的。

根据矩阵理论可以得到这样的结论，即如果 λ_1，λ_2，…，λ_n 满足式(6-1)

$$\boldsymbol{A}\boldsymbol{x} = \lambda \boldsymbol{x} \tag{6-1}$$

也就是矩阵 **A** 的特征根，并且对于所有 $a_{ii} = 1$，有

$$\sum_{i=1}^{n} \lambda_i = n \tag{6-2}$$

当矩阵 **A** 具有完全一致性时，$\lambda_1 = \lambda_{max} = n$，其余特征根均为零；而当矩阵 **A** 不具有完全一致性时，$\lambda_1 = \lambda_{max} > n$，其余特征根 λ_2，λ_3，…，λ_n 有如下关系：

$$\sum_{i=2}^{n} \lambda_i = n - \lambda_{max} \tag{6-3}$$

当判断矩阵不能保证具有完全一致性时，相应判断矩阵特征根也会发生变化，可以使用判断矩阵特征根的变化来检验判断的一致性程度。因此，在层次分析法中引入判断矩阵最大特征根以外的其余特征根的负平均值作为度量判断矩阵偏离一致性的指标，即

$$CI = \frac{\lambda_{max} - n}{n - 1} \tag{6-4}$$

CI 值越大，表明判断矩阵偏离完全一致性的程度越大；CI 值越小(接近于 0)，表明判断矩阵的一致性越好。还需引入判断矩阵的平均随机一致性指标 RI 值，对于 1 ～ 9 阶判断矩阵，RI 的值分别为表 6-3 中的值。

表 6-3　平均随机一致性指标

1	2	3	4	5	6	7	8	9
0.00	0.00	0.58	0.90	1.12	1.24	1.32	1.41	1.45

判断矩阵阶数为 2 时，具有完全一致性。当阶数大于 2 时，判断矩阵的一致性指标 CI 与同阶平均随机一致性指标 RI 之比称为随机一致性比率，记为 CR，当阶数小于 2 时，即认为判断矩阵具有满意的一致性，否则就需要调整判断矩阵，使之具有满意的一致性。

$$CR = \frac{CI}{RI} \tag{6-5}$$

5. *层次单排序*

计算出某层次因素相对于上一层次中某一因素的相对重要性，这种排序计算称为层次单排序。具体地说，层次单排序是指根据判断矩阵计算对于上一层某元素而言本层次与之有联系的元素重要性次序的权值。

理论上讲，层次单排序计算问题可归结为计算判断矩阵的最大特征根及其对应的特征向量的问题。但一般来说，计算判断矩阵的最大特征根及其对应的特征向量，并不需要追求较高的精确度。这是因为判断矩阵本身有一定的误差范围，而且应用层次分析法给出的层次中各种因素优先排序权值从本质上说是表达某种定性的概念，所以，一般用迭代法在计算机上求得近似的最大特征根及其对应的特征向量。相关步骤如下：

(1) 计算判断矩阵每一行元素的乘积 M_i：

$$M_i = \prod_{j=1}^{n} a_{ij} \tag{6-6}$$

(2)计算 M_i 的 n 次方根$\overline{W_1}$：

$$\overline{W_1} = \sqrt[n]{M_i} \tag{6-7}$$

(3) 对向量 $\overline{\boldsymbol{W}} = [\overline{W_1} \quad \overline{W_2} \quad \cdots \quad \overline{W_n}]^{\mathrm{T}}$ 正规化(归一化处理):

$$W_i = \frac{\overline{W_1}}{\sum_{j=1}^{n} \overline{W_j}} \tag{6-8}$$

则 $\boldsymbol{W} = [W_1 \quad W_2 \quad \cdots \quad W_n]^{\mathrm{T}}$ 即为所求的特征向量。

(4) 计算判断矩阵的最大特征根 $\lambda_{\max}$:

$$\lambda_{\max} = \sum_{i=1}^{n} \frac{(\boldsymbol{AW})_i}{nW_i} \tag{6-9}$$

其中,$(\boldsymbol{AW})_i$ 表示向量 $\boldsymbol{AW}$ 的第 i 个元素。

6. 层次总排序

依次沿递阶层次结构由上而下逐层计算,即可计算出最底层因素相对于最高层目标的相对重要性或相对优劣的排序值,即层次总排序。层次总排序是针对最高层目标而言的,最高层次的总排序就是其层次总排序。

6.1.2　权重计算

从科研单位、企业等确定相关专家,根据各专家评分结果引入 yaahp 软件进行权重分析,从而得出各项指标的具体权重。

1. 创建层次结构模型界面

将金属抛光打磨干式(湿式)除尘系统粉尘爆炸事故风险指标体系依据决策目标、中间层要素和备选方案进行输入,创建金属抛光打磨干式(湿式)除尘系统粉尘爆炸事故风险层次结构模型界面。以湿式除尘系统为例,金属抛光打磨湿式除尘系统粉尘爆炸事故风险层次结构模型界面如图 6-1 所示。

2. 输入判断矩阵

在输入判断矩阵前,点击检查模型按钮,提示“当前模型正确,可以进行后续步骤”后,单击“确定”按钮,并选择判断矩阵界面。根据层次分析法的主要要求,将事先整理好的专家数据依次输入计算表格中,如图 6-2 所示。

在输入判断矩阵后,需要注意本判断矩阵的一致性,一致性不合格时,不合格项会被标红,需要对相关数据进行修改,符合一致性后,点击“层次结构”的下一个选项进行判断矩阵输入。若数据填写不完整,或数据一致性不符合要求,左下角“层次结构”处棋盘状图形不会显示绿色,需要对数据进行完善后才可进行下一步骤。

填完第一位专家数据后,选择判断矩阵右侧群决策面板中的“+”号按钮,可添加专家,并设置相关专家姓名和权重,填写完成后点击该专家可进行数据编辑。专家数据填写完成后,专家姓名前会显示蓝色“√”,否则会显示红色“×”。

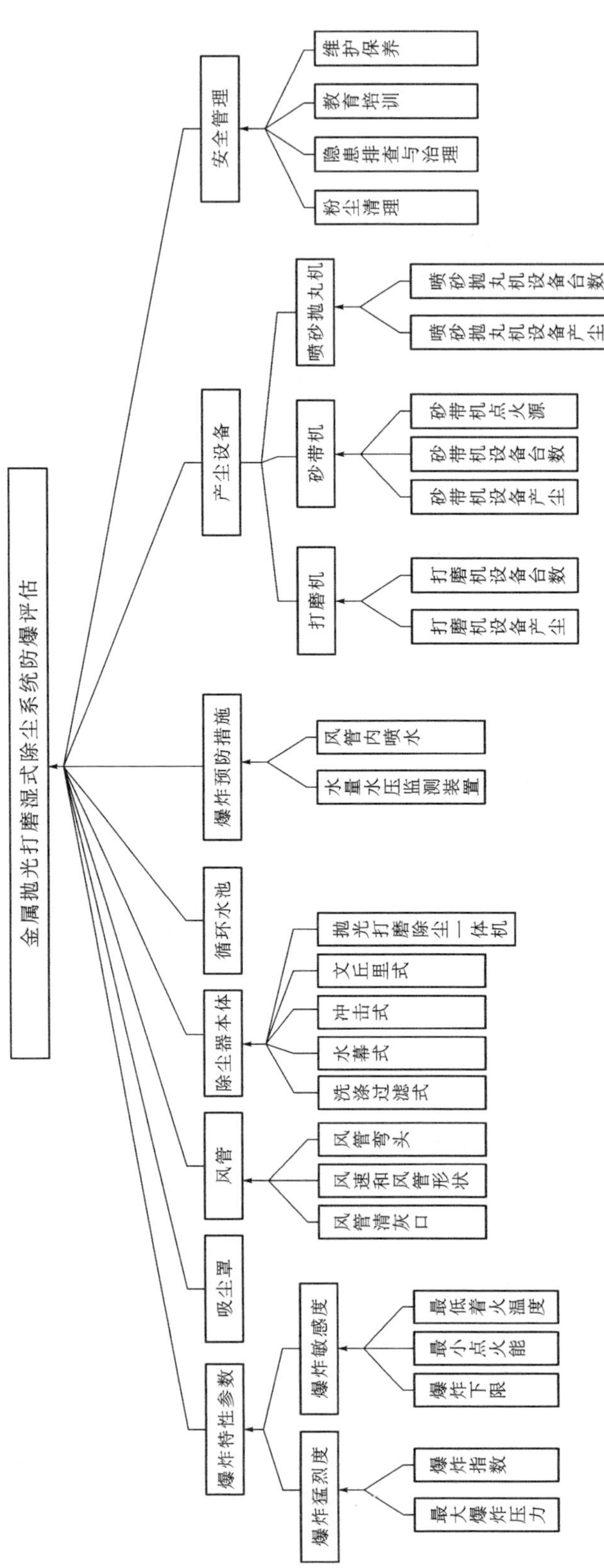

图 6-1　层次结构模型界面

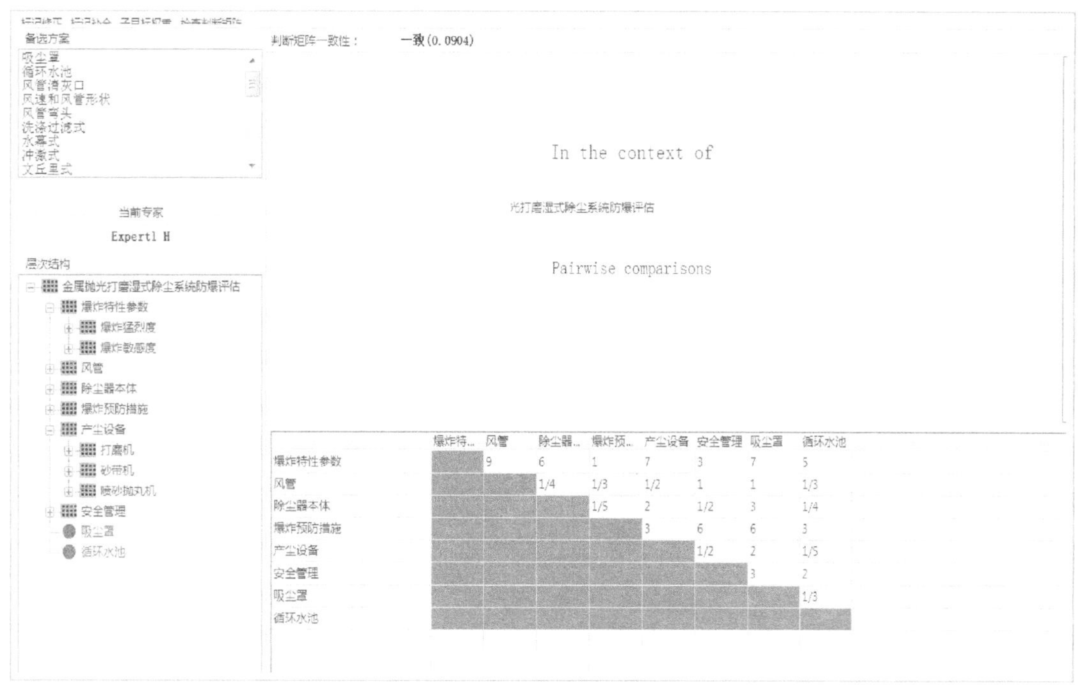

图 6-2　判断矩阵界面

待所有数据填写完成后，根据实际需要选择平均权重或指定权重方案对专家权重进行选择，指定权重需保证专家权重和等于 1。单击“X^2”计算按钮，即可显示计算结果。

6.1.3　评估计算模型的应用验证

根据 6.1.2 节建立的金属抛光打磨除尘系统粉尘爆炸事故风险计算模型和指标权重，以及现场调研的实际企业具体情况，本节对金属抛光打磨除尘系统粉尘爆炸事故风险计算模型进行应用验证。

1. 湿式除尘系统

根据现场调研的企业情况，目前，湿式除尘系统在抛光打磨作业场所大量应用，超过一半的金属抛光打磨作业场所的除尘系统采用洗涤过滤式。本节选取金属抛光打磨作业企业湿式除尘系统设计方案进行应用验证，如表 6-4 所示。

表 6-4　典型金属抛光打磨作业湿式除尘系统设计方案

序号	典型金属抛光打磨作业湿式除尘系统设计方案
1	抛光打磨企业 1，该企业粉尘最大爆炸压力为 1.1 MPa，爆炸指数为 62，爆炸下限浓度为 55 g/m³，最低着火温度为 470 ℃，最小点火能为 29 mJ。采用上吸罩，圆形风管，风速为 25 m/s，风管弯头为 2 个，水平管向下弯曲部分与其夹角大于 45°都按规范设置清灰口。采用洗涤过滤式除尘器，除尘器内布水不满足要求，循环水池水质混浊，无水量水压监测报警装置和管道内无喷水。主要产尘设备为电动打磨机，设备产尘量较大，设备台数较多，共计 35 台，无砂带机和喷砂抛丸机。虽有粉尘清理、隐患排查、教育培训、维护保养制度，但未执行

续表

序号	典型金属抛光打磨作业湿式除尘系统设计方案
2	抛光打磨企业 2，该企业粉尘最大爆炸压力为 1.1 MPa，爆炸指数为 62，爆炸下限浓度为55 g/m³，最低着火温度为 470 ℃，最小点火能为 29 mJ。采用上吸罩，圆形风管，风速为 25 m/s，风管弯头为 2 个，水平管向下弯曲部分与其夹角大于 45°都按规范设置清灰口。采用洗涤过滤式除尘器，除尘器内布水满足要求，循环水池水质清洁，有水量水压监测报警装置和管道内喷水。主要产尘设备为电动打磨机，设备产尘量较大，设备台数较多，共计 35 台，无砂带机和喷砂抛丸机。有粉尘清理、隐患排查、教育培训、维护保养制度，并严格执行
3	抛光打磨企业 3，该企业粉尘最大爆炸压力为 0.24 MPa，爆炸指数为 15，爆炸下限浓度为 90 g/m³，最低着火温度为 480 ℃，最小点火能为 125 mJ。采用上吸罩，圆形风管，风速为25 m/s，风管弯头为 2 个，水平管向下弯曲部分与其夹角大于 45°都按规范设置清灰口。采用洗涤过滤式除尘器，除尘器内布水不满足要求，循环水池水质混浊，无水量水压监测报警装置和管道内无喷水。主要产尘设备为电动打磨机，设备产尘量较大，设备台数较多，共计 35 台，无砂带机和喷砂抛丸机。虽有粉尘清理、隐患排查、教育培训、维护保养制度，但未执行
4	抛光打磨企业 4，该企业粉尘最大爆炸压力为 0.24 MPa，爆炸指数为 15，爆炸下限浓度为 90 g/m³，最低着火温度为 480 ℃，最小点火能为 125 mJ。采用上吸罩，圆形风管，风速为25 m/s，风管弯头为 2 个，水平管向下弯曲部分与其夹角大于 45°都按规范设置清灰口。采用洗涤过滤式除尘器，除尘器内布水满足要求，循环水池水质清洁，有水量水压监测报警装置和管道内喷水。主要产尘设备为电动打磨机，设备产尘量较大，设备台数较多，共计 35 台，无砂带机和喷砂抛丸机。有粉尘清理、隐患排查、教育培训、维护保养制度，并严格执行

金属抛光打磨企业 1 具体评估指标情况如表 6-5 所示。

表 6-5　金属抛光打磨湿式除尘系统粉尘爆炸事故风险指标表(企业 1)

评价指标	评价指标	分值			
一级指标	需打分指标	4 (危险)	3 (较危险)	2 (一般)	1 (安全)
爆炸特性参数	最大爆炸压力(猛度)	1.1 MPa			
	爆炸指数(烈度)	62			
	爆炸下限		55 g/m³		
	最低着火温度				470 ℃
	最小点火能		29 mJ		
吸尘罩				2	
风管	风管清灰口		3		
	风速和风管形状				1
	风管弯头				1
除尘器本体	洗涤过滤式	4			
	水幕式				1
	冲击式				1
	文丘里式				1
	抛光打磨除尘一体机				1

续表

评价指标	评价指标	分值			
循环水池		4			
爆炸预防措施	水量水压监测报警装置	4			
	风管内喷水	4			
产尘设备	打磨机设备产尘	4			
	打磨机设备台数	4			
	砂带机设备产尘				1
	砂带机点火源				1
	砂带机设备台数				1
	喷砂抛丸机设备产尘				1
	喷砂抛丸机设备台数				1
安全管理	粉尘清理		3		
	隐患排查		3		
	教育培训		3		
	维护保养		3		

金属抛光打磨企业 2 具体评估指标情况如表 6-6 所示。

表 6-6　金属抛光打磨湿式除尘系统粉尘爆炸事故风险指标表(企业 2)

评价指标	评价指标	分值			
一级指标	需打分指标	4 （危险）	3 （较危险）	2 （一般）	1 （安全）
爆炸特性参数	最大爆炸压力(猛度)	1.1 MPa			
	爆炸指数(烈度)	62			
	爆炸下限		55 g/m^3		
	最低着火温度				470 ℃
	最小点火能		29 mJ		
吸尘罩				2	
风管	风管清灰口		3		
	风速和风管形状				1
	风管弯头				1
除尘器本体	洗涤过滤式				1
	水幕式				1
	冲击式				1
	文丘里式				1
	抛光打磨除尘一体机				1

续表

评价指标	评价指标	分值			
循环水池					1
爆炸预防措施	水量水压监测报警装置				1
	风管内喷水				1
产尘设备	打磨机设备产尘	4			
	打磨机设备台数	4			
	砂带机设备产尘				1
	砂带机点火源				1
	砂带机设备台数				1
	喷砂抛丸机设备产尘				1
	喷砂抛丸机设备台数				1
安全管理	粉尘清理				1
	隐患排查				1
	教育培训				1
	维护保养				1

金属抛光打磨企业 3 具体评估指标情况如表 6-7 所示。

表 6-7 金属抛光打磨湿式除尘系统粉尘爆炸事故风险指标表(企业 3)

评价指标	评价指标	分值			
一级指标	需打分指标	4 (危险)	3 (较危险)	2 (一般)	1 (安全)
爆炸特性参数	最大爆炸压力(猛度)				0.24 MPa
	爆炸指数(烈度)			15	
	爆炸下限			90 g/m^3	
	最低着火温度				480 ℃
	最小点火能			125 mJ	
吸尘罩				2	
风管	风管清灰口		3		
	风速和风管形状				1
	风管弯头				1
除尘器本体	洗涤过滤式	4			
	水幕式				1
	冲击式				1

续表

评价指标	评价指标	分值			
除尘器本体	文丘里式				1
	抛光打磨除尘一体机				1
循环水池		4			
爆炸预防措施	水量水压监测报警装置	4			
	风管内喷水	4			
产尘设备	打磨机设备产尘	4			
	打磨机设备台数	4			
	砂带机设备产尘				1
	砂带机点火源				1
	砂带机设备台数				1
	喷砂抛丸机设备产尘				1
	喷砂抛丸机设备台数				1
安全管理	粉尘清理		3		
	隐患排查		3		
	教育培训		3		
	维护保养		3		

金属抛光打磨企业 4 具体评估指标情况如表 6-8 所示。

表 6-8　金属抛光打磨湿式除尘系统粉尘爆炸事故风险指标表(企业 4)

评价指标	评价指标	分值			
一级指标	需打分指标	4 (危险)	3 (较危险)	2 (一般)	1 (安全)
爆炸特性参数	最大爆炸压力(猛度)				0.24 MPa
	爆炸指数(烈度)			15	
	爆炸下限			90 g/m^3	
	最低着火温度				480 ℃
	最小点火能			125 mJ	
吸尘罩				2	
风管	风管清灰口		3		
	风速和风管形状				1
	风管弯头				1

续表

评价指标	评价指标	分值			
除尘器本体	洗涤过滤式				1
	水幕式				1
	冲击式				1
	文丘里式				1
	抛光打磨除尘一体机				1
循环水池					1
爆炸预防措施	水量水压监测报警装置				1
	风管内喷水				1
产尘设备	打磨机设备产尘	4			
	打磨机设备台数	4			
	砂带机设备产尘				1
	砂带机点火源				1
	砂带机设备台数				1
	喷砂抛丸机设备产尘				1
	喷砂抛丸机设备台数				1
安全管理	粉尘清理				1
	隐患排查				1
	教育培训				1
	维护保养				1

根据 6.1.1 节建立的金属抛光打磨湿式除尘系统粉尘爆炸事故风险模型，将各指标的赋值乘各指标的权重，就可以得到金属抛光打磨湿式除尘系统粉尘爆炸事故风险结果，计算可得表 6-9。

表 6-9　金属抛光打磨湿式除尘系统粉尘爆炸事故风险结果表

序号	典型金属抛光打磨作业湿式除尘系统设计方案	计算结果
1	方案一	3.102
2	方案二	1.632 9
3	方案三	2.649 7
4	方案四	1.180 6

2. 干式除尘系统

本节根据现场调研的实际企业具体情况，对金属抛光打磨干式除尘系统粉尘爆炸事故风险模型进行验证。本节选取金属抛光打磨作业企业干式除尘系统调研情况进行说明，如表 6-10。

表 6-10　典型金属抛光打磨作业干式除尘系统设计方案

序号	典型金属抛光打磨作业干式除尘系统设计方案
1	抛光打磨企业 1，该企业粉尘最大爆炸压力为 1.1 MPa，爆炸指数为 62，爆炸下限浓度为 55 g/m^3，最低着火温度为 470 ℃，最小点火能为 29 mJ。采用上吸罩，圆形风管，风速为 25 m/s，风管弯头为 2 个，水平管向下弯曲部分与其夹角大于 45°都按规范设置清灰口，采用过滤式除尘器，风机不防爆，且风机在除尘器前，除尘器位于室内，未采取任何控爆措施和爆炸预防措施。主要产尘设备为电动打磨机，设备产尘量较大，设备台数较多，共计 35 台，无砂带机和喷砂抛丸机。虽有粉尘清理、隐患排查、教育培训、维护保养制度，但未执行
2	抛光打磨企业 2，该企业粉尘最大爆炸压力为 1.1 MPa，爆炸指数为 62，爆炸下限浓度为 55 g/m^3，最低着火温度为 470 ℃，最小点火能为 29 mJ。采用上吸罩，圆形风管，风速为 25 m/s，风管弯头为 2 个，水平管向下弯曲部分与其夹角大于 45°都按规范设置清灰口，采用过滤式除尘器，风机是标准防爆风机，且风机在除尘器后，除尘器位于室外，规范采取了泄爆措施和锁气卸灰措施，其他爆炸预防措施和控爆措施未采取。主要产尘设备为电动打磨机，设备产尘量较大，设备台数较多，共计 35 台，无砂带机和喷砂抛丸机。有粉尘清理、隐患排查、教育培训、维护保养制度，并严格执行
3	抛光打磨企业 3，该企业粉尘最大爆炸压力为 1.1 MPa，爆炸指数为 62，爆炸下限浓度为 55 g/m^3，最低着火温度为 470 ℃，最小点火能为 29 mJ。采用上吸罩，圆形风管，风速为 25 m/s，风管弯头为 2 个，水平管向下弯曲部分与其夹角大于 45°都按规范设置清灰口，采用过滤式除尘器，风机是标准防爆风机，且风机在除尘器后，除尘器位于室外，规范采取了泄爆措施、隔爆措施和惰化措施，并采取了锁气卸灰措施，压差监测措施，火花探测熄灭装置，滤袋防爆措施，避雷、静电接地措施和温度监测与灭火装置，其他爆炸预防措施和控爆措施未采取。主要产尘设备为电动打磨机，设备产尘量较大，设备台数较多，共计 35 台，无砂带机和喷砂抛丸机。有粉尘清理、隐患排查、教育培训、维护保养制度，并严格执行
4	抛光打磨企业 4，该企业粉尘最大爆炸压力为 0.24 MPa，爆炸指数为 15，爆炸下限浓度为 90 g/m^3，最低着火温度为 480 ℃，最小点火能为 125 mJ。采用上吸罩，圆形风管，风速为 25 m/s，风管弯头为 2 个，水平管向下弯曲部分与其夹角大于 45°都按规范设置清灰口，采用过滤式除尘器，风机不防爆，且风机在除尘器前，除尘器位于室内，未采取任何控爆措施和爆炸预防措施。主要产尘设备为电动打磨机，设备产尘量较大，设备台数较多，共计 35 台，无砂带机和喷砂抛丸机。虽有粉尘清理、隐患排查、教育培训、维护保养制度，但未执行
5	抛光打磨企业 5，该企业粉尘最大爆炸压力为 0.24 MPa，爆炸指数为 15，爆炸下限浓度为 90 g/m^3，最低着火温度为 480 ℃，最小点火能为 125 mJ。采用上吸罩，圆形风管，风速为 25 m/s，风管弯头为 2 个，水平管向下弯曲部分与其夹角大于 45°都按规范设置清灰口，采用过滤式除尘器，风机是标准防爆风机，且风机在除尘器后，除尘器位于室外，规范采取了泄爆措施和锁气卸灰措施，其他爆炸预防措施和控爆措施未采取。主要产尘设备为电动打磨机，设备产尘量较大，设备台数较多，共计 35 台，无砂带机和喷砂抛丸机。有粉尘清理、隐患排查、教育培训、维护保养制度，并严格执行
6	抛光打磨企业 6，该企业粉尘最大爆炸压力为 0.24 MPa，爆炸指数为 15，爆炸下限浓度为 90 g/m^3，最低着火温度为 480 ℃，最小点火能为 125 mJ。采用上吸罩，圆形风管，风速为 25 m/s，风管弯头为 2 个，水平管向下弯曲部分与其夹角大于 45°都按规范设置清灰口，采用过滤式除尘器，风机是标准防爆风机，且风机在除尘器后，除尘器位于室外，规范采取了泄爆措施、隔爆措施和惰化措施，并采取了锁气卸灰措施，压差监测措施，火花探测熄灭装置，滤袋防爆措施，避雷、静电接地措施和温度监测与灭火装置，其他爆炸预防措施和控爆措施未采取。主要产尘设备为电动打磨机，设备产尘量较大，设备台数较多，共计 35 台，无砂带机和喷砂抛丸机。有粉尘清理、隐患排查、教育培训、维护保养制度，并严格执行

金属抛光打磨企业 1 具体评估指标情况如表 6-11 所示。

表 6-11　金属抛光打磨干式除尘系统粉尘爆炸事故风险指标表(企业 1)

评价指标	评价指标	分值			
一级指标	需打分指标	4 (危险)	3 (较危险)	2 (一般)	1 (安全)
爆炸特性参数	最大爆炸压力(猛度)	1.1 MPa			
	爆炸指数(烈度)	62			
	爆炸下限		55 g/m³		
	最低着火温度				470 ℃
	最小点火能		29 mJ		
吸尘罩				2	
风管	风管清灰口				1
	风速和风管形状				1
	风管弯头			2	
除尘器本体	过滤式除尘器		3		
	旋风除尘器				1
风机	防爆等级	4			
	风机布局	4			
除尘器布局		4			
爆炸预防措施	锁气卸灰措施	4			
	压差监测措施	4			
	火花探测熄灭装置	4			
	滤袋防爆措施	4			
	避雷、静电接地措施	4			
	温度监测与灭火装置	4			
控爆措施	泄爆	4			
	隔爆	4			
	抑爆	4			
	惰化	4			
	抗爆	4			
产尘设备	打磨机设备产尘		3		
	打磨机设备台数		4		
	砂带机设备产尘				1

续表

评价指标	评价指标	分值			
产尘设备	砂带机点火源				1
	砂带机设备台数				1
	喷砂抛丸机设备产尘				1
	喷砂抛丸机设备台数				1
安全管理	粉尘清理		3		
	隐患排查		3		
	教育培训		3		
	维护保养		3		

金属抛光打磨企业 2 具体评估指标情况如表 6-12 所示。

表 6-12　金属抛光打磨干式除尘系统粉尘爆炸事故风险指标表(企业 2)

评价指标	评价指标	分值			
一级指标	需打分指标	4 (危险)	3 (较危险)	2 (一般)	1 (安全)
粉尘爆炸特性	最大爆炸压力(猛度)	1.1 MPa			
	爆炸指数(烈度)	62			
	爆炸下限		55 g/m^3		
	最低着火温度				470 ℃
	最小点火能		29 mJ		
吸尘罩				2	
风管	风管清灰口				1
	风速和风管形状				1
	风管弯头			2	
除尘器本体	过滤式除尘器		3		
	旋风除尘器				1
风机	防爆等级				1
	风机布局				1
除尘器布局					1
爆炸预防措施	锁气卸灰措施				1
	压差监测措施	4			
	火花探测熄灭装置	4			
	滤袋防爆措施	4			

续表

评价指标	评价指标	分值			
爆炸预防措施	避雷、静电接地措施	4			
	温度监测与灭火装置	4			
控爆措施	泄爆				1
	隔爆	4			
	抑爆	4			
	惰化	4			
	抗爆	4			
产尘设备	打磨机设备产尘		3		
	打磨机设备台数		4		
	砂带机设备产尘				1
	砂带机点火源				1
	砂带机设备台数				1
	喷砂抛丸机设备产尘				1
	喷砂抛丸机设备台数				1
安全管理	粉尘清理				1
	隐患排查				1
	教育培训				1
	维护保养				1

金属抛光打磨企业 3 具体评估指标情况如表 6-13 所示。

表 6-13 金属抛光打磨干式除尘系统粉尘爆炸事故风险指标表(企业 3)

评价指标	评价指标	分值			
一级指标	需打分指标	4 (危险)	3 (较危险)	2 (一般)	1 (安全)
粉尘爆炸特性	最大爆炸压力(猛度)	1.1 MPa			
	爆炸指数(烈度)	62			
	爆炸下限		55 g/m^3		
	最低着火温度				470 ℃
	最小点火能		29 mJ		
吸尘罩				2	

续表

评价指标	评价指标	分值			
风管	风管清灰口				1
	风速和风管形状				1
	风管弯头			2	
除尘器本体	过滤式除尘器		3		
	旋风除尘器				1
风机	防爆等级				1
	风机布局				1
除尘器布局					1
爆炸预防措施	锁气卸灰措施				1
	压差监测措施				1
	火花探测熄灭装置				1
	滤袋防爆措施				1
	避雷、静电接地措施				1
	温度监测与灭火装置				1
控爆措施	泄爆				1
	隔爆				1
	抑爆	4			
	惰化				1
	抗爆	4			
产尘设备	打磨机设备产尘		3		
	打磨机设备台数		4		
	砂带机设备产尘				1
	砂带机点火源				1
	砂带机设备台数				1
	喷砂抛丸机设备产尘				1
	喷砂抛丸机设备台数				1
安全管理	粉尘清理				1
	隐患排查				1
	教育培训				1
	维护保养				1

金属抛光打磨企业 4 具体评估指标情况如表 6-14 所示。

表 6-14　金属抛光打磨干式除尘系统粉尘爆炸事故风险指标表(企业 4)

评价指标	评价指标	分值			
一级指标	需打分指标	4 (危险)	3 (较危险)	2 (一般)	1 (安全)
粉尘爆炸特性	最大爆炸压力(猛度)				0.24 MPa
	爆炸指数(烈度)			15	
	爆炸下限			90 g/m^3	
	最低着火温度				480 ℃
	最小点火能			125 mJ	
吸尘罩				2	
风管	风管清灰口				1
	风速和风管形状				1
	风管弯头			2	
除尘器本体	过滤式除尘器		3		
	旋风除尘器				1
风机	防爆等级	4			
	风机布局	4			
除尘器布局		4			
爆炸预防措施	锁气卸灰措施	4			
	压差监测措施	4			
	火花探测熄灭装置	4			
	滤袋防爆措施	4			
	避雷、静电接地措施	4			
	温度监测与灭火装置	4			
控爆措施	泄爆	4			
	隔爆	4			
	抑爆	4			
	惰化	4			
	抗爆	4			
产尘设备	打磨机设备产尘		3		
	打磨机设备台数		4		
	砂带机设备产尘				1
	砂带机点火源				1
	砂带机设备台数				1

续表

评价指标	评价指标	分值			
产生设备	喷砂抛丸机设备产尘				1
	喷砂抛丸机设备台数				1
安全管理	粉尘清理		3		
	隐患排查		3		
	教育培训		3		
	维护保养		3		

金属抛光打磨企业 5 具体评估指标情况如表 6-15 所示。

表 6-15　金属抛光打磨干式除尘系统粉尘爆炸事故风险指标表(企业 5)

评价指标	评价指标	分值			
一级指标	需打分指标	4 (危险)	3 (较危险)	2 (一般)	1 (安全)
粉尘爆炸特性	最大爆炸压力(猛度)				0.24 MPa
	爆炸指数(烈度)			15	
	爆炸下限			90 g/m³	
	最低着火温度				480 ℃
	最小点火能			125 mJ	
吸尘罩				2	
风管	风管清灰口				1
	风速和风管形状				1
	风管弯头			2	
除尘器本体	过滤式除尘器		3		
	旋风除尘器				1
风机	防爆等级				1
	风机布局				1
除尘器布局					1
爆炸预防措施	锁气卸灰措施				1
	压差监测措施	4			
	火花探测熄灭装置	4			
	滤袋防爆措施	4			
	避雷、静电接地措施	4			
	温度监测与灭火装置	4			

续表

评价指标	评价指标	分值			
控爆措施	泄爆				1
	隔爆	4			
	抑爆	4			
	惰化	4			
	抗爆	4			
产尘设备	打磨机设备产尘		3		
	打磨机设备台数		4		
	砂带机设备产尘				1
	砂带机点火源				1
	砂带机设备台数				1
	喷砂抛丸机设备产尘				1
	喷砂抛丸机设备台数				1
安全管理	粉尘清理				1
	隐患排查				1
	教育培训				1
	维护保养				1

金属抛光打磨企业 6 具体评估指标情况如表 6-16 所示。

表 6-16　金属抛光打磨干式除尘系统粉尘爆炸事故风险指标表(企业 6)

评价指标	评价指标	分值			
一级指标	需打分指标	4 (危险)	3 (较危险)	2 (一般)	1 (安全)
粉尘爆炸特性	最大爆炸压力(猛度)				0.24 MPa
	爆炸指数(烈度)			15	
	爆炸下限			90 g/m^3	
	最低着火温度				480 ℃
	最小点火能			125 mJ	
吸尘罩				2	
风管	风管清灰口				1
	风速和风管形状				1
	风管弯头			2	

续表

评价指标	评价指标	分值			
除尘器本体	过滤式除尘器		3		
	旋风除尘器				1
风机	防爆等级				1
	风机布局				1
除尘器布局					1
爆炸预防措施	锁气卸灰措施				1
	压差监测措施				1
	火花探测熄灭装置				1
	滤袋防爆措施				1
	避雷、静电接地措施				1
	温度监测与灭火装置				1
控爆措施	泄爆				1
	隔爆				1
	抑爆	4			
	惰化				1
	抗爆	4			
产尘设备	打磨机设备产尘		3		
	打磨机设备台数		4		
	砂带机设备产尘				1
	砂带机点火源				1
	砂带机设备台数				1
	喷砂抛丸机设备产尘				1
	喷砂抛丸机设备台数				1
安全管理	粉尘清理				1
	隐患排查				1
	教育培训				1
	维护保养				1

根据 6.1.1 节建立的金属抛光打磨干式除尘系统粉尘爆炸事故风险模型，将各指标的赋值乘各指标的权重，就可以得到金属抛光打磨干式除尘系统粉尘爆炸事故风险结果，计算可得表 6-17。

表 6-17 金属抛光打磨干式除尘系统粉尘爆炸事故风险结果表

序号	典型金属抛光打磨作业干式除尘系统设计方案	计算结果
1	方案一	3.476 6
2	方案二	2.764 9
3	方案三	2.237 7
4	方案四	3.024 0
5	方案五	2.312 3
6	方案六	1.785 1

3. 抛光打磨作业场所除尘技术适配性分析

(1) 指标权重分析

根据 6.1.1 节权重的计算，金属抛光打磨湿式除尘系统和干式除尘系统粉尘爆炸事故风险指标权重较大的排序如表 6-18 和表 6-19 所示。

表 6-18 金属抛光打磨湿式除尘系统粉尘爆炸事故风险指标权重

序号	指标	权重
1	水量水压监测报警装置	0.198 7
2	爆炸下限	0.124 8
3	循环水池	0.120 9
4	最大爆炸压力	0.089 4
5	最低着火温度	0.066 3
6	风管内喷水	0.066 2
7	维护保养	0.036 7
8	粉尘清理	0.036 7
9	吸尘罩	0.032 2
10	风速和风管形状	0.027 2

表 6-19 金属抛光打磨干式除尘系统粉尘爆炸事故风险指标权重

序号	指标	权重
1	爆炸指数	0.152 3
2	除尘器布局	0.129 3
3	滤袋防爆措施	0.101 3

续表

序号	指标	权重
4	过滤式除尘器	0.066 7
5	火花探测熄灭装置	0.062 0
6	抗爆	0.055 7
7	惰化	0.048 0
8	锁气卸灰措施	0.040 6
9	最小点火能	0.039 5
10	吸尘罩	0.033 9
11	最大爆炸压力	0.030 5
12	粉尘清理	0.029 5
13	抑爆	0.025 8

在金属抛光打磨作业场所选配除尘系统过程中，根据各指标权重，湿式除尘系统优先考虑水量水压监测报警装置、爆炸下限、循环水池、最大爆炸压力、最低着火温度、风管内喷水等；干式除尘系统优先考虑爆炸指数、除尘器布局、滤袋防爆措施、除尘器本体、火花探测熄灭装置等。

(2) 系统适配性分析

根据现场调研情况，我国金属抛光打磨企业粉尘爆炸事故中铝粉及铝合金粉事故最多，危险性较高。本节以企业作业现场铝合金粉为例，根据第 3、4、5 章的金属抛光打磨除尘系统粉尘爆炸事故风险评估指标体系及计算模型，首先对指标权重进行分析，其次开展系统适配性分析。其他类型的抛光打磨作业现场除尘技术适配性分析可以参照铝粉进行。

根据金属抛光打磨除尘系统粉尘爆炸事故风险评估指标体系及计算模型计算结果(见表6-20)，对作业现场铝粉粉尘(最大爆炸压力为 1.1 MPa，爆炸指数为 62，爆炸下限浓度为 55 g/m^3，最低着火温度为 470 ℃，最小点火能为 29 mJ)，采用不同的除尘技术和防爆措施。除尘系统的风险值差别很大，企业应根据当地应急管理部门要求，再综合考虑自身经济条件以及能够承受风险的能力，选用风险值最低的除尘系统。

表 6-20　计算模型计算结果

序号	粉尘	工艺设备	除尘技术	防爆措施	计算结果
1	铝粉	主要产尘设备为电动打磨机，设备产尘量较大，设备台数较多，共计 35 台，无砂带机和喷砂抛丸机	采用上吸罩，圆形风管，风速为 25 m/s，风管弯头为 2 个，水平管向下弯曲部分与其夹角大于 45°都按规范设置清灰口，采用过滤式除尘器，风机不防爆，且风机在除尘器前，除尘器位于室内	未采取任何控爆措施和爆炸预防措施，虽有粉尘清理、隐患排查、教育培训、维护保养制度，但未执行	3.476 6

续表

序号	粉尘	工艺设备	除尘技术	防爆措施	计算结果
2	铝粉	主要产尘设备为电动打磨机，设备产尘量较大，设备台数较多，共计35台，无砂带机和喷砂抛丸机	采用上吸罩，圆形风管，风速为25 m/s，风管弯头为2个，水平管向下弯曲部分与其夹角大于45°都按规范设置清灰口，采用洗涤过滤式除尘器	除尘器内布水不满足要求，循环水池水质混浊，无水量水压监测报警装置和管道内无喷水，虽有粉尘清理、隐患排查、教育培训、维护保养制度，但未执行	3.102
3	铝粉	主要产尘设备为电动打磨机，设备产尘量较大，设备台数较多，共计35台，无砂带机和喷砂抛丸机	采用上吸罩，圆形风管，风速为25 m/s，风管弯头为2个，水平管向下弯曲部分与其夹角大于45°都按规范设置清灰口，采用过滤式除尘器，风机是标准防爆风机，且风机在除尘器后，除尘器位于室外	规范采取了泄爆措施和锁气卸灰措施，其他爆炸预防措施和控爆措施未采取，有粉尘清理、隐患排查、教育培训、维护保养制度，并严格执行	2.764 9
4	铝粉	主要产尘设备为电动打磨机，设备产尘量较大，设备台数较多，共计35台，无砂带机和喷砂抛丸机	采用上吸罩，圆形风管，风速为25 m/s，风管弯头为2个，水平管向下弯曲部分与其夹角大于45°都按规范设置清灰口，采用过滤式除尘器，风机是标准防爆风机，且风机在除尘器后，除尘器位于室外	规范采取了泄爆措施、隔爆措施和惰化措施，并采取了锁气卸灰措施，压差监测措施，火花探测熄灭装置，滤袋防爆措施，避雷、静电接地措施和温度监测与灭火装置。其他爆炸预防措施和控爆措施未采取，有粉尘清理、隐患排查、教育培训、维护保养制度，并严格执行	2.237 7
5	铝粉	主要产尘设备为电动打磨机，设备产尘量较大，设备台数较多，共计35台，无砂带机和喷砂抛丸机	采用上吸罩，圆形风管，风速为25 m/s，风管弯头为2个，水平管向下弯曲部分与其夹角大于45°都按规范设置清灰口，采用洗涤过滤式除尘器	除尘器内布水满足要求，循环水池水质清洁，有水量水压监测报警装置和管道内喷水，有粉尘清理、隐患排查、教育培训、维护保养制度，并严格执行	1.632 9

6.2 可燃性粉尘环境远程粉尘监控

金属沉积粉尘传感器和浮游粉尘传感器的研究，为抛光打磨场所粉尘沉积的强度（厚度或质量）和浮游粉尘浓度的连续监测提供了手段，真正实现对应用环境中的粉尘连续监测，

提供预警、报警功能，将传感器的数据采集到监控电脑，对数据进行分析处理、记录及预测。本研究内容主要解决现场粉尘传感器(沉积强度和浮游浓度、温湿度、风速等)的采集、封装、传输，同时上位机下发指令、解析等，研究数据采集器、控制协议、防爆电源等。

6.2.1　可燃性粉尘环境远程监控系统结构

可燃性粉尘环境远程监控系统结构(见图 6-3)包括：

现场的设备层:沉积粉尘传感器、浮游粉尘传感器、温湿度传感器、风速传感器、火焰探测器及其他监测传感器。传输层：监控分站及控制协议。控制层：监控分析平台。监控分站负责采集数据的封装上传及控制指令的解析下发，是系统构建的关键性设备。

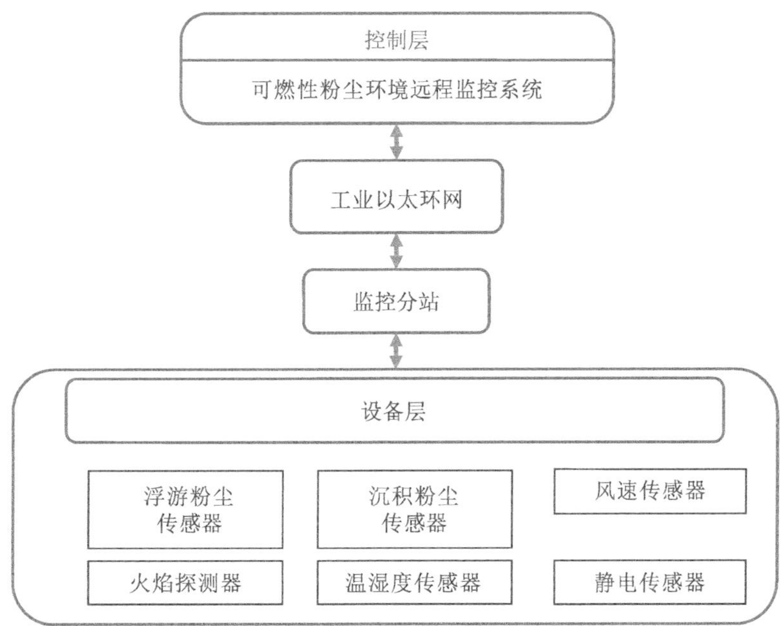

图 6-3　可燃性粉尘环境远程监控系统结构

可燃性粉尘环境监控系统原理框图如图 6-4 所示，主要实现粉尘、风速、管道压力、温湿度、火焰等参数监测。

6.2.2　可燃性粉尘环境监控分站设计研究

可燃性粉尘在线监控技术的研究涉及现场数据的采集、编码、传输，控制指令的编码、传输及分发，现地设备的实时控制，监控平台的研发等技术。其中中继控制器作为现地控制、数据交换的核心，负责与可燃性粉尘环境现场传感器及设备和远程监控中心的数据连接，以及对设备的控制。根据应用要求，能对现地监测设备的状态、工况参数进行实时显示，对设备参数进行修改等，形成一套可燃性粉尘环境的远程在线监控系统。监控系统数据流框图如图 6-5 所示。

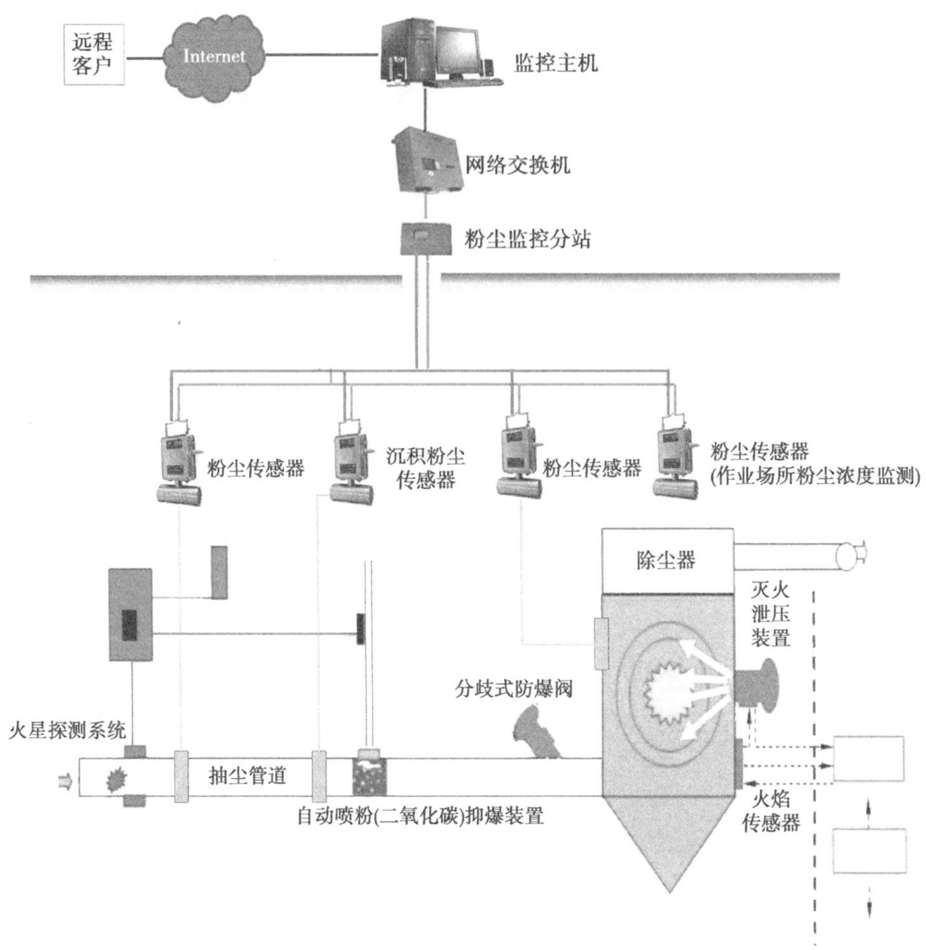

图 6-4 可燃性粉尘环境监控系统原理框图

监控分站完成现场传感器的巡检，并按一定规则进行封装、暂存，在上位机平台查询时上传到监控平台。同时，接收上位机平台下发的控制指令，按控制协议进行解析，控制或修改现场各传感器的参数，起到远程监控平台与现场传感器之间的通信和控制的中继作用，并扩展非串行数据传感器(电流、电压、频率、开关量)的数据采集可开关量控制输出。主要包括通信中继硬件、嵌入的控制协议及控制软件。

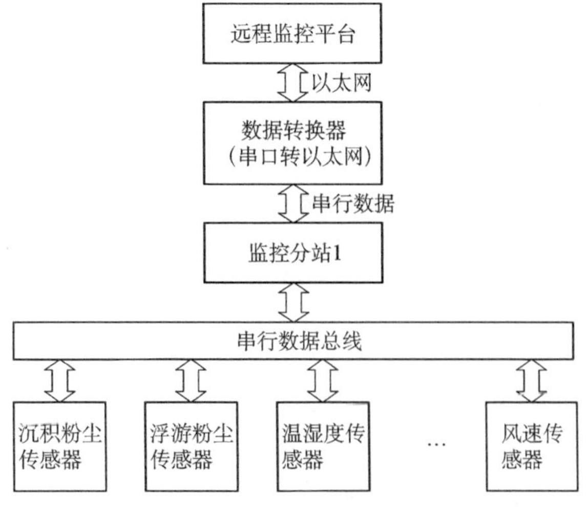

图 6-5 可燃性粉尘环境监控系统数据流框图

1. 监控分站硬件设计

(1) 硬件组成

监控分站的硬件组成原理如图 6-6 所示，采用采集单元与中继单元功能分离结构。中继单元完成与上位机的数据交换，采集单元完成现场的数据采集与控制，在上位机上不显示，以便软件控制逻辑简洁、时序简化，增加程序的可靠性。

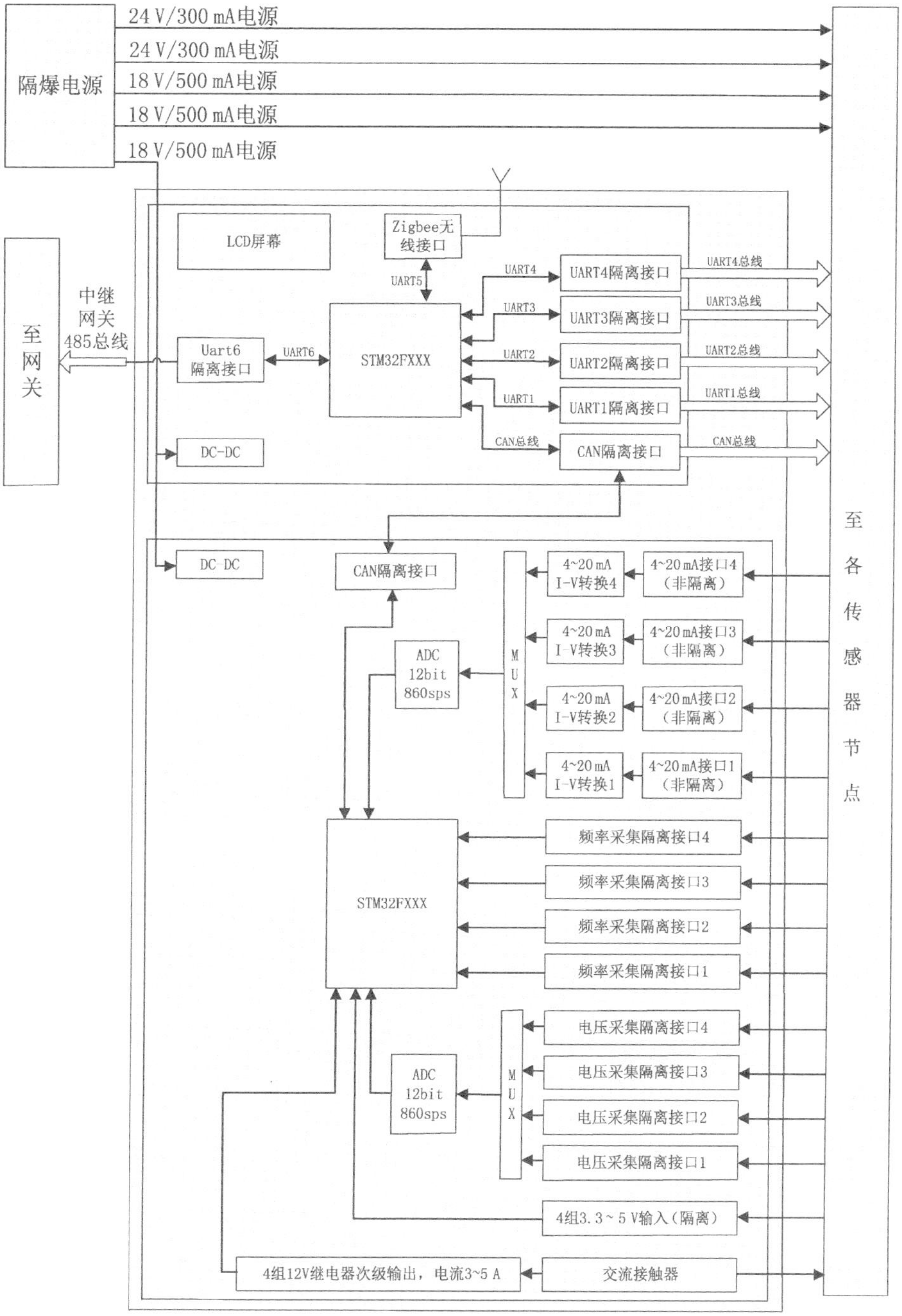

图 6-6　监控分站组成原理图

中继单元是监控分站的核心硬件，由核心处理单元、A/D 转换器、电流电压转换器、端口隔离及驱动、串行通信控制器、遥控按键输入等构成。

核心处理单元主要由微处理器及存储器、总线逻辑控制及端口扩展器构成。可以采用单片机、ARM 及 DSP(数字信号处理器)作为核心处理单元，DSP 主要进行复杂的数学运算，ARM 是单片机的升级，具有强大的事务功能，主要配合嵌入式系统来使用，而单片机主要用在一般运算、不太复杂的测控系统等场合。在本系统中，由于主要实现数据采集、通信及设备控制等功能，要求较高的实时性、大容量的程序和数据存储器、多数据采集和通信端口，因此采用 ARM 芯片 STM32F××系列，使硬件结构更加简化。

采用的 STM32F103 具有 72 MHz 主频，包含 512 KB Flash、64 KB SRAM，简化程序存储和数据存储结构；自带 3 个 12 位 A/D 转换器，方便实现多通道的数据采集；拥有 5 个串口，可实现与中继单元和现场传感器进行分端口传输，提高数据交换的实时性。

(2) 数据采集电路设计

监控分站除实现数据的“中继”外，也需对非串行输出的传感器及设备数据(如 0～5 V 电压信号、频率信号等常用设备输出信号模式)进行采集，并经处理后上传至监控中心。监控分站要实现对可燃性粉尘环境设备信息的检测及控制，对只有模拟输出的设备或传感器的监测是构成可燃性粉尘环境在线监控系统的重要组成部分。监控分站通过多路 A/D 转换器去采集设备输出的电压信号，而对频率信号采用计数口进行采集，并由核心处理单元对端口进行地址编码，实现对输入信号设备地址及参数的识别。其电路原理框图如图 6-7 所示，包含 8 路模拟输入和 8 路频率信号输入。模拟及频率量复用输入电路，由 A/D 采样与计数结果共同判断接入的为模拟量还是频率信号的传感器信号，然后分别进行处理。选择器每一路输入设定一地址，以实现远程传感器的识别。

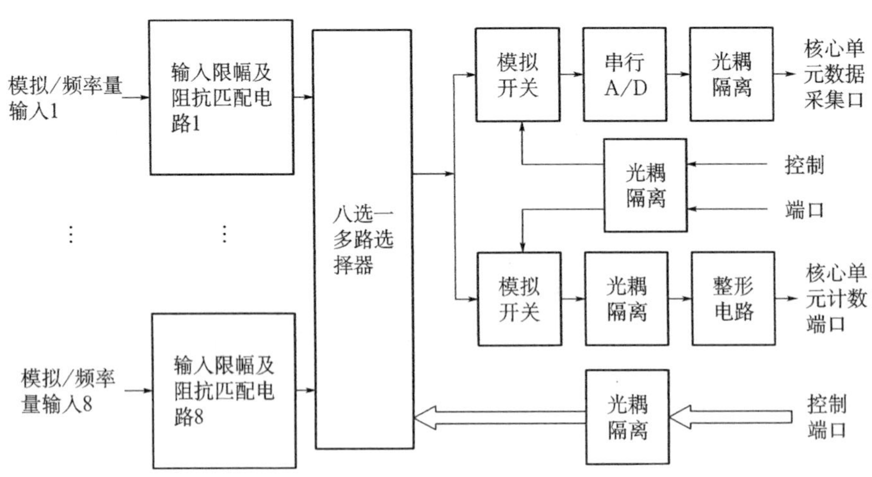

图 6-7　数据采集及控制电路框图

为实现外部信号(输入模拟量、频率量)与核心处理单元的隔离，所有控制信号及输入量都通过光电耦合器进行隔离。在选择 A/D 转换器时，为实现隔离，采用 12 位高精度的串行

A/D 转换器，只需两线就可以实现与核心单元的连接，避免了采用并行 A/D 转换器大量数据线光电隔离上的困难，电路更加简洁、可靠。电路如图 6-8 所示，U17 为 12 位高速串行 A/D 转换器 ADS7816，转换频率可达 500 kHz。结合高速光耦可实现对外部模拟量的高速高精度地采集。

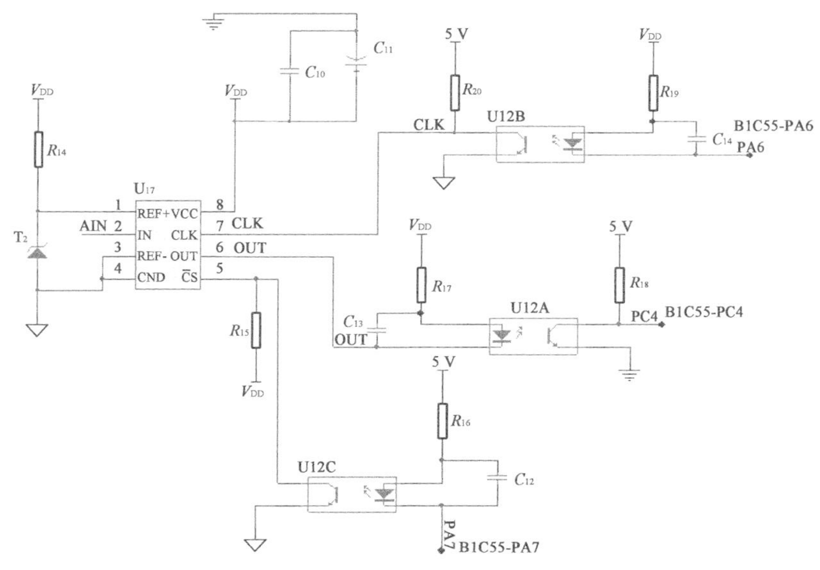

图 6-8　带光电隔离的串行 A/D 转换电路

开关量的输入直接通过光耦进入核心处理单元的扩展端口，可实现对现有开关量输出信号传感器的监测，其电路如图 6-9 所示。

(3) 模拟输出及控制电路设计

监控分站设计实现对现地设备的实时控制，以及非串行信号输出(频率量、开关信号)。即监控分站可以直接与频率信号、开关量信号相连接，实现数据交换。扩展监控分站为一现地的传感器，可以实现对现地开关量、频率量的检测。频率输出是一个随检测量频率在 200～1 000 Hz 内变化的方波信号。频率信号输出电路如图 6-10 所示，核心处理单元由计数器送出频率与采集信号量成比例的方波，经光电隔离、驱动后，以恒流源结构输出，增加带载能力。

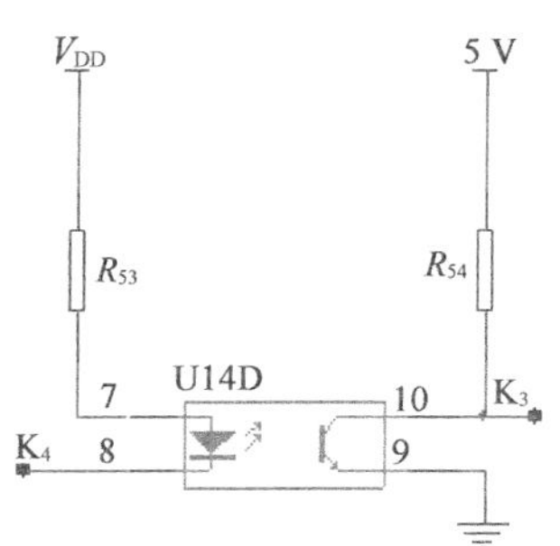

图 6-9　开关量输入电路

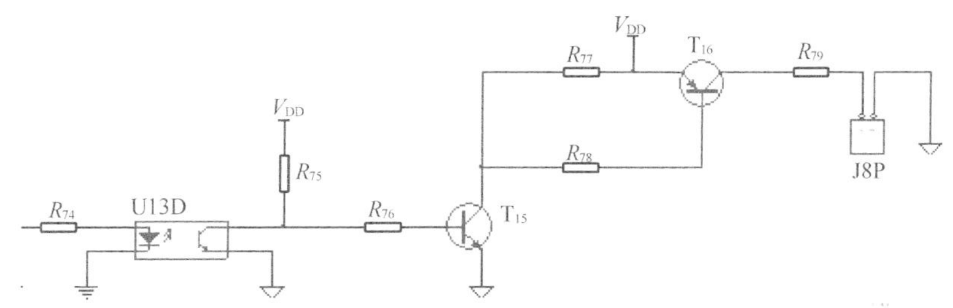

图 6-10　频率信号输出电路

开关量的输出由核心处理单元扩展端口输出，经三极管驱动后由继电器隔离输出，如图6-11 所示。

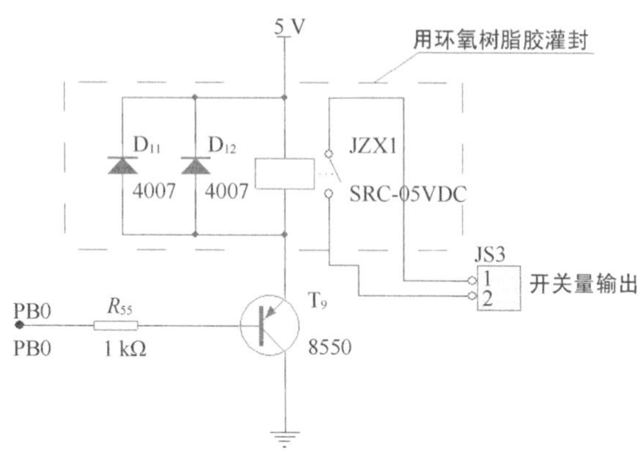

图 6-11　开关量输出电路

(4) 人机交互电路设计

监控分站除进行数据中继外，还执行现地控制器的功能，即可构成可燃性粉尘环境检测控制系统，需显示、执行大量的参数、操作。显示器件采用了瑞控 320×240 的图形点阵式液晶显示模块 XH320240H-TFH-V＃I。模块自带 RA8806 为控制核心的显示控制器(如图6-12所示)，可显示 320×240 点阵的图形或 20×15 的全角(16×16 点阵)汉字；带汉字字库、可自建汉字字库等，可方便实现图形及汉字显示。典型驱动电流(含背光)为 82 mA，最大电流不大于 120 mA。

液晶显示器控制连接图如图 6-13 所示，采用并行数据连接。通过片选线 Y2、地址线A0、复位及读写线与核心控制单元连接。为降低功耗，对液晶显示器的背光进行控制，当在一定时间内无按键介入时，关闭显示背光；当有遥控按键时，自动开启背光。

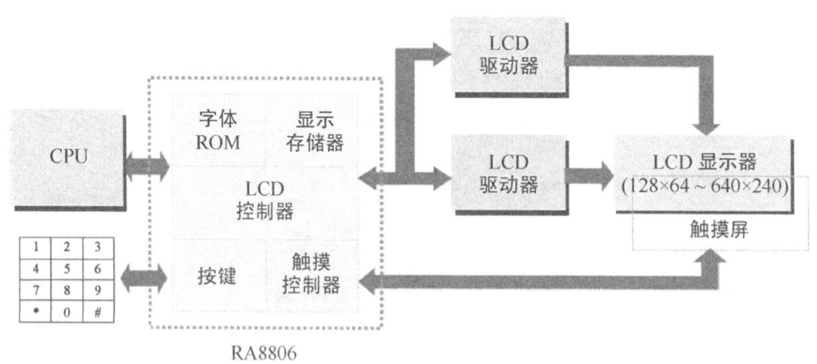

图 6-12　显示控制器原理框图

按键输入采用遥控输入方式，满足井下实际操作需求及防护需要。遥控接收采用红外接收模块 HS0038A 及解码电路 BL9149 共同实现，如图 6-14 所示。BL9149 解码后输出 4 路信号进入核心处理单元。

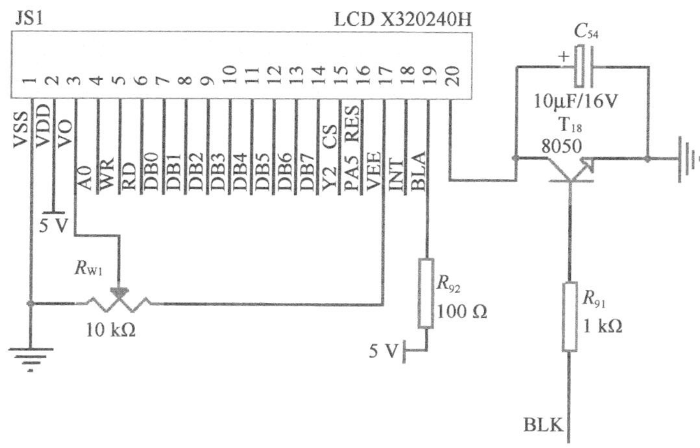

图 6-13　液晶显示接口电路

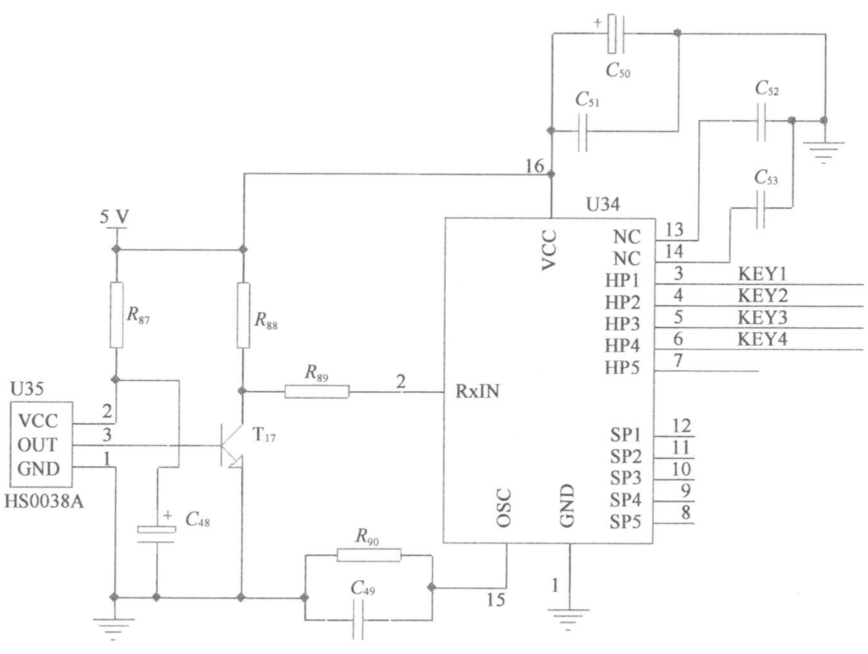

图 6-14　遥控接收电路

2. 监控分站控制协议研究

Modbus 串行通信协议是工业控制领域比较常用的，可以基于 RS584 电气结构进行串行通信。但监控分站主要控制对象为传感器，功能只有查询和参数指令下发两大类，无须复杂的域控制；其独特的地方是，监控分站需要多级的级联。

监控分站器通信协议从功能上可分为两大类：一类是监控中心与分站之间的通信；另一类是分站与现地设备之间的数据通信。监控中心与监控分站之间的通信分为三个方面的内容：一是读取监控分站挂接的设备参数；二是读取监控分站本身的端口信号(开关量及频率信号)；三是修改监控分站挂接设备的参数。而监控分站与现地设备之间的通信内容也包含两部分：一是监控分站读取防尘设备状态、参数；二是监控分站下发修改防尘设备参数的命令。

(1) 通信协议基本规定

采用点对面主从式工控网络的半双工异步传输模式，主机和各从机之间用轮询的方式来进行通信，只有主机才能启动通信，没有接到主机请求，从机不能主动发送信息。主机向从机发送任务报文，从机接到主机的任务命令后返回响应报文并执行相应操作。除了发送响应报文外，从机只能处于接收状态。主机的每一次查询都是以一个报文(帧)的数据传送给从机。表 6-21 给出了本协议的基本规范。

表 6-21　串行通信协议规范

项 目	协议规范
适用产品	可燃性粉尘环境粉尘、风速等传感器
物理级	TIA/EIA-485-E
传输线	2 芯矿用屏蔽电缆线
配线长度	≤1 200 m(推荐)
网络配置	主机 1 台，从机 N 台
传输速度	2 400 b/s
数据交换方式	异步串行、半双工
传送协议	点对面
字长	11 bit
停止位长度	1 bit
字符超时	1 s
帧长	变长帧，主机/从机发送每帧最长不超过 255 bytes
奇偶校验	无校验(但需利用校验位)
出错检查方式	校验和、CRC 校验

数据通信过程中的错误包括两个部分：校验错误和连接错误。

校验错误：当接收到数据，出现校验码不匹配，受干扰引起误码时，主机重复要数据一次，若再次错误，则忽略该次通信，并记录错误，传送给地面监控平台进行处理。

链路错误：当出现通信链路断裂，无法实现主从链接时，主机等待 1 s，再次测试链接，失败后记录并传送错误至地面监控平台进行报警处理。

为了防止因通信干扰或主机故障导致从机死锁，从机内部每接收到一个字符即开始进行超时监控，如果在 1 s 内未再接收到有效的字符，则认为主机发送超时，从机立即中断与主机的会话，并重新开始监控下一帧数据。另外，考虑到从机内部的数据处理时间，从机向主机发送的连续两个字符间的时间间隔一般不大于 20 ms(该时间间隔可用于主机的超时判断)。

(2) 数据链路层

数据链路层规定了协议的数据帧格式。主机和从机采用相同的数据帧格式,数据帧中的每个字段均用 16 进制数表示(非 ASCII 码表示)。

数据帧格式如下:

帧头	命令码	特征代码	数据长度	数据段	校验和	帧尾
1 字节	1 字节	1 字节	1 字节	可变长度	1 字节	1 字节

① 帧头:为固定的字符 0xAD,标识一帧数据的开始。

② 命令码:说明主机希望从机执行某项具体操作的编码,如读取某参数的值等。命令码的取值范围为 0～255,但不含字符 0xAD。如果从机检测到命令码等于 0xAD,那么不回送响应报文。

③ 数据长度:指定数据段的长度,即字节数,用一个字节表示。有效的数据长度在 0～102 之间,如果从机检测到数据长度超过了 102,那么不回送响应报文。

④ 数据段:根据不同的命令,数据段包含若干字节的附加数据,如要修改的某个参数的值等。某些命令可能没有数据,因此数据段应为空,同时数据长度也必须设置为 0。

⑤ 校验和(CRC):提供了一种在强干扰环境中进行远距离通信的错误校验方法,校验和等于数据段的所有字节的循环冗余校验。如果从机检测到校验和不正确,那么不回送响应报文。主机可以用超时判断来处理该错误。(注:CRC 计算不含数据长度字节)

⑥ 帧尾(TAIL):为固定的字符 0x0D,标识一帧数据的结束。

⑦ 超时间隔:为了防止因通信干扰或主机故障导致从机死锁,从机内部每接收到一个字符即开始进行超时监控,如果在 1 s 内未再接收到有效的字符,则认为主机发送超时,从机立即中断与主机的会话,并重新开始监控下一帧数据。另外,考虑到从机内部的数据处理时间,从机向主机发送的连续两个字符间的时间间隔一般不大于 10 ms(该时间间隔可用于主机的超时判断)。

(3) 监控分站与传感器通信协议

这里以浮游粉尘浓度传感器为例介绍传感器类通信协议的定义,如表 6-22 所示。

表 6-22　浮游粉尘浓度传感器用户层命令接口定义一览表

命令码	E1、E2	读取传感器数据	适用范围	浮游粉尘浓度传感器
传感器特征代码	C0			
主机查询报文	AD E1 SBN 01 SEL CRC 0D			
从机响应报文	9D E2 SBN 0B SEL SN1 SN2 SN3 SN4 SN5 SN6 SN7 SN8 SN9 SN10 CRC 0D			
数据解析描述	本命令用于读取各浮游粉尘浓度传感器测量值和运行参数。 其中:SBN 为设备代码:C0H; SEL 为传感器地址编号:0～255; SN1～SN10 为传感器参数; CRC 为校验码			

续表

命令码	E3、E4	修改传感器参数	适用范围	浮游粉尘浓度传感器
传感器特征代码	C0			
主机查询报文	AD E3 SBN 05 SEL SN1 SN2 SN3 SN4 CRC 0D			
从机响应报文	9D E4 SBN 01 SEL CRC 0D			
数据解析描述	本命令用于修改浮游粉尘浓度传感器运行参数。 其中：SBN 为设备代码：C0H； SEL 为传感器地址编号：0～16； SN1～SN4 为待修改的传感器参数			

读取传感器参数时，主机查询格式为：

报头(AD)＋命令码(E1)＋设备代码(SBN)＋数据长度＋设备地址(SEL)＋参数＋校验码＋结束代码(0D)

数据长度是指设备地址到校验码为止(不含)的字节数。

从机响应格式为：

报头(9D)＋命令码(E2)＋设备代码(SBN)＋数据长度＋设备地址(SEL)＋参数＋校验码＋结束代码(0D)

数据长度指设备地址到校验码为止(不含)的字节数。

修改取传感器参数时，主机查询格式为：

报头(AD)＋命令码(E3)＋设备代码(SBN)＋数据长度＋设备地址(SEL)＋参数＋校验码＋结束代码(0D)

数据长度是指设备地址到校验码为止(不含)的字节数。

从机响应格式为：

报头(9D)＋命令码(E4)＋设备代码(SBN)＋数据长度＋设备地址(SEL)＋参数＋校验码＋结束代码(0D)

数据长度是指设备地址到校验码为止(不含)的字节数。

同类型传感器设计最大挂接数为 256 台，所以在相同的设备代码下，设备地址(SEL)不大于 255。数据长度包括“设备地址”和“参数”的总字节数。不同的传感器分配不同的设备代码(传感器特征代码)，即两条指令可实现对所有传感器的参数查询和修改。

(4) 监控中心与监控分站通信协议

监控中心与监控分站的数据交换包含三类：一是监控中心读取监控分站挂接设备的参数；二是监控中心修改监控分站挂接设备的参数；三是监控中心读取监控分站自身的端口信号(频率量与开关量)。

① 监控中心查询监控分站协议

格式为：报头＋命令码＋监控分站设备代码＋数据长度＋监控分站地址＋帧序号＋校验码＋结束代码

为与监控中心查询其他类设备的长度一致，加入了 4 个报头及 2 个空字节“7F”，如表 6-23所示。

表 6-23　监控中心与中继控制站用户层命令接口定义一览表

<table>
<tr><td>命令码</td><td>A0</td><td>读取中继控制站
所挂接设备参数</td><td>适用范围</td><td>防尘设备
中继控制站</td></tr>
<tr><td>分站查询报文</td><td colspan="4">BD BD BD BD A0 SBN 7F 7F 02 SDD SER CRC 0D</td></tr>
<tr><td>命令描述</td><td colspan="4">BD：报头
A0：读取命令
SBN：监控分站的设备类型代码
02：数据长度
SDD：监控分站编号（0～10）
SER：帧序号，表示监控中心读取的是第几帧数据
CRC：校验码（校验数据包含 SDD、SER 两个数据）
0D：帧尾，标识一帧数据的结束</td></tr>
<tr><td>中继站响应报文</td><td colspan="4">FF A1 SBN SDD SFN SFD SDB SBS SDL SEL SN1 SN2 … SBS SDL SEL …CRC 0D</td></tr>
<tr><td>命令描述</td><td colspan="4">FF：报头
A1：响应命令
SBN：监控分站的设备类型代码
SDD：监控分站编号（0～10）
SFN：数据总帧数
SFD：当前帧位置
SDB：传输字节总长度（0～100，不包括 CRC 和 0D）
SBS：设备类型代码
SDL：设备参数字节长度
SEL：设备地址码
SN1，SN2，…：参数
CRC：校验码（校验数据从 SBS 开始到数据帧的结束）
0D：帧尾，标识一帧数据的结束</td></tr>
</table>

由于监控中心采取一次查询、多帧传输的方式，在协议中设计了帧序号，以便进行多帧传输的识别。

监控分站响应协议格式为：

报头＋命令码＋监控分站设备代码＋监控分站地址＋数据帧数＋当前帧位置＋数据长度＋设备代码＋设备参数字节长度＋设备地址＋参数＋校验码＋结束代码

这样可实现超长数据量的一次分帧传输。由于传输时间的限制，每台监控分站所接设备种类不超过 20 种。

监控中心读取监控分站开关量和频率量时，监控分站自身端口另行编码，区别于其挂接的设备(主要便于对监控分站本身的独立监控,其自身也相当于一台传感器),通信协议如表6-24所示。

表6-24 监控中心与监控分站用户层命令接口定义一览表

命令码	A6	读取监控分站频率端口、开关量端口(监控分站的输入);控制2路开关量(监控分站的输出)	适用范围	监控分站
分站查询报文	BD BD BD BD A6 SBN 7F 7F 02 SDD kgL CRC 0D			
命令描述	BD：报头 A6：读取命令,监控中心读取监控分站8路频率量和4路开关量 SBN：监控分站的设备类型代码 02：数据长度 SDD：监控分站编号(0～10) CRC：校验码(校验数据包含SDD、KGL两个数据) 0D：帧尾,标识一帧数据的结束			
中继站响应报文	FF A7 SBN SDD SDB DKH1 SN1 SN2 DKH2 SN1 SN2 DKH3 SN1 SN2 DKH4 SN1 SN2 DKH5 SN1 SN2 DKH6 SN1 SN2 DKH7 SN1 SN2 DKH8 SN1 SN2 SN3 CRC 0D			
命令描述	FF：报头 A1：响应命令 SBN：监控分站的设备代码 SDD：监控分站编号(0～10) SDB：传输字节总长度(25个字节) DKH1～DKH8：频率量的端口号(DKH1＝0x01，DKH2＝0x02，DKH3＝0x03，DKH4＝0x04，DKH5＝0x05，DKH6＝0x06，DKH7＝0x07，DKH8＝0x08) SN1、SN2：8路频率端口的频率值 CRC：校验码(校验数据从SBS开始到数据帧的结束) 0D：帧尾,标识一帧数据的结束 注：每台监控分站所接设备种类数不能超过20种			

读取内容包括8路频率量和4路开关量,响应时包括状态和端口号一并上传,即可对中继器本身的频率、开关端口进行寻址。

② 监控中心修改监控分站挂接设备参数

监控中心发来修改参数指令,监控分站向下传输给现地设备。对现地传感器而言,监控中心对它是不可见的,它只跟监控分站进行握手。同样,监控中心也只跟监控分站握手,所以,协议只在监控中心与监控分站间构建,即监控中心查询的实际上是监控分站存储的内容。硬件上采用双监控单元与中继单元两部分的主要目的也在于把监控中心与防尘设备相互独立开来,简化通信模式,加快上位机查询的响应时间。监控中心修改监控分站挂接设备参数协议结构如表6-25所示。

表 6-25　监控中心与监控分站用户层命令接口定义一览表

命令码	A2	读取监控分站所挂接设备参数	适用范围	监控分站
分站查询报文	BD BD BD BD A2 SBN SDD SBS SDL SEL SN1 SN2… CRC 0D			
命令描述	BD：报头 A2：修改参数命令 SBN：监控分站的设备类型代码 SDD：为监控分站编号(0～10) SBS：传感器设备类型代码 SDL：修改参数字节长度 SEL：设备地址码 SN1，SN2，…：修改的参数 CRC：校验和(校验和从 SEL 开始到数据帧的结束) 0D：帧尾，标识一帧数据的结束			
中继站响应报文	FF A3 SBN 01 SDD CRC 0D			
命令描述	FF：报头 A3：响应命令 SBN：监控分站的设备代码 01：数据长度， SDD：监控分站编号(0～10) CRC：校验码(只校验 SDD 这个数据) 0D：帧尾，标识一帧数据的结束			

6.3　可燃性粉尘环境监控系统平台研发

监控分站把可燃性粉尘环境监控对象设备的状态及参数上传至监控中心，由监控软件接收并按协议解析，获得整个系统的状态及参数；并把控制参数编码传输至监控分站，对设备的参数进行修改。监控软件平台是监控的人机交互终端。

1. 软件环境

软件开发设计基于煤矿安全监控系统的研制平台，运行于 Windows 等通用操作系统环境，采取图形菜单界面形式，能兼容 tcp、ip、http、udp 等通用网络协议。

2. 用户管理

作为一个通用的监控管理平台，必须能对操作用户进行分类管理，并分配不同的权限及密钥，执行不同的操作。用户分为超级用户、管理用户、一般用户三级。

超级用户拥有所有软件功能的权限，并为管理用户和一般用户分配密钥；管理用户为一般用户增加、删除及分配密码，执行浏览、查询、设备参数修改等功能；一般用户为监控系统的职守者，执行浏览、查询等任务。

3. 系统组建

根据每一个可燃性粉尘环境的监控设备的布置及数量，可以构建不同的监控平台，并可对系统内的设备进行增减(在实际设备变动的情况下)，通过对监控分站的设置来实现。可以对系统涉及的传感器及装置的种类及数量进行增减组建，组建后，可在系统中自动查询其参数、状态及控制。

4. 显示功能

(1) 参数显示

参数以列表统计的形式显示所有系统挂接设备的数据。选中相应的监控分站后，显示该监控分站上挂接设备的所有参数和状态。

对每一台设备的详细参数，可以在列表中选中单独显示，以实现对设备的重点监控。

(2) 图形显示功能

图形显示功能主要针对防尘装置设计，装置要求对设备的运行位置、工作状态以图形的方式进行显示，更加直观。

(3) 曲线显示

主要针对粉尘浓度传感器，压力、风速等传感器的历史及趋势进行显示，通常以一段时间内的曲线显示更能真实地反映粉尘、压力的变化。

5. 日志及报表功能

主要包括系统操作日志、报警信息记录、参数报表生成以及日志、记录、报表等的查询、打印等功能，具有异常及运行状态日志等。

6. 参数修改功能

主要实现对可燃性粉尘环境监控对象设备的远程控制功能，如设备参数修改、应急开关等操作。对每一种设备，显示其参数，然后进行修改，完成之后下发至监控分站，监控分站解析后送至现地传感器或设备，实现参数修改和应急控制。

系统平台界面如图 6-15、图 6-16 所示。

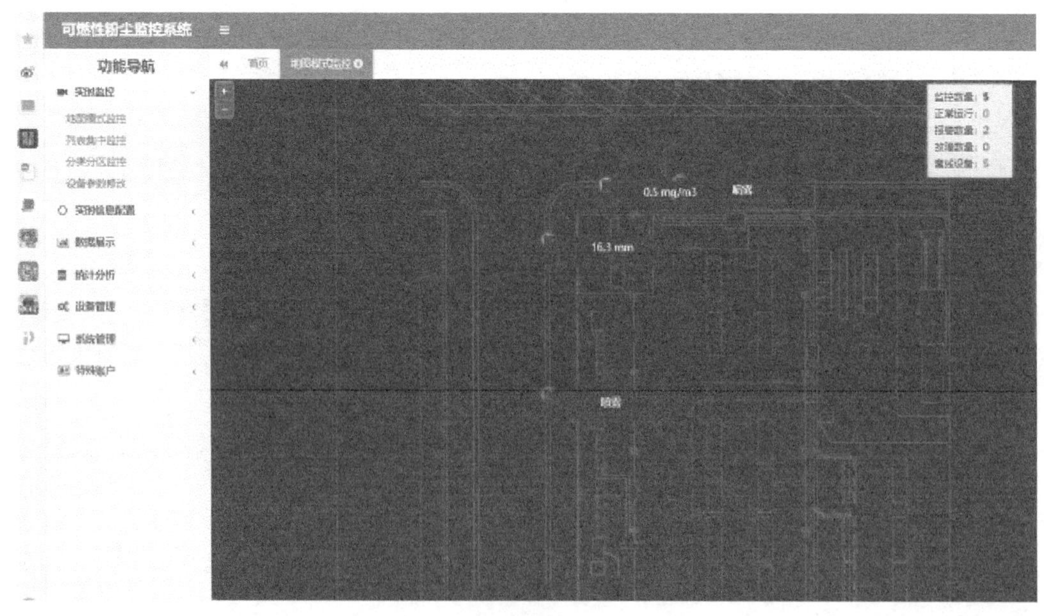

图 6-15　系统平台主界面

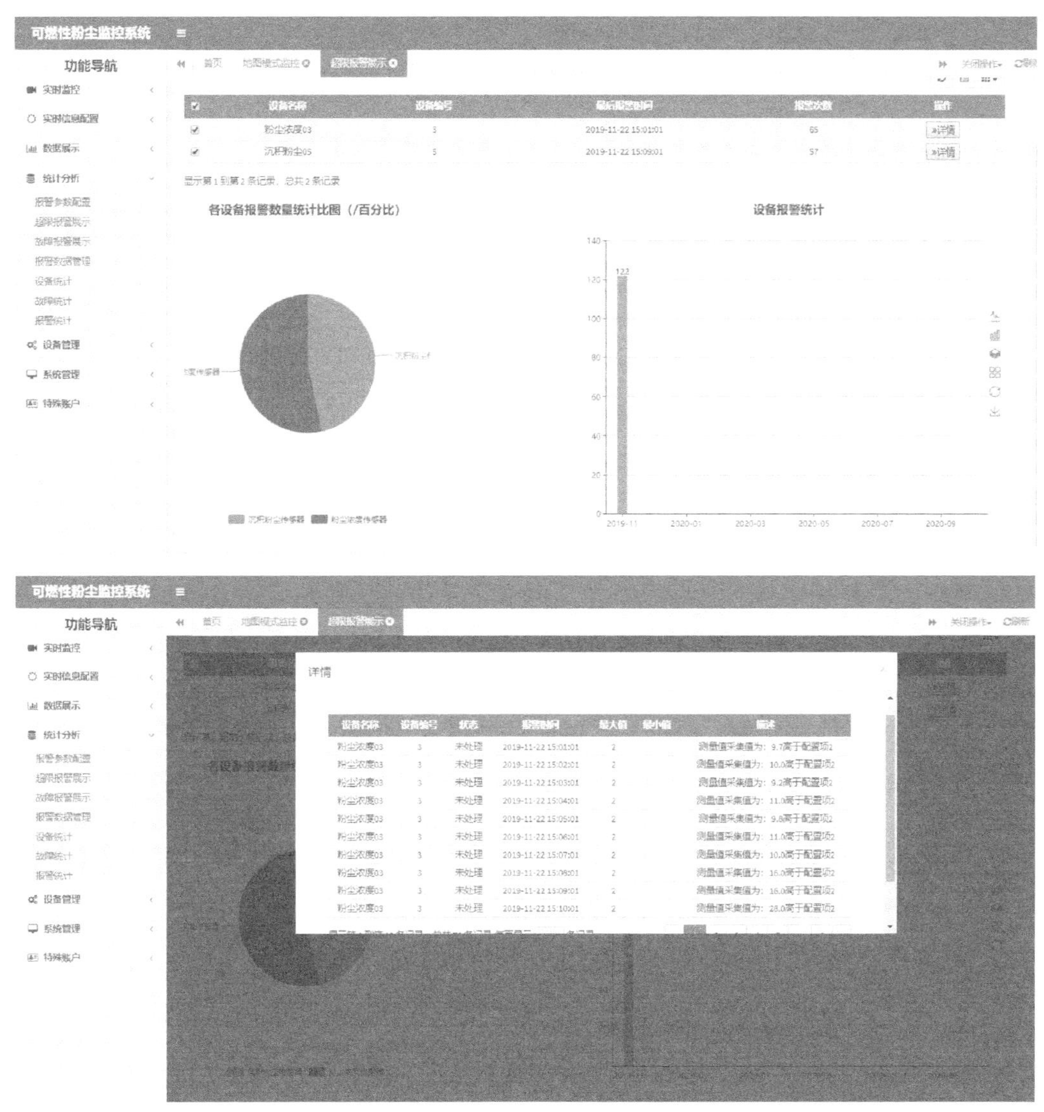

图 6-16　系统平台预警界面

系统实现对可燃性粉尘环境的监测地图配置、传感器配置及监测(包含装置)、数据显示、分析及预警。

6.3.1　样机检验

经过设计研究、样机试制、实验室验证后，研制正式样机进行第三方的性能及防爆检验。共研制沉积粉尘传感器样机(两种)、浮游粉尘传感器(两种)、可燃性粉尘环境用本安电源(两种)进行技术性能和防爆性能检验。传感器和电源技术性能和防爆性能检验委托国家煤矿防爆安全产品质量监督检验中心进行检验。性能指标满足任务书要求。

沉积粉尘传感器量程 0～20 mm，分辨率 0.01 m，测量误差 0.1 mm。浮游粉尘传感器量程0～1 000 mg/m^3，测量误差 13.9%。本安电源输出电压 15 V，输出电流 490 mA；输出电压18 V，输出电流 360 mA。

传感器满足爆炸性粉尘环境 D20 区防爆要求，防爆标志为 Ex iaD 20 IP65 T100 ℃。电源为隔爆兼本安型，输出电源满足爆炸性粉尘环境 D20 区防爆要求，防爆标志为 Ex tD iaD A20 IP65 T100 ℃，可以直接置于 D20 粉尘防爆区域。

沉积粉尘传感器、浮游粉尘传感器是国内首次获得 D20 区认证的爆炸性粉尘环境粉尘监测设备，结合监控系统，可以实现可燃性粉尘环境的粉尘连续在线监测。

6.3.2 现场实验

经过理论研究、实验研究及实验测试，完成了可燃性粉尘环境（抛光打磨车间）铝粉的连续在线监测传感器、监测系统及防爆电源的研究。研制的传感器、电源等正式样机在重庆市嘉泰精密机械有限公司打磨车间除尘示范点进行现场测试实验。

1. 实验方法

实验分别对浮游粉尘传感器、沉积粉尘传感器、粉尘监测系统的功能、性能及现场的适应性、可靠性及性能参数进行考查。主要内容如下：

（1）浮游粉尘传感器

主要通过长期运行对浮游粉尘传感器的可靠性、抗干扰性、控制电路的适应性、控制距离以及电源电压对控制电路的影响等性能进行考查。

① 按系统连接关系安装好传感器、供电电源、检测分站、检测软件平台；

② 在系统平台里配置安装的浮游传感器地址、分站（带网络接口）号、参数等；

③ 对浮游粉尘传感器用粉尘采样器进行校准；

④ 调试通信，开始采集传感器数据，并通过平台进行记录；

⑤ 随机时间进行精度抽样，判定传感器的抗干扰情况、通信情况、运行情况。

（2）沉积粉尘传感器

主要通过长期运行对开发式和管道式沉积粉尘传感器的可靠性、抗干扰性、控制电路的适应性、控制距离以及电源电压对控制电路影响等性能进行考查。

① 按系统连接关系安装好传感器、供电电源、检测分站、检测软件平台；

② 在系统平台里配置安装的沉积粉尘传感器地址（一台开放空间、两台管道）、分站（带网络接口）号、参数等；

③ 采用天平对沉积粉尘传感器进行校准；

④ 调试通信，开始采集传感器数据，并通过平台进行记录；

⑤ 随机时间进行精度抽样与分析天平对比，判定传感器的精度、抗干扰情况、通信情况、运行情况。

（3）粉尘监测系统

主要通过 1 个月连续运行对监控系统的功能、可靠性、抗干扰性，控制电路的适应性、控制距离，以及电源电压对控制电路影响等性能进行考查。

① 实时监测功能：显示各传感器的实时数据、参数；

② 存储：能显示历史曲线；

③ 报警：报警日志；

④ 设备增减：进行系统硬件对应的软件配置。

2. 实验系统布置

实验装置在除尘系统中的布置如图 6-17 所示。

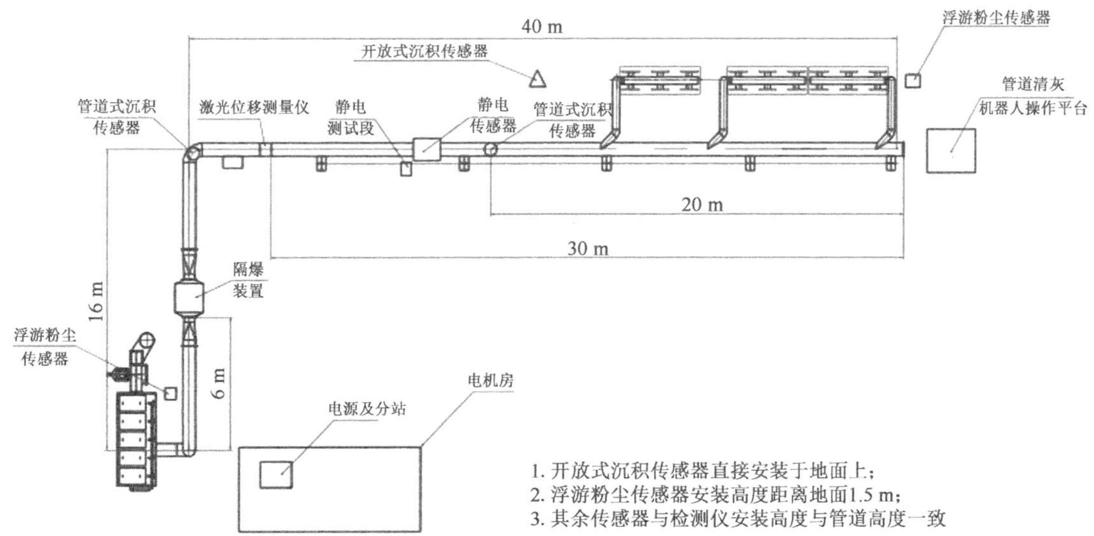

图 6-17　现场实验布置图

沉积粉尘传感器安装在主管道、打磨工位地面，浮游粉尘传感器安装在两个打磨工位支架上方。

3. 实验结果

现场实验的时间为 2019 年 11 月到 2019 年 12 月。测试结果全部由监控系统显示、记录，并通过采样器对现场浮游粉尘浓度进行抽样对比，由分析天平对沉积粉尘进行抽样对比。结果表明，可燃性粉尘监控系统能可靠地采集、显示现场的粉尘浓度、沉积厚度，并进行存储、分析、超限报警。传感器工作可靠，抽样检测误差在指标要求范围内，证明了监测处理方法的有效性。

第 7 章　金属打磨抛光行业可燃性粉尘防控方法及安全运行保障条件

7.1　金属抛光打磨除尘系统防爆评估指标的建立

为了更好地评估金属抛光打磨除尘系统，需确定各影响因素与金属抛光打磨除尘系统防爆评估之间的关系，从而建立金属抛光打磨除尘系统防爆评估方法。其中，建立合适的金属抛光打磨除尘系统防爆评估指标显得尤为重要。

7.1.1　指标体系建立的原则

金属抛光打磨除尘系统防爆评估涉及的内容较多且复杂，所需要考虑的因素众多。建立的风险评估因素体系是否合理、科学，直接关系到评估的有效性。指标体系的建立需要考虑以下几项原则：

(1) 目的性原则：构建金属抛光打磨除尘系统防爆评估指标体系的根本出发点就是看评价结果是否能够满足评价目的，客观反映评价对象性质特征、结构等。因此，该评估指标体系的最终目的就是能够真实地反映出除尘系统粉尘爆炸风险水平。

(2) 整体性原则：金属抛光打磨除尘系统防爆评估指标要遵循整体性原则，即评估指标与评估结构要形成有机整体，不能单纯罗列评估指标。同时评估指标相互之间的关系要遵循金属抛光打磨除尘系统粉尘爆炸风险评估的整体目的和功能。

(3) 层次结构性原则：金属抛光打磨除尘系统防爆评估指标体系的结构存在多种形式，如线性结构、网状结构、层次结构等。其中应用最广泛的是层次结构。层次结构能够清晰地表明不同层次评价指标的隶属指标及其之间的关系，形成系统性、有序性的层次结构，最终能系统地反映出待评估对象的功能。

(4) 科学性原则：只有科学、客观的指标，才能准确反映金属抛光打磨除尘系统粉尘爆炸风险的真实状况，因此在构建指标体系时，不能仅仅依靠个人经验设置评价指标，还要结合粉尘爆炸的内在规律和相关理论知识。同时，设置评价指标时还要明确指标的概念和外延，即使是一些模糊性指标，也要有明确的概念。因此，只有保证评价指标的科学性和客观性，才能做到金属抛光打磨除尘系统粉尘爆炸风险评估的科学性和客观性。

(5) 全面性原则：在构建金属抛光打磨除尘系统防爆评估指标体系时，要尽可能全面地分析粉尘爆炸事故发生的原因及粉尘企业生产系统中潜在的危险因素，只有全面了解影响金属抛光打磨除尘系统粉尘爆炸风险的因素,才能对其进行真实、全面的评价。

(6) 动态性原则:金属抛光打磨除尘系统防爆评估指标体系是随着技术进步和经济发展而变化的,除尘系统粉尘爆炸风险评估指标应该适应社会的发展变化。

(7) 适用性原则:金属抛光打磨除尘系统防爆评估指标体系的构建要依据同时期经济发展状况、科技发展水平、工业发展水平等相适应的状态,需具备较强的可操作性。

7.1.2 指标体系建立的方法

目前常用的构建指标体系的方法有综合法、交叉法、分析法、指标属性分组法等,其中分析法是最基本最常用的方法之一。

分析法就是将评价对象划分成不同的子系统或子功能,然后再细化子系统或子功能,直到形成各子系统或子功能都能用统计指标表达的方法。在构建指标体系之前,首先要对待评价问题的内涵和外延做出科学、合理的解释;其次再将待评价问题的内涵和外延进行细分,直到能够用明确的指标反映其特征或性质;最后将各个指标划分结构层次。该方法具有能够系统科学地分析待评价对象,集中反映待评价对象特征属性的优点。

根据除尘方式的不同,分为干式除尘系统和湿式除尘系统。由于两种除尘方式防爆设计与风险评估完全不同,在指标体系建立过程中,分为金属抛光打磨干式除尘系统防爆评估指标体系和金属抛光打磨湿式除尘系统防爆评估指标体系。

在金属抛光打磨干式除尘系统防爆评估指标体系建立过程中,从粉尘本身的爆炸特性参数出发,通过分析除尘系统组成,包括除尘器本体类型、位置,与除尘器连接的风机、风管、吸尘罩,除尘系统类型的基本条件,研究并归纳出抛光打磨除尘系统防爆评估指标体系。

粉尘本身的爆炸特性参数是描述粉尘自身爆炸危险性的重要指标,对粉尘爆炸事故风险评估结果的影响非常大。采用粉尘云爆炸下限浓度、粉尘云最低点火温度、粉尘层最低点火温度、粉尘最大爆炸压力、粉尘爆炸指数和最小点火能描述粉尘的爆炸危险性,其中粉尘云爆炸下限浓度、粉尘云最低点火温度和粉尘层最低点火温度描述粉尘爆炸的敏感度,粉尘最大爆炸压力和粉尘爆炸指数描述粉尘爆炸的猛烈度。在确定指标体系时,考虑到粉尘云最低点火温度和粉尘层最低点火温度的相似性,选用粉尘层最低点火温度和粉尘云最低点火温度中较小的值作为指标。

除尘系统本身指标根据除尘系统组成和位置划分为吸尘罩、风管、除尘器本体、风机、除尘器布局。根据《除尘器 术语》(GB/T 16845—2017),涉及的金属抛光打磨干式除尘器有过滤式除尘器和旋风除尘器。风管指标根据《粉尘爆炸危险场所用除尘系统安全规范》(AQ 4273—2016),划分为风速和风管形状、风管弯头两个指标。根据风机的具体位置布局和防爆型,风机指标划分为防爆等级和风机布局两个指标。

根据现场调研,并依据《粉尘防爆安全规程》(GB 15577—2018)、《粉尘爆炸危险场所用除尘系统安全技术规范》(AQ 4273—2016)标准的要求,干式除尘系统防爆指标分为爆炸预防措施和控爆措施 2 个一级指标。其中,爆炸预防措施划分为锁气卸灰、压差监测、火花探测熄灭装置、滤袋(阻燃防静电防爆措施)、避雷和静电接地、温度监测和灭火装置 6 个二级指标。控爆措施划分为泄爆、隔爆、抑爆、惰化、抗爆 5 个二级指标。

根据金属抛光打磨行业特点，结合调研分析，重点产尘设备有打磨机、砂带机、喷砂抛丸机，确定为产尘设备二级指标。在确定产尘重点设备之后，根据设备的具体情况，选择设备产尘、设备台数作为打磨机三级指标；选用点火源、设备台数作为砂带机三级指标；选用设备台数、设备容积作为喷砂抛丸机三级指标。

安全管理是预防粉尘爆炸的重要因素，根据除尘系统粉尘爆炸事故发生的特点，选择粉尘清理、隐患排查与治理、教育培训、维护保养作为二级指标。

在金属抛光打磨湿式除尘系统防爆评估指标体系建立过程中，创建方法跟干式除尘系统相同。从粉尘本身的爆炸特性参数出发，通过分析除尘系统组成，包括除尘器本体类型、位置，与除尘器连接的风机、风管、吸尘罩，除尘系统类型的基本条件，研究并归纳出抛光打磨湿式除尘系统防爆评估指标体系。在除尘器本体方面，根据《除尘器 术语》(GB/T 16845—2017)，涉及的金属抛光打磨湿式除尘器有洗涤过滤式、水幕式、冲击式、文丘里式、抛光打磨除尘一体机。因为湿式除尘系统循环水池的管控是重中之重，所以增加循环水池这个二级指标。同时根据湿式除尘系统的特点，爆炸预防措施划分为水量水压监测装置和风管内喷水 2 个三级指标。

7.1.3 指标体系的建立

根据对抛光打磨除尘系统粉尘爆炸风险评估指标的研究，确定了除尘系统粉尘爆炸风险评估指标体系，如图 7-1 和图 7-2 所示。

7.1.4 评估指标分级与赋值

指标体系建立后，需对各级指标进行分级与赋值处理，以区分指标在不同等级下的水平和差异。通常指标等级划分为 3～5 级，各等级利用分数或者是等级语言好、中、差等进行评定。本任务研究过程中，根据现场调研以及指标的具体情况，将指标划分为 2～4 级。其中，湿式除尘系统粉尘爆炸事故风险指标在粉尘爆炸特性、吸尘罩、风管、产尘设备、安全管理上和干式除尘系统粉尘爆炸事故风险指标相同。

1. 粉尘爆炸特性参数

粉尘爆炸特性参数包括粉尘爆炸猛烈度和粉尘爆炸敏感度，粉尘爆炸猛烈度用粉尘最大爆炸压力和粉尘爆炸指数来确定；粉尘爆炸敏感度用爆炸下限浓度、最小点火能和最低着火温度来度量。

(1) 粉尘最大爆炸压力

粉尘爆炸压力是反映粉尘爆炸破坏性的参数。粉尘最大爆炸压力是指在规定容积和点火能量下，不同浓度粉尘云对应的爆炸压力峰值的最大值。根据国家安监总局颁布的《可燃性粉尘目录》以及实验室测试数据，最大爆炸压力超过 1 MPa 属于爆炸性特别强粉尘，再依次划分为四级。具体分级与赋值情况如表 7-1 所示。

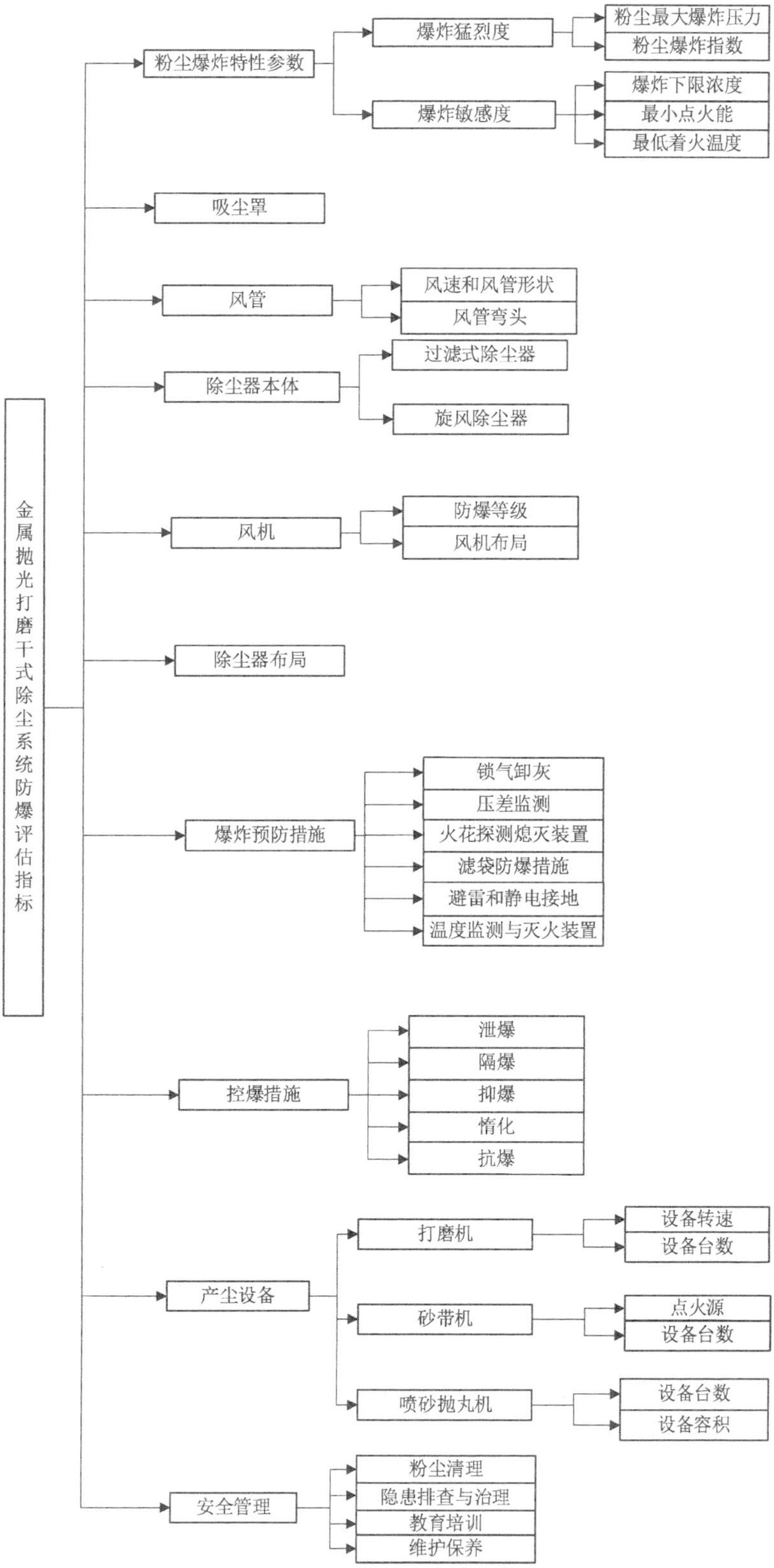

- 金属抛光打磨干式除尘系统防爆评估指标
  - 粉尘爆炸特性参数
    - 爆炸猛烈度
      - 粉尘最大爆炸压力
      - 粉尘爆炸指数
    - 爆炸敏感度
      - 爆炸下限浓度
      - 最小点火能
      - 最低着火温度
  - 吸尘罩
  - 风管
    - 风速和风管形状
    - 风管弯头
  - 除尘器本体
    - 过滤式除尘器
    - 旋风除尘器
  - 风机
    - 防爆等级
    - 风机布局
  - 除尘器布局
  - 爆炸预防措施
    - 锁气卸灰
    - 压差监测
    - 火花探测熄灭装置
    - 滤袋防爆措施
    - 避雷和静电接地
    - 温度监测与灭火装置
  - 控爆措施
    - 泄爆
    - 隔爆
    - 抑爆
    - 惰化
    - 抗爆
  - 产尘设备
    - 打磨机
      - 设备转速
      - 设备台数
    - 砂带机
      - 点火源
      - 设备台数
    - 喷砂抛丸机
      - 设备台数
      - 设备容积
  - 安全管理
    - 粉尘清理
    - 隐患排查与治理
    - 教育培训
    - 维护保养

图 7-1　金属抛光打磨干式除尘系统防爆评估指标

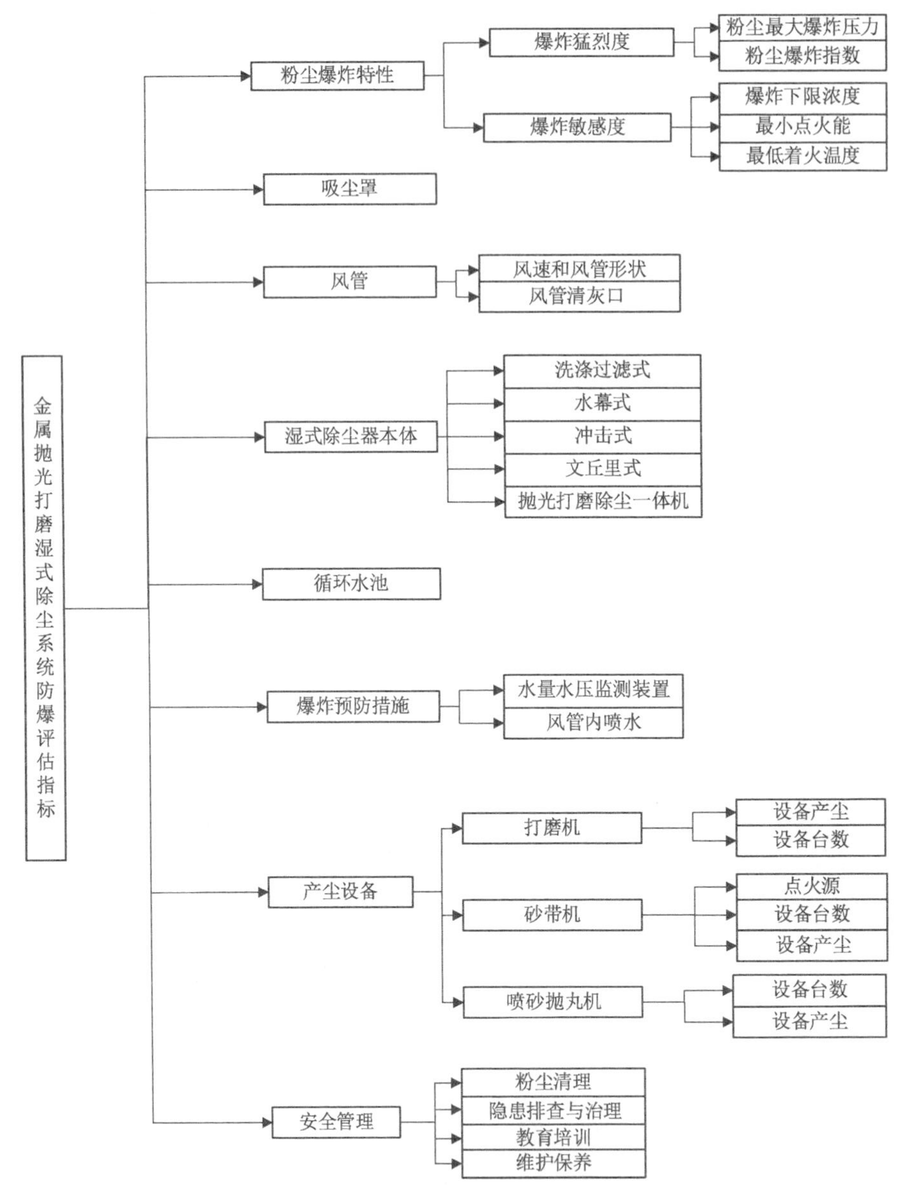

图 7-2　金属抛光打磨湿式除尘系统防爆评估指标

表 7-1　最大爆炸压力分级与赋值

分级条件(最大爆炸压力 P_{max}/MPa)	分级情况	赋值
$P_{max}<0.3$	较低	1
$0.3\leqslant P_{max}<0.6$	一般	2
$0.6\leqslant P_{max}<1.0$	较高	3
$P_{max}\geqslant 1.0$	高	4

(2) 粉尘爆炸指数

粉尘爆炸指数是指在密闭容器内，粉尘爆炸实验中最大爆炸压力上升速率与容器容积的立方根的乘积为一常数，这个常数称为粉尘爆炸指数。容积一定时，粉尘爆炸指数主要反映粉尘爆炸压力上升速率，即粉尘爆炸的剧烈程度。根据德国爆炸指数法的评价标准，爆炸危险等级根据爆炸指数大小依次划分为 st_0，st_1，st_2，st_3。具体分级与赋值情况如表 7-2 所示。

表 7-2　粉尘爆炸指数分级与赋值

分级条件[爆炸指数 $K_{st}/(MPa \cdot m \cdot s^{-1})$]	分级情况	赋值
$K_{st}<10$	较低	1
$10 \leqslant K_{st}<20$	一般	2
$20 \leqslant K_{st}<30$	较高	3
$K_{st} \geqslant 30$	高	4

(3) 爆炸下限浓度

爆炸下限浓度是指用规定的测定步骤在室温和常压下实验时，能够靠爆炸罐中产生必要的压力维持火焰传播的空气中可燃性粉尘的最低浓度。爆炸下限是描述粉尘爆炸危险性的指标之一。依据国家安监总局《工贸行业重点可燃性粉尘目录》以及相关实验测试数据，爆炸下限浓度小于 30 g/m^3 属于粉尘爆炸下限浓度低，爆炸下限大于 100 g/m^3 属于爆炸下限浓度高，然后依次进行分级。具体分级与赋值情况如表 7-3 所示。

表 7-3　爆炸下限浓度分级与赋值

分级条件[爆炸下限 $MEC/(g \cdot m^{-3})$]	分级情况	赋值
$MEC \geqslant 100$	高	1
$60 \leqslant MEC<100$	较高	2
$30 \leqslant MEC<60$	一般	3
$MEC<30$	较低	4

(4) 最小点火能

最小点火能是指粉尘云处于最容易着火浓度条件下，使粉尘云着火的点火源能量的最小值。最小点火能是描述粉尘爆炸危险性的指标之一。依据国家安监总局《工贸行业重点可燃性粉尘目录》以及相关实验测试数据，最小点火能大于 500 mJ 属于最小点火能高，小于 10 mJ 属于最小点火能低，依次进行分级。具体分级与赋值情况如表 7-4 所示。

表 7-4　最小点火能分级与赋值

分级条件(最小点火能 E/mJ)	分级情况	赋值
$E \geqslant 500$	高	1
$100 \leqslant E < 500$	较高	2
$10 \leqslant E < 100$	一般	3
$E < 10$	较低	4

(5) 最低着火温度

最低着火温度包括粉尘层最低着火温度和粉尘云最低着火温度。这两个指标都反映了粉尘爆炸危险性。粉尘云最低着火温度是指粉尘云受热时,使粉尘云发生点燃时的最低加热温度;粉尘层最低着火温度是指粉尘层受热时,使粉尘层发生点燃时的最低加热温度。依据《爆炸性环境 第 1 部分: 设备 通用要求》(GB 3836.1)第 5.3.2 条对电气设备最高表面温度的限制值,对最低着火温度进行分级。具体分级与赋值情况如表 7-5 所示。

表 7-5　最低着火温度分级与赋值

分级条件(最低着火温度 T/℃)	分级情况	赋值
$T \geqslant 450$	高	1
$300 \leqslant T < 450$	较高	2
$135 \leqslant T < 300$	一般	3
$T < 135$	较低	4

2. 吸尘罩

根据《粉尘防爆安全规程》(GB 15577),所有产尘点均应装设吸尘罩并保证有足够的入口风量以满足作业岗位粉尘捕集要求。根据《排风罩的分类及技术条件》(GB/T 16758),在金属抛光打磨行业,吸尘罩分为密闭罩、上吸罩、下吸罩和侧吸罩。具体分级与赋值情况如表 7-6 所示。

表 7-6　吸尘罩分级与赋值

分级条件	分级情况	赋值
密闭罩	较低	1
上吸罩	一般	2
侧吸罩	较危险	3
下吸罩	危险	4

3. 风管

(1) 风速和风管形状

依据《粉尘爆炸危险场所用除尘系统安全技术规范》(AQ 4273)第 7.1.4 条,金属打磨的除尘器进风管，其设计风速按照风管内的粉尘浓度不大于爆炸下限的 50% 计算，且不小于 23 m/s。具体分级与赋值情况如表 7-7 所示。

表 7-7　风速和风管形状分级与赋值

分级条件	分级情况	赋值
风速符合要求、圆形风管	较低	1
风速符合要求、方形风管	一般	2
风速不符合要求、圆形风管	较危险	3
风速不符合要求、方形风管	危险	4

（2）风管弯头

风管内表面应光滑，在风管弯头部位易产生积尘，风管弯头夹角大于 45°的部位，宜设置清灰口和观察孔。夹角大于 45°的风管弯头数量越多，产生积尘的可能性就越大，具体分级与赋值情况如表 7-8 所示。

表 7-8　风管弯头分级与赋值

风管弯头数量/个	分级情况	赋值
1	较低	1
2	一般	2
3	较危险	3
4 个及以上	危险	4

（3）风管清灰口

依据《粉尘爆炸危险场所用除尘系统安全技术规范》(AQ 4273) 第 7.1.6 条，在水平风管每隔 6 m 处，以及风管弯管夹角大于 45°的部位，宜设置清灰口。根据水平风管和夹角大于 45°弯头处是否设置清灰口情况，将风管清灰口设置情况进行分级。具体分级与赋值情况如表 7-9 所示。

表 7-9　风管清灰口分级与赋值

清灰口设置情况	分级情况	赋值
水平管和夹角大于 45°弯头处都按规范设置清灰口	较低	1
仅夹角大于 45°弯头处都按规范设置清灰口	一般	2
仅水平管按规范设置清灰口	较危险	3
水平管和夹角大于 45°弯头处都未按规范设置清灰口	危险	4

4. 除尘器本体

因为干式除尘器箱体内储存大量的粉尘，经过调研，采用 TNT 当量法表征除尘器本体危险性分级。

(1) 过滤式除尘器

过滤式除尘器具体分级与赋值情况如表 7-10 所示。

表 7-10　过滤式除尘器分级与赋值

分级条件(TNT 当量质量/kg)	分级情况	赋值
TNT 当量<1	较低	1
1≤TNT 当量<10	一般	2
10≤TNT 当量<50	较危险	3
TNT 当量≥50	危险	4

(2) 旋风除尘器

旋风除尘器具体分级与赋值情况如表 7-11 所示。

表 7-11　旋风除尘器分级与赋值

分级条件(TNT 当量质量/kg)	分级情况	赋值
TNT 当量<1	较低	1
1≤TNT 当量<10	一般	2
10≤TNT 当量<50	较危险	3
TNT 当量≥50	危险	4

5. 风机

(1) 风机类型

风机分为防爆风机和不防爆风机。防爆风机是一种可以在易燃易爆场所使用的电机,运行时不产生电火花。具体分级与赋值情况如表 7-12 所示。

表 7-12　风机类型分级与赋值

分级条件	分级情况	赋值
Da 型防爆风机	较低	1
Db 型防爆风机	一般	2
Dc 型防爆风机	较危险	3
非防爆风机	危险	4

(2) 风机布局

风机位于除尘器前,风机易产生点火源,未采取相应的防范点火源措施,进入除尘系统,极易发生粉尘爆炸事故。依据风机跟除尘器本体位置关系,以及防范点火源措施情况,对风机布局情况进行分级与赋值,具体分级与赋值情况如表 7-13 所示。

表 7-13　风机布局分级与赋值

分级条件	分级情况	赋值
风机在除尘器后	较低	1
风机在除尘器前，采取了可靠的防范点火源措施	一般	2
风机在除尘器前，未采取可靠的防范点火源措施	危险	4

6. 除尘器布局

依据《粉尘爆炸危险场所用收尘器防爆导则》第 4.1.8 条，除尘器宜安装于室外，如安装于室内，其泄爆管应直通室外，并根据粉尘属性确定是否设立隔爆装置。具体分级与赋值情况如表 7-14 所示。

表 7-14　除尘器位置分级与赋值

分级条件	分级情况	赋值
除尘器设置在室外	较低	1
室内隔离泄爆	一般	2
室内隔离	较危险	3
除尘器设置在室内，未隔离	危险	4

7. 爆炸预防措施

(1) 锁气卸灰和压差监测装置

依据《粉尘爆炸危险场所用除尘系统安全技术规范》(AQ 4273)第 5.1.4 和 5.1.6 条，除尘器应规范设置锁气卸灰装置和进、出风口压差监测装置。具体分级与赋值情况如表 7-15 所示。

表 7-15　锁气卸灰和压差监测装置措施分级与赋值

分级条件	分级情况	赋值
有锁气卸灰装置、有压差监测装置	较低	1
有锁气卸灰装置和压差监测装置	一般	2
有锁气卸灰装置	较危险	3
无相应措施	危险	4

(2) 火花探测熄灭装置

依据《粉尘爆炸危险场所用除尘系统安全技术规范》(AQ 4273)第 6.3 条，对存在经由吸尘罩吸入火花危险的风管，宜在风管上安装火花探测报警装置和火花熄灭装置。具体分级与赋值情况如表 7-16 所示。

表 7-16　火花探测熄灭装置分级与赋值

分级条件	分级情况	赋值
有火花探测熄灭装置	较低	1
无火花探测熄灭装置	危险	4

(3) 滤袋防爆措施

依据《粉尘爆炸危险场所用除尘系统安全技术规范》(AQ 4273)第 5.1.4 条，除尘器滤袋应采用阻燃及防静电滤料制作。根据滤袋具体情况进行分级和赋值，具体分级与赋值情况如表 7-17 所示。

表 7-17　滤袋防爆措施分级与赋值

分级条件	分级情况	赋值
阻燃防静电滤袋	较低	1
防静电不阻燃滤袋	一般	2
阻燃不防静电滤袋	较危险	3
不阻燃且不防静电滤袋	危险	4

(4) 避雷和静电接地措施

依据《粉尘爆炸危险场所用除尘系统安全技术规范》(AQ 4273)，对避雷和静电接地措施进行分级和赋值，具体分级与赋值情况如表 7-18 所示。

表 7-18　避雷和静电接地措施分级与赋值

分级条件	分级情况	赋值
设置了避雷和静电接地装置	较低	1
有静电接地装置无避雷装置	一般	2
有避雷装置无静电接地装置	较危险	3
无避雷和静电接地装置	危险	4

(5) 温度监测与灭火装置

根据是否设置温度监测与灭火装置进行分级，具体分级与赋值情况如表 7-19 所示。

表 7-19　温度监测与灭火装置分级与赋值

分级条件	分级情况	赋值
设置了温度监测与灭火装置	较低	1
仅设置了温度监测装置无灭火装置	一般	2
无温度监测与灭火装置	危险	4

8. 控爆措施

依据《粉尘爆炸危险场所用除尘系统安全技术规范》(AQ 4273)第 4.2 条，干式除尘系统应按照可燃性粉尘爆炸特性采取预防和控制粉尘爆炸的措施，选用泄爆、隔爆、抑爆、惰化和抗爆一种或多种防爆措施，以降低爆炸风险。

(1) 泄爆

泄爆措施分为泄爆片、泄爆门、无焰泄爆和泄爆导管泄爆。根据现场调研，泄爆措施具体分级与赋值情况如表 7-20 所示。

表 7-20　泄爆措施分级与赋值

分级条件	分级情况	赋值
室外泄爆	较低	1
室内无焰泄爆	一般	2
室内泄爆导管泄爆	较危险	3
无泄爆措施	危险	4

(2) 隔爆

隔爆分为主动式隔爆和被动式隔爆，其中，主动式隔爆分为化学隔爆器和主动式阀门隔爆器，被动式隔爆主要是翻板阀式隔爆。根据现场调研，隔爆措施具体分级与赋值情况如表 7-21 所示。

表 7-21　隔爆措施分级与赋值

分级条件	分级情况	赋值
化学隔爆器	较低	1
主动式阀门隔爆器	一般	2
翻板阀式隔爆	较危险	3
无隔爆措施	危险	4

(3) 抑爆

依据《抑制爆炸系统》(GB/T 25445)第 4.1 条，爆炸抑制技术可在燃烧初始阶段探测到并熄灭封闭或固有封闭的容积内爆炸性环境的燃烧，并限制破坏性压力的发展。根据现场调研，抑爆措施具体分级与赋值情况如表 7-22 所示。

表 7-22　抑爆措施分级与赋值

分级条件	分级情况	赋值
有抑爆系统	较低	1
无抑爆系统	危险	4

(4) 惰化

惰化分为局部惰化和整体惰化，具体分级与赋值情况如表 7-23 所示。

表 7-23　惰化措施分级与赋值

分级条件	分级情况	赋值
整体惰化措施	较低	1
局部惰化措施	一般	2
无惰化措施	危险	4

(5) 抗爆

依据《粉尘防爆安全规程》(GB 15577)第 7.2 条，生产和处理能导致爆炸的粉料时，若无抑爆装置，也无泄压措施，则所有的工艺设备应采用抗爆设计，且能承受内部爆炸产生的超压而不破裂。具体分级与赋值情况如表 7-24 所示。

表 7-24　抗爆措施分级与赋值

分级条件	分级情况	赋值
抗爆措施	较低	1
无抗爆措施	危险	4

9. 产尘设备

依据《可燃性粉尘环境电气设备第 3 部分：存在或可能存在可燃性粉尘的场所分类》(GB 12476.3)，强连续级释放源是指粉尘云持续存在；弱连续级释放源是指预计长期或短期粉尘云经常出现；1 级释放源是指在正常运行时，预计可能偶尔释放可燃性粉尘的释放源；2 级释放源是指在正常运行时，预计不可能释放可燃性粉尘，如果释放，也仅是不经常地并且是短期释放的释放源。

(1) 打磨机

① 设备产尘

打磨机设备产尘的具体分级与赋值情况如表 7-25 所示。

表 7-25　打磨机设备产尘分级与赋值

分级条件	分级情况	赋值
2 级释放源	较低	1
1 级释放源	一般	2
弱连续级释放源	较危险	3
强连续级释放源	危险	4

② 设备台数

根据现场调研，设备台数具体分级与赋值情况如表 7-26 所示。

表 7-26　打磨机设备台数分级与赋值

分级条件/台	分级情况	赋值
<3	较少	1
≥3～10	一般	2
≥10～30	较多	3
≥30	多	4

(2) 砂带机

① 设备产尘

砂带机设备产尘具体分级与赋值情况如表 7-27 所示。

表 7-27　砂带机设备产尘分级与赋值

分级条件	分级情况	赋值
2 级释放源	较低	1
1 级释放源	一般	2
弱连续级释放源	较危险	3
强连续级释放源	危险	4

② 设备台数

根据现场调研,设备台数具体分级与赋值情况如表 7-28 所示。

表 7-28　砂带机设备台数分级与赋值

分级条件/台	分级情况	赋值
<2	较少	1
≥2～5	一般	2
≥5～8	较多	3
≥8	多	4

③ 点火源

砂带机主要靠砂带打磨产生点火源,点火源是由打磨砂带宽度决定的。依据企业现场调研结果以及对砂带机分类研究,点火源的分级可由砂带机砂带宽度分级确定。具体分级情与赋值况如表 7-29 所示。

表 7-29　点火源分级与赋值

分级条件(砂带宽度/m)	分级情况	赋值
砂带宽度<0.6	较窄	1
0.6≤砂带宽度<0.8	一般	2
0.8≤砂带宽度<1.0	较宽	3
砂带宽度≥1.0	宽	4

（3）喷砂抛丸机

① 设备产尘

喷砂抛丸机设备产尘具体分级与赋值情况如表 7-30 所示。

表 7-30　喷砂抛丸机设备产尘分级与赋值

分级条件	分级情况	赋值
2 级释放源	较低	1
1 级释放源	一般	2
弱连续级释放源	较危险	3
强连续级释放源	危险	4

② 设备台数

根据现场调研，设备台数具体分级与赋值情况如表 7-31 所示。

表 7-31　喷砂抛丸机设备台数分级与赋值

分级条件/台	分级情况	赋值
＜3	较少	1
≥3～10	一般	2
≥10～30	较多	3
≥30	多	4

10. 安全管理

安全管理水平是降低工贸企业粉尘爆炸事故发生的可能性，减轻爆炸事故后果严重程度的重要参数，主要考虑以下几个指标。

（1）粉尘清理

可燃性粉尘企业生产场所和设备设施内部或表面，易堆积较厚的粉尘层，在外力的作用下，很容易形成具有爆炸性的粉尘云，可能成为爆炸或二次爆炸的一大关键因素。因此，制定详细的粉尘清扫制度，并规范到区域、到设备和到人显得尤为重要。依据《粉尘防爆安全规程》(GB 15577)第 7.1.2 条和《粉尘爆炸危险场所用除尘系统安全技术规范》(AQ 4273)第 12.1 条，作业场所清理制度具体分级与赋值情况如表 7-32 所示。

表 7-32　粉尘清理分级与赋值

分级条件	分级情况	赋值
有粉尘清理制度，除尘系统定期清理	较低	1
无粉尘清理制度，除尘系统定期清理	一般	2
仅有粉尘清理制度	较危险	3
未定期清理	危险	4

（2）隐患排查与治理

可燃性粉尘企业应根据自身的特点，制定隐患排查制度，在每年年初制订相应的隐患排查计划，并对生产车间电气设备故障、动火作业等问题进行定期隐患排查与治理，做好记录和存档。粉尘爆炸隐患排查与治理具体分级与赋值情况如表 7-33 所示。

表 7-33　粉尘爆炸隐患排查与治理分级与赋值

分级条件	分级情况	赋值
有隐患排查制度、有粉尘爆炸相关隐患排查计划并且有验收记录	较低	1
有隐患排查制度和有粉尘爆炸相关隐患排查计划	一般	2
有隐患排查制度	较危险	3
未进行粉尘爆炸隐患排查与治理	危险	4

（3）教育培训

企业对员工除进行一般的安全培训外，还应对相关人员进行专项粉尘防爆相关知识和安全法规培训，使员工了解企业粉尘爆炸危险场所的危险程度和防爆措施。依据《粉尘防爆安全规程》(GB 15577)第 4.4 条，相关教育培训具体分级与赋值情况如表 7-34 所示。

表 7-34　粉尘爆炸相关教育培训分级与赋值

分级条件	分级情况	赋值
有粉尘爆炸相关教育培训制度、制订有培训计划和培训记录	较低	1
有粉尘爆炸相关教育培训制度并制订有培训计划	一般	2
有粉尘爆炸相关教育培训制度	较危险	3
无粉尘爆炸相关教育培训制度	危险	4

（4）除尘系统维护保养

依据《粉尘防爆安全规程》(GB 15577)第 10.2 条，应定期对粉尘爆炸危险场所中的除尘系统进行检修维护。除尘系统维护保养具体分级与赋值情况如表 7-35 所示。

表 7-35　除尘系统维护保养分级与赋值

分级条件	分级情况	赋值
除尘系统严格按照厂家说明书进行维护保养	较低	1
除尘系统未严格按照厂家说明书进行维护保养	较危险	3
未进行维护保养	危险	4

11. 湿式除尘系统

（1）除尘器本体

经过调研，抛光打磨作业场所湿式除尘器本体必须保证箱体内布水满足要求，确保不形成爆炸性粉尘环境。

① 洗涤过滤式

洗涤过滤式除尘器类型具体分级与赋值情况如表 7-36 所示。

表 7-36　洗涤过滤式除尘器类型分级与赋值

分级条件	分级情况	赋值
布水满足要求	较低	1
布水不满足要求	危险	4

② 水幕式

水幕式除尘器类型具体分级与赋值情况如表 7-37 所示。

表 7-37　水幕式除尘器类型分级与赋值

分级条件	分级情况	赋值
布水满足要求	较低	1
布水不满足要求	危险	4

③ 冲击式

冲击式除尘器类型具体分级与赋值情况如表 7-38 所示。

表 7-38　冲击式除尘器类型分级与赋值

分级条件	分级情况	赋值
布水满足要求	较低	1
布水不满足要求	危险	4

④ 文丘里式

文丘里式除尘器类型具体分级与赋值情况如表 7-39 所示。

表 7-39　文丘里式除尘器类型分级与赋值

分级条件	分级情况	赋值
布水满足要求	较低	1
布水不满足要求	危险	4

⑤ 抛光打磨一体机

经过调研，抛光打磨作业场所抛光打磨一体机本体必须保证箱体内布水满足要求，确保不形成爆炸性粉尘环境。具体分级与赋值情况如表 7-40 所示。

表 7-40　抛光打磨一体机分级与赋值

分级条件	分级情况	赋值
布水满足要求	较低	1
布水不满足要求	危险	4

(2) 循环水池

依据《粉尘爆炸危险场所用除尘系统安全技术规范》(AQ 4273),湿式除尘器循环水池水质应清洁,水池内不应存在沉积泥浆,具体分级与赋值情况如表 7-41 所示。

表 7-41　循环水池分级与赋值

分级条件	分级情况	赋值
水质清洁	较低	1
水质混浊	危险	4

(3) 爆炸预防措施

依据《粉尘爆炸危险场所用除尘系统安全技术规范》(AQ 4273)第 5.2 条,湿式除尘器爆炸预防措施分为水量水压监测报警装置和管道内喷水措施。具体分级与赋值情况如表 7-42、表 7-43 所示。

表 7-42　水量水压监测报警装置分级与赋值

分级条件	分级情况	赋值
设置有水量水压监测报警装置且正常运行	较低	1
未设置水量水压监测报警装置或未正常运行	危险	4

表 7-43　管道内喷水措施分级与赋值

分级条件	分级情况	赋值
管道内设置喷水措施	较低	1
管道内未设置喷水措施	危险	4

7.2　抛光打磨作业场所除尘系统防爆安全运行保障条件指导书

根据现场调研情况,分别从干式除尘器、湿式除尘器、风管、风机、防爆装置、检修作业、除尘器清理等方面确定了安全运行保障条件,为以后制定相关标准提供参考。

1. 范围

本指导书规定了抛光打磨作业场所用除尘系统安全运行保障条件要求。

本指导书适用于抛光打磨作业场所用除尘系统的维护及保养。

2. 规范性参考文件

GB 15577—2018 粉尘防爆安全规程

AQ 4273—2016 粉尘爆炸危险场所用除尘系统安全技术规范

GB/T 17919—2008 粉尘爆炸危险场所用收尘器防爆导则

GB/T 15605—2008 粉尘爆炸泄压指南

3. 术语和定义

下列术语和定义适用于本书。

(1) 可燃性粉尘

在空气中能燃烧或无焰燃烧并在大气压和正常温度下能与空气形成爆炸性混合物的粉尘。

(2) 粉尘爆炸危险场所

存在可燃性粉尘、助燃气体和点燃源的场所。

(3) 除尘系统

由吸尘罩或吸尘柜、风管、风机、除尘器及控制装置组成的用于捕集气固两相流中固体颗粒物的装置。

(4) 惰化

向有粉尘爆炸危险的场所充入惰性物质,使粉尘/空气混合物失去爆炸性的技术。

(5) 抑爆

爆炸初始阶段,通过物理化学作用扑灭火焰,使未爆炸的粉尘不再参与爆炸的控爆技术。

(6) 隔爆

爆炸发生后,通过物理化学作用扑灭火焰,阻止爆炸传播,将爆炸阻隔在一定范围内的技术。

(7) 泄爆

围包体内发生爆炸时,在爆炸压力达到围包体的极限强度之前,使爆炸产生的高温、高压燃烧产物和未燃物通过围包体上预先设置的薄弱部位向无危险方向泄出,使围包体不致被破坏的控爆技术。

4. 总则

(1) 企业应建立除尘系统安全管理制度和岗位安全操作规程,安全操作规程应包含除尘系统的安全作业和应急处置措施等内容。

(2) 企业应开展粉尘防爆安全教育及培训,普及粉尘防爆安全知识和有关法规、标准,使员工了解本企业粉尘爆炸危险场所的危险程度和防爆措施;企业主要负责人、安全管理人员和除尘系统运行维护岗位的作业人员及检维修人员应进行专项粉尘防爆安全技术培训,并经考试合格,方准上岗。

(3) 除尘系统应于每班作业前 10 min 开启,每班作业停止后,除尘系统应延迟 10 min 关机。

(4) 建立除尘系统维护检修和检测、校验档案。

7.2.1 干式除尘器

1. 措施

(1) 除尘器至少每半年进行一次维护检修。

(2) 袋式除尘器维护检修时,应针对滤袋清灰、残留粉尘的状况进行更新、更换滤袋。

（3）除尘系统配有的风压差监测装置、温度监测装置、粉位监测装置、清灰装置、锁气卸灰和输灰装置等，在使用期内应每半年至少进行一次检查、校验和维护，确保其处于正常工作状态。

2. 释义

确保袋式除尘器风压差是干式除尘器正常运行的关键。调研发现，目前很多企业除尘系统根据政府安监部门要求，虽然安装了风压差监测装置、温度监测装置、粉位监测装置、清灰装置、锁气卸灰和输灰装置等安全装置，但这些安全装置未定期校验和维护，未能起到有效预防粉尘爆炸事故的目的。除尘器运行过程中，滤袋会不断损耗，如滤袋未能及时更新，会造成压差过大，除尘效果变差。除尘系统配备的安全装置可以有效预防粉尘爆炸事故，需要定期校验和维护，确保其处于正常工作状态，达到预防粉尘爆炸事故的目的。

7.2.2　湿式除尘器

1. 措施

（1）定期检修喷嘴。至少每月检修一次，发现喷嘴上存在杂物，必须立即进行清理。

（2）定期检查、清洗填料。检查和清洗周期每月至少一次，若有明显杂物黏附在填料上，须进行清理；大清洗（将填料从设备上卸下来清洗）周期为每年至少一次。

（3）定期清扫设备表面，维持设备表面干净，以提高设备的使用寿命及使用效果。

（4）发生水量水压监测报警时，表示系统阻力增大，这种情况下，很有可能是因为填料堵塞，必须打开设备检修口，对填料进行检查。

（5）定期对循环水池进行清理，清理时先打开循环水池板盖，排放 10 min，然后吸泵车吸管放置池内最底部进行吸排，操作完成后吸泵车应将污水送至污水处理站进行无害化处理。

2. 释义

对于湿式除尘器，水位和水流量是安全运行的核心指标，应定期检修维护。调研发现，湿式除尘器运行过程中，易出现喷嘴堵塞，不能保证除尘器箱体内部正常的水位和水流量。一旦出现全部堵塞的情况，湿式除尘器箱体内就会形成爆炸性的粉尘环境。定期检修喷嘴，清洗填料，维护设备，可以有效保障湿式除尘器的安全运行。

循环水池定期清理可以有效防止喷头堵塞，保障湿式除尘器的安全运行，其中循环水池清理涉及有限空间作业，需严格按照原国家安监总局发布的 59 号令的要求作业。

7.2.3　风管

（1）应定期对风管内部及外部进行防腐防锈处理，时间周期应每年不少于 1 次。

（2）应对风管厚度进行定期测量，防止管道内部磨损严重，管道强度变弱，时间周期应每年不少于 1 次。

（3）应定期对风管内部进行清理，以保证风管不积尘。时间周期应每月不少于 1 次。

7.2.4 风机

1. 措施

(1) 定期对风机外部进行清尘清灰工作，保持风机表面干净，以提高风机的使用寿命及安全使用性能。

(2) 定期打开检修门，对风机内部进行检查，检查叶轮是否有磨损及内部的清洁状态。如发现风机叶轮有磨损应马上通知风机厂商进行维护。如发现风机内部有积尘应马上进行清理。检查时间周期为每月不少于1次。

2. 释义

风速是除尘系统运行正常的重要指标。风速达不到标准相关要求，可能造成风管内部积尘。调研发现，随着风机的运行，风机内外部都可能产生积尘，导致风机运行不正常，最终导致风管风速达不到标准要求，风管内形成积尘。定期对风机内外部进行清灰检修，可以有效保障风机的正常运行。

7.2.5 防爆装置

1. 措施

(1) 企业应建立除尘系统防爆安全设备设施管理台账，结合自身工艺、设备、粉尘爆炸特性、爆炸防护措施及安全管理制度等制定除尘系统防爆安全检查表，并定期开展安全检查。抑爆、泄爆、隔爆及火花探测器等安全装置应定期进行检验检查和维护。

(2) 定期检查和维护泄爆装置，确保其功能完好。检查周期为每月至少一次。检查内容包括：

——泄爆装置表面是否有积尘、积雪、积冰或存在其他影响泄爆装置正常功能的因素；

——泄爆片是否破损；

——泄爆板或门的链、钩、夹紧装置、密封垫是否正常。

2. 释义

抑爆、泄爆、隔爆及火花探测器等安全装置可以有效预防或减轻除尘系统粉尘爆炸事故。调研发现，部分企业泄爆、隔爆、抑爆、惰化及火花探测器等安全装置虽然已安装，但是未有效使用，起不到相应的作用。定期开展抑爆、泄爆、隔爆及火花探测器等安全装置检查和维护，才能确保其正常运行。

7.2.6 检修作业

(1) 检修前，应停止所有设备运转，清洁检修现场地面和设备表面沉积的粉尘。检修部位与非检修部位应保持隔离，检修区域内所有的泄爆口处应无任何障碍物。

(2) 检修作业应采用防止产生火花的防爆工具，禁止使用铁质检修作业工具。

(3) 检修过程如涉及动火作业，应遵守下列规定，并应设专人监护，配置足够的消防器材：

——由安全生产管理负责人批准并取得动火审批作业证；

——动火作业前，应清除动火作业场所 10 m 范围内的可燃粉尘并配备充足的灭火器材；

——动火作业区段内涉粉作业设备应停止运行；

——动火作业的区段应与其他区段有效分开或隔断；

——动火作业后应全面检查设备内外部，确保无热熔焊渣遗留，防止粉尘阴燃；

——动火作业期间和作业完成后的冷却期间，不应有粉尘进入明火作业场所。

(4) 应按照设备检修维护规程和程序作业，粉尘爆炸危险场所禁止交叉作业。

7.2.7 除尘器清理

(1) 应清理除尘系统残留的粉尘及泥浆，清理周期及部位应包括但不限于下列要求：

① 至少每班清理的部位：

——吸尘罩或吸尘柜；

——干式除尘器卸灰收集粉尘的容器(桶)；

——湿式除尘器的水质过滤池(箱)、水质过滤装置及除尘器箱体外部的滤网；

——纤维或飞絮除尘器的滤网、滤尘室；

——粉尘压实收集装置；

——木质粉尘单机滤袋吸尘器的滤袋及吸尘风机。

② 至少每周清理的部位：

——干式除尘器的滤袋、灰斗、锁气卸灰装置、输灰装置、粉尘收集仓或筒仓；

——电气线路、电气设备、监测报警装置和控制装置；

——湿式除尘器的循环用水储水池(箱)。

③ 至少每月清理的部位：

——主风管和支风管；

——风机；

——防爆装置；

——干式除尘器的箱体内部，清灰装置。

(2) 清理作业时，采用不产生扬尘的清扫方式和不产生火花的清扫工具。

(3) 清理收集的粉尘及泥浆应做无害处理。

参考文献

[1] 李德文，吕二忠，吴付祥，等.粉尘质量浓度测量技术方案对比研究[J].矿山机械，2019，47(12)：58-62.

[2] 张福喜，张广勋，李德文，等.抽出式对旋风机隔流腔内瓦斯超限原因及解决对策[J].矿业安全与环保，2003，30(2)：44-45.

[3] 张广勋，李德文，郭科社.爆炸性环境用防爆对旋轴流式通风机的研制及应用[J].工业安全与防尘，2000，26(9)：39-41.

[4] 王志宝，李德文，王树德，等.环缝式引射器变工况特性的试验研究[J].煤矿机械，2012，33(3)：54-56.

[5] 张少华，刘涛，王杰，等.一种尘源自动隔离喷雾控降尘方法和装置：CN111502736A[P].2020-08-07.

[6] 胡夫，李德文，杨亚会，等.一种增加水体润湿能力的矿用降尘剂、配制方法及其应用：CN111394062A[P].2020-07-10.

[7] 李德文，杜安平，张广勋，等.抽出式对旋风机的负压腔体：CN2422448Y[P].2001-03-07.

[8] 李庆钊，林柏泉.一种湿式孔口涡流集控尘装置：CN202181916U[P].2012-04-04.

[9] 李德文，张强，吴付祥，等.管道内沉积粉尘厚度监测装置及方法：CN108627107B[P].2019-09-27.

[10] 刘丹丹，景明明，汤春瑞，等.基于静电感应的小粒径粉尘浓度测量装置优化研究[J].煤炭科学技术，2019，47(7)：171-175.

[11] 李德文，陈建阁.基于电荷感应法浮游金属粉尘质量浓度检测技术[J].工业安全与环保，2019，45(7)：61-64.

[12] 赵政，李德文，吴付祥，等.基于高精度沉积厚度检测方法的通风除尘管道粉尘沉积规律[J].煤炭学报，2019，44(6)：1780-1785.

[13] Liu Dandan，Ma Quan，Li Dewen. Dust concentration estimation of underground working face based on dark channel prior[C]. 安徽工业大学. Proceedings of 2019 2nd International Conference on Manufacturing Technology，Materials and Chemical Engineering (MTMCE 2019).安徽工业大学：香港环球科研协会，2019：1388-1393.

[14] 李德文，陈建阁，安文斗，等.电荷感应式粉尘浓度检测技术[J].能源与环保，2018，40(8)：5-9.

[15] 李德文，赵政，晏丹，等.一种基于 DMA 的颗粒物粒径分布检测系统和方法：CN108918358A[P].2018-11-30.

[16] 王杰，李德文，龚小兵，等.β射线法三通道大气颗粒物监测仪：CN105738262B[P].2018-09-28.

[17] 郭胜均，龚小兵，刘奎，等.一种带控除尘功能的扒渣机：CN202273683U[P].2012-06-13.

[18] 刘丹丹，刘衡，李德文，等.基于遗传算法的煤矿粉尘浓度测量装置优化[J].黑龙江科技大学学报，2018，28(1)：97-101.

[19] 张少华，李德文，隋金君，等.往复送料式高浓度发尘器：CN202648970U[P].2013-01-02.

[20] 刘丹丹，曹亚迪，汤春瑞，等.基于测量窗口气鞘多相流分析的粉尘质量浓度测量装置优化[J].煤炭学

报，2017，42(7)：1906-1911.

[21] 郭胜均，吴百剑，张设计，等.气幕控尘技术的应用[J].煤矿安全，2005，36(1)：11-13.

[22] 王志宝，李德文，王树德，等.环缝式引射器变工况特性的试验研究[J].煤矿机械，2012，33(3)：54-56.

[23] 马威，李德文，张设计，等.一种具有侧吸功能的喷雾引射式含尘气流控制方法与装置：CN109139007B[P].2020-05-12.

[24] 刘丹丹，魏重宇，李德文，等.基于气固两相流的粉尘质量浓度测量装置优化[J].煤炭学报，2016，41(7)：1866-1870.

[25] 李德文，赵中太，龚小兵，等.一种爆炸性粉尘抽尘管道清灰机器人：CN110935701B[P].2020-12-15.

[26] 龚小兵，李德文，赵中太，等.一种L型旋转腔体吸尘杆组件：CN110815051B[P].2021-06-22.

[27] 龚小兵，李德文，赵中太，等.一种非接触式密封结构和非接触式钻孔抽尘罩：CN110656900A[P].2020-01-07.

[28] 梁爱春，李德文，龚小兵，等.一种爆炸性粉尘抽尘管道自动清灰装置：CN109848149B[P].2021-12-28.

[29] 尹震飚，郭胜均，戴小平，等.由变频器控制的风机通过风量在线监测方法：CN103925951A[P].2014-07-16.

[30] 赵政，李德文，刘国庆，等.一种基于最优融合算法的粉尘浓度检测方法：CN111579446B[P].2021-02-09.

[31] 陈建阁，李德文，罗小博，等.一种栅状探测电极的电荷感应法颗粒物浓度检测装置：CN111426615A[P].2020-07-17.

[32] 李德文，刘国庆，焦敏，等.气路保护式激光粉尘浓度检测装置及其自检方法：CN111220577A[P].2020-06-02.

[33] 刘丹丹，韩东志，李德文，等.基于卡门涡街的静电感应粉尘浓度检测装置的设计[J].仪表技术与传感器，2020(6)：24-27.

[34] 赵政，李德文，吴付祥，等.基于多传感融合的粉尘质量浓度检测技术[J].煤炭学报，2021，46(7)：2304-2312.

[35] 李德文，陈建阁.基于电荷感应法浮游金属粉尘质量浓度检测技术[J].工业安全与环保，2019，45(7)：61-64.

[36] 赵政，李德文，吴付祥，等.基于高精度沉积厚度检测方法的通风除尘管道粉尘沉积规律[J].煤炭学报，2019，44(6)：1780-1785.